新工科×新商科·大数据与商务智能系列

大数据分析与挖掘实用案例教程

万 欣 夏火松 吴 江 编著

电子工业出版社
Publishing House of Electronics Industry
北京·BEIJING

内 容 简 介

大数据分析与挖掘已经广泛应用于各行各业。本书以项目实践为基础,对大数据分析与挖掘的基础知识进行了介绍,总结了机器学习、大数据分析与挖掘过程、数据分析挖掘框架,分析了当前的研究热点与前沿技术。为了增强本书的实用性、提高读者的动手能力,本书结合案例讨论了爬虫与数据处理、Echarts和Python可视化、描述性分析、关联分析、回归与分类、聚类、序列挖掘等基本方法的实现与实践。本书结合实际案例,探讨了文本分析、主题模型、推荐系统、知识图谱、情感分析等高级实现与实践。此外,本书还介绍了大数据分析与挖掘在管理领域的应用案例。本书配有电子课件等教学资源,读者可登录华信教育资源网(www.hxedu.com.cn)下载使用。

本书适合作为高等学校数据挖掘、商务智能、数据分析等课程的教材,也可供数据分析与数据挖掘从业人员阅读,还可供从事数据挖掘、机器学习应用研究的科研人员参考。

未经许可,不得以任何方式复制或抄袭本书之部分或全部内容。
版权所有,侵权必究。

图书在版编目(CIP)数据

大数据分析与挖掘实用案例教程/万欣,夏火松,吴江编著. — 北京:电子工业出版社,2022.1
ISBN 978-7-121-42780-0

Ⅰ.①大… Ⅱ.①万… ②夏… ③吴… Ⅲ.①数据处理-教材 Ⅳ.①TP274
中国版本图书馆 CIP 数据核字(2022)第 014804 号

责任编辑:王二华
特约编辑:郭建红
印 刷:北京捷迅佳彩印刷有限公司
装 订:北京捷迅佳彩印刷有限公司
出版发行:电子工业出版社
     北京市海淀区万寿路 173 信箱 邮编:100036
开 本:787×1092 1/16 印张:21.5 字数:545.6 千字
版 次:2022 年 1 月第 1 版
印 次:2025 年 2 月第 5 次印刷
定 价:65.00 元

凡所购买电子工业出版社图书有缺损问题,请向购买书店调换。若书店售缺,请与本社发行部联系,联系及邮购电话:(010)88254888,88258888。
质量投诉请发邮件至 zlts@phei.com.cn,盗版侵权举报请发邮件至 dbqq@phei.com.cn。
本书咨询联系方式:(010)88254532。

前言

1. 写作目的

在 2020 年中国软件教育年会上，孙家广院士指出"高校计算机教育培养人才的目标应是为行业企业培养能解决问题的工程师"，应该"又红又专、真刀真枪"地培养人才，"在培养人才上应注重学习力、执行力、诚信力、创新力、亲和力"。

目前，高校的数据分析、数据挖掘、商务智能等课程的教学方式仍存在"重理论、轻实践"的现象。为培养计算机高技能人才，我们必须关注社会的需求、企业的需求。为了全面提升学生的工程能力、跨界能力、动手落地应用实践能力，我们策划并编写了本书。

2. 本书特色

本书旨在介绍大数据分析和挖掘的基本原理、方法及应用流程，通过案例分析实战，使读者能够应用书中知识解决生活和工作中的相关问题。全书分为 4 篇、共 19 章，所有章节汇总在一起完整阐述了大数据分析与挖掘的基础理论与知识，同时章节之间相对独立，案例故事单独实现，可操作性强，所有案例均提供数据和源代码。

第 1 篇为绪论，从整体上介绍大数据分析与挖掘的概念与理论（第 1 章），使读者了解大数据分析、机器学习、数据挖掘、商务智能的相关技术，了解这些技术在各个领域中的应用概貌，了解大数据分析、机器学习、数据挖掘、商务智能的研究热点与前沿。

第 2 篇为基础实践篇，对爬虫与数据处理（第 2 章）、Echarts 可视化（第 3 章）、Python 可视化（第 4 章）、描述性分析（第 5 章）、关联分析（第 6 章）、回归与分类（第 7 章）、分类（第 8 章）、聚类（第 9 章）、序列挖掘（第 10 章）的基本方法和理论进行了介绍，同时每一章都通过具体案例分析与实战，使读者能够掌握和应用这些方法和理论，从而帮助其解决相关问题。

第 3 篇为提高实践篇，主要介绍文本分析（第 11 章）、主题模型（第 12 章）、推荐系统（第 13 章）、知识图谱（第 14 章）和情感分析（第 15 章），使读者通过实践，理解并掌握案例中应用的方法和原理。

第 4 篇为管理应用篇，主要从管理学视角对基于大数据分析和挖掘的方法进行了实战案例分析。本篇针对网红经济的相关问题，通过爬取和收集网络数据进行分析建模，对审丑现象的受众心理及原因（第 16 章）、网红个人走红的原因（第 17 章）、网红个人受欢迎的原因（第 18 章）和基于粉丝经济理论对消费者购买行为影响因素（第 19 章）等通过案例进行了实战分析和解读。

3. 本书适用对象

本书适用对象如下：
（1）开设数据挖掘、商务智能、数据分析等课程的高校教师和学生；
（2）数据挖掘开发人员；
（3）数据分析人员；
（4）从事数据挖掘、机器学习应用研究的科研人员。

4. 致谢

本书的出版汇集了许多人的辛勤劳动。全书由万欣策划和统稿。武汉纺织大学夏火松教授和武汉大学吴江教授对本书的内容架构、案例分析给了许多宝贵意见；白艳君、徐栋、张一晗、周学妍、张会彬、陈佳敏、罗文慧、舒双婕、柳逸渊、张璇、张羿、胡佳佳、陈诗慧、贺永嘉、彭欣怡、陈婷、孙鹏举、易方兴、李荣林、朱昊昊、聂文辞、李妮、陈静、倪帆、赵轩、肖唯瞻、黄偲佳、徐航、张小玲、李佳蓉、侯玉萍、张圣博、谢豪、童颖、赵国铭、喻学良、彭春雪、汤鑫杰、彭小雪、董晓蔓、苏雨晴等同学参与了书中案例的整理、数据采集、分析和挖掘等工作。本书的出版也得到了武汉纺织大学管理学院领导和同事的大力支持，在此一并表示感谢。作者特别感谢电子工业出版社的王二华老师，王二华老师组织了"大数据与商务智能系列"图书的编写，并对本书的出版给予了大力支持。

限于作者的学识水平，书中难免存在不足和疏漏之处，敬请读者批评指正。

作者

目录

第1篇 绪 论

第1章 大数据分析与挖掘的概念与理论 3
1.1 概述 4
1.2 机器学习 4
　1.2.1 机器学习的定义 4
　1.2.2 机器学习类型 5
　1.2.3 机器学习的应用与工具 7
1.3 数据挖掘与知识发现过程 9
　1.3.1 CRISP–DM 9
　1.3.2 知识发现 9
1.4 大数据分析与挖掘中的研究热点与前沿 11
　1.4.1 商务智能研究热点与前沿 12
　1.4.2 大数据分析热点与前沿 17
　1.4.3 机器学习热点与前沿 21
　1.4.4 数据挖掘热点与前沿 25
　1.4.5 本章小结 30
本章参考文献 30
本书涉及的环境、语言、框架和库 31

第2篇 基础实践篇

第2章 爬虫与数据处理——"茶颜悦色"话题情感趋向的影响因素 35
2.1 相关理论 35
　2.1.1 Python 爬虫 35
　2.1.2 其他相关理论 38
2.2 背景与分析目标 39
2.3 数据采集与处理 40
　2.3.1 茶颜悦色品牌的选择 40
　2.3.2 数据的选择 41
　2.3.3 数据的采集 41
　2.3.4 数据的处理 41
2.4 数据的分析与挖掘 42
　2.4.1 情绪分析 42
　2.4.2 词云分析 43
2.5 拓展思考 44
2.6 本章小结 44
本章参考文献 44

第3章 Echarts 可视化——B站视频分区热度及其影响因素分析 46
3.1 Echarts 介绍及使用 46

3.1.1 Echarts 实例 ⋯⋯⋯⋯⋯ 46	4.5 拓展思考 ⋯⋯⋯⋯⋯⋯⋯⋯⋯ 81
3.1.2 系列 ⋯⋯⋯⋯⋯⋯⋯⋯⋯ 46	4.6 本章小结 ⋯⋯⋯⋯⋯⋯⋯⋯⋯ 82
3.1.3 组件 ⋯⋯⋯⋯⋯⋯⋯⋯⋯ 48	本章参考文献 ⋯⋯⋯⋯⋯⋯⋯⋯⋯⋯ 83
3.1.4 用 option 描述图表 ⋯⋯ 49	第 5 章 描述性分析——热映电影背后
3.1.5 组件的定位 ⋯⋯⋯⋯⋯⋯ 50	的成因分析 ⋯⋯⋯⋯⋯⋯⋯ 85
3.1.6 坐标系 ⋯⋯⋯⋯⋯⋯⋯⋯ 51	5.1 描述性分析 ⋯⋯⋯⋯⋯⋯⋯⋯ 85
3.1.7 小例子：实现日历图 ⋯⋯ 53	5.1.1 描述性分析的含义 ⋯⋯⋯ 85
3.1.8 自定义配置参数 ⋯⋯⋯⋯ 55	5.1.2 基于 Python 的描述性统计
3.2 其他相关理论 ⋯⋯⋯⋯⋯⋯⋯ 55	分析 ⋯⋯⋯⋯⋯⋯⋯⋯⋯⋯ 85
3.2.1 主题模型 ⋯⋯⋯⋯⋯⋯⋯ 55	5.2 背景与分析目标 ⋯⋯⋯⋯⋯⋯ 88
3.2.2 数据预处理 ⋯⋯⋯⋯⋯⋯ 56	5.2.1 背景 ⋯⋯⋯⋯⋯⋯⋯⋯⋯ 88
3.3 背景与分析目标 ⋯⋯⋯⋯⋯⋯ 56	5.2.2 分析目标 ⋯⋯⋯⋯⋯⋯⋯ 88
3.4 数据采集与处理 ⋯⋯⋯⋯⋯⋯ 57	5.3 数据采集与处理 ⋯⋯⋯⋯⋯⋯ 89
3.4.1 数据采集 ⋯⋯⋯⋯⋯⋯⋯ 57	5.3.1 数据采集 ⋯⋯⋯⋯⋯⋯⋯ 89
3.4.2 数据处理 ⋯⋯⋯⋯⋯⋯⋯ 57	5.3.2 数据处理 ⋯⋯⋯⋯⋯⋯⋯ 91
3.5 数据分析与挖掘 ⋯⋯⋯⋯⋯⋯ 58	5.4 数据分析与挖掘 ⋯⋯⋯⋯⋯⋯ 92
3.5.1 分区热度 ⋯⋯⋯⋯⋯⋯⋯ 58	5.4.1 电影行业的整体发展
3.5.2 影响因素之视频标题分析	情况 ⋯⋯⋯⋯⋯⋯⋯⋯⋯⋯ 92
⋯⋯⋯⋯⋯⋯⋯⋯⋯⋯⋯⋯ 60	5.4.2 电影类型随时间的变化
3.5.3 影响因素之视频时长和视频	趋势 ⋯⋯⋯⋯⋯⋯⋯⋯⋯⋯ 95
发布时间分析 ⋯⋯⋯⋯⋯⋯ 64	5.5 拓展思考 ⋯⋯⋯⋯⋯⋯⋯⋯⋯ 95
3.6 拓展思考 ⋯⋯⋯⋯⋯⋯⋯⋯⋯ 65	5.5.1 数据分析的意义 ⋯⋯⋯⋯ 95
3.7 本章小结 ⋯⋯⋯⋯⋯⋯⋯⋯⋯ 65	5.5.2 数据分析的分类 ⋯⋯⋯⋯ 95
本章参考文献 ⋯⋯⋯⋯⋯⋯⋯⋯⋯⋯ 66	5.6 本章小结 ⋯⋯⋯⋯⋯⋯⋯⋯⋯ 96
第 4 章 Python 可视化——社科基金	本章参考文献 ⋯⋯⋯⋯⋯⋯⋯⋯⋯⋯ 96
项目选题分析 ⋯⋯⋯⋯⋯⋯ 67	第 6 章 关联分析——提高相亲旅游
4.1 Python 可视化 ⋯⋯⋯⋯⋯⋯⋯ 67	成功率的分析 ⋯⋯⋯⋯⋯⋯ 97
4.2 背景与分析目标 ⋯⋯⋯⋯⋯⋯ 68	6.1 相关理论 ⋯⋯⋯⋯⋯⋯⋯⋯⋯ 97
4.3 数据采集与处理 ⋯⋯⋯⋯⋯⋯ 69	6.1.1 关联分析概念 ⋯⋯⋯⋯⋯ 97
4.4 数据分析与挖掘 ⋯⋯⋯⋯⋯⋯ 69	6.1.2 频繁项集挖掘方法 ⋯⋯⋯ 99
4.4.1 Matplotlib 可视化分析 ⋯⋯ 69	6.2 背景与分析目标 ⋯⋯⋯⋯⋯⋯ 101
4.4.2 词云图 ⋯⋯⋯⋯⋯⋯⋯⋯ 77	6.3 数据采集与处理 ⋯⋯⋯⋯⋯⋯ 101
4.4.3 知识图谱 ⋯⋯⋯⋯⋯⋯⋯ 78	6.3.1 数据采集 ⋯⋯⋯⋯⋯⋯⋯ 101

6.3.2 数据预处理 ………… 101
6.4 数据分析与挖掘 ………… 102
 6.4.1 用户属性定位 ………… 102
 6.4.2 旅游路线及内容规划 ………… 104
 6.4.3 总结 ………… 107
6.5 拓展思考 ………… 107
 6.5.1 理论意义 ………… 107
 6.5.2 实践意义 ………… 108
 6.5.3 优点 ………… 108
 6.5.4 不足之处 ………… 108
6.6 本章小结 ………… 108
本章参考文献 ………… 109

第7章 回归与分类——二手房房价影响因素及预测分析 ………… 110
7.1 回归与分类 ………… 110
 7.1.1 回归分析 ………… 110
 7.1.2 分类与预测 ………… 113
7.2 背景与分析目标 ………… 116
7.3 数据采集与处理 ………… 117
7.4 数据分析与挖掘 ………… 118
 7.4.1 数据分析 ………… 118
 7.4.2 机器学习与预测房价 ………… 128
7.5 拓展思考 ………… 132
7.6 本章小结 ………… 132
本章参考文献 ………… 133

第8章 分类——民宿价格和评分影响因素分析 ………… 134
8.1 相关理论 ………… 134
 8.1.1 分类 ………… 134
 8.1.2 线性回归 ………… 137
8.2 背景与分析目标 ………… 137
8.3 数据采集与处理 ………… 137
 8.3.1 数据采集 ………… 137
 8.3.2 数据预处理 ………… 137

8.4 数据分析与挖掘 ………… 138
 8.4.1 民宿价格影响因素分析 ………… 138
 8.4.2 民宿评分影响因素分析 ………… 139
 8.4.3 结论与对策建议 ………… 142
8.5 拓展思考 ………… 142
 8.5.1 理论意义 ………… 142
 8.5.2 实践意义 ………… 142
 8.5.3 不足之处 ………… 143
8.6 本章小结 ………… 143
本章参考文献 ………… 143

第9章 聚类——新冠肺炎疫情分析及微博评论的数据挖掘 ………… 145
9.1 聚类 ………… 145
 9.1.1 聚类方法 ………… 146
 9.1.2 K-means ………… 149
 9.1.3 DBSCAN ………… 151
9.2 背景与分析目标 ………… 153
9.3 数据采集与处理 ………… 153
 9.3.1 数据选择 ………… 153
 9.3.2 数据采集 ………… 154
 9.3.3 数据预处理 ………… 157
9.4 数据分析与挖掘 ………… 161
 9.4.1 疫情数据拟合分析 ………… 161
 9.4.2 评论数据信息挖掘 ………… 165
9.5 拓展思考 ………… 171
 9.5.1 理论意义 ………… 171
 9.5.2 实践意义 ………… 171
9.6 本章小结 ………… 172
本章参考文献 ………… 172

第10章 序列挖掘——景区日客流量影响因素分析与预测 ………… 173
10.1 相关理论 ………… 173
 10.1.1 序列挖掘 ………… 173
 10.1.2 其他相关理论 ………… 177
10.2 背景与分析目标 ………… 179

10.3 数据采集与处理 …………… 179
  10.3.1 数据采集 …………… 179
  10.3.2 影响因素分析 …………… 180
  10.3.3 数据处理 …………… 180
10.4 数据分析与挖掘 …………… 181
  10.4.1 平稳时间序列分析 …………… 181
  10.4.2 非平稳时间序列分析 …………… 185
  10.4.3 其他时间序列分析 …………… 188

10.5 拓展思考 …………… 192
  10.5.1 理论意义 …………… 192
  10.5.2 实践意义 …………… 192
  10.5.3 优点 …………… 192
  10.5.4 不足之处 …………… 192
10.6 本章小结 …………… 192
本章参考文献 …………… 193

第3篇　提高实践篇

第11章　文本分析——政府工作报告分析 …………… 197
11.1 文本分析相关理论 …………… 197
  11.1.1 概念和方法 …………… 197
  11.1.2 工具 …………… 198
11.2 背景与分析目标 …………… 199
11.3 数据采集与处理 …………… 199
11.4 数据分析与挖掘 …………… 201
11.5 本章小结 …………… 204
本章参考文献 …………… 204

第12章　主题模型——生育价值观变化分析 …………… 205
12.1 主题模型 …………… 205
  12.1.1 LSI …………… 206
  12.1.2 PLSI …………… 207
  12.1.3 PLSA …………… 207
  12.1.4 LDA …………… 208
12.2 背景与分析目标 …………… 209
12.3 数据采集与处理 …………… 209
  12.3.1 数据选择 …………… 209
  12.3.2 数据采集 …………… 210
  12.3.3 数据预处理 …………… 211
12.4 数据分析与挖掘 …………… 213
  12.4.1 各因素影响研究分析 …………… 213
  12.4.2 评论数据的特征分析 …………… 214
  12.4.3 语义网络分析 …………… 215
  12.4.4 情感分析 …………… 216
  12.4.5 LDA主题构建 …………… 218
12.5 拓展思考 …………… 220
  12.5.1 理论意义 …………… 220
  12.5.2 实践意义 …………… 220
  12.5.3 优点 …………… 221
  12.5.4 不足之处 …………… 221
12.6 本章小结 …………… 221
本章参考文献 …………… 221

第13章　推荐系统——基于牛客网的职位推荐分析 …………… 223
13.1 推荐系统 …………… 223
  13.1.1 基于内容的推荐 …………… 224
  13.1.2 协同过滤推荐 …………… 224
  13.1.3 混合式推荐 …………… 227
13.2 背景与分析目标 …………… 229
13.3 数据采集与处理 …………… 229
13.4 数据分析与挖掘 …………… 231
  13.4.1 可视化分析 …………… 231
  13.4.2 推荐系统设计与开发 …………… 235
  13.4.3 知识图谱 …………… 239
13.5 拓展思考 …………… 242
  13.5.1 理论意义 …………… 242
  13.5.2 实践意义 …………… 242

13.5.3 优点 242
13.5.4 不足之处 243
13.6 本章小结 243
本章参考文献 243

第14章 知识图谱——影评分析 244
14.1 相关理论 244
14.1.1 知识图谱 244
14.1.2 其他相关理论 249
14.2 背景与分析目标 249
14.3 数据采集与处理 250
14.3.1 数据采集 250
14.3.2 数据描述 250
14.3.3 数据预处理 250
14.4 数据分析与挖掘 252
14.4.1 知识图谱的构建 252
14.4.2 TF-IDF 特征提取 259
14.4.3 情感分析 260
14.4.4 LDA 主题模型 261
14.5 拓展思考 263
14.5.1 理论意义 263
14.5.2 实践意义 263
14.5.3 优点 263
14.5.4 不足之处 264
14.6 本章小结 264
本章参考文献 264

第15章 情感分析——景区印象分析 266

15.1 相关理论 266
15.1.1 情感分析 266
15.1.2 其他相关理论 268
15.2 背景与分析目标 270
15.2.1 背景 270
15.2.2 分析目标 270
15.2.3 A01 景区的竞争形势 271
15.3 数据采集与处理 272
15.3.1 数据爬取与清洗 272
15.3.2 分词与去停用词 273
15.4 情感分析 274
15.4.1 关键词提取（TF-IDF） 274
15.4.2 词云图 276
15.4.3 情感分类（正、负面情感） 276
15.4.4 LDA 主题模型 277
15.5 数据分析与挖掘 279
15.5.1 描述性统计 279
15.5.2 社会关系网络 281
15.5.3 SPSS 分析 283
15.5.4 SWOT 分析 283
15.6 拓展思考 284
15.7 本章小结 285
本章参考文献 285

第4篇 管理应用篇

第16章 网红经济背景下审丑现象的受众心理及原因分析——以马某某事件为例 289
16.1 引言 289
16.2 文献回顾及相关理论 290
16.2.1 文献回顾 290
16.2.2 相关理论 291
16.3 数据来源与处理 292
16.3.1 数据来源 292
16.3.2 数据处理 292
16.3.3 研究方法 292
16.4 数据挖掘与分析 293

16.4.1　博文关键词词频分析……293
　　16.4.2　原因类博文分析……294
　　16.4.3　评论数据分析……294
　16.5　本章小结……295
　　16.5.1　丑味网红流行的原因……296
　　16.5.2　用户追捧审丑文化的原因……296
　本章参考文献……296

第17章　丁真走红背后的那些事——基于微博数据分析……298
　17.1　引言……298
　17.2　文献回顾……299
　17.3　研究方法及理论基础……299
　　17.3.1　研究方法……299
　　17.3.2　理论基础……300
　17.4　数据挖掘与分析……300
　　17.4.1　数据爬取……300
　　17.4.2　数据处理……300
　　17.4.3　分析过程与结果……301
　17.5　本章小结……305
　本章参考文献……306

第18章　"准社会交往"原则下网红受欢迎的原因分析——基于丁真微博数据……307
　18.1　引言……307
　18.2　文献回顾……308
　18.3　理论与方法……308
　18.4　数据挖掘与分析……309
　　18.4.1　数据爬取……309
　　18.4.2　数据处理……309
　　18.4.3　分析过程与结果……309

　18.5　本章小结……310
　　18.5.1　结论……310
　　18.5.2　启示……310
　　18.5.3　不足之处……311
　本章参考文献……311

第19章　基于粉丝经济理论对消费者购买行为影响因素的分析……312
　19.1　引言……312
　19.2　相关理论……313
　　19.2.1　粉丝经济……313
　　19.2.2　购买意愿……313
　19.3　数据爬取……313
　19.4　数据处理……316
　　19.4.1　分词处理……316
　　19.4.2　数据数值化……318
　19.5　数据分析……323
　　19.5.1　多元线性回归分析……323
　　19.5.2　一元分析与多元分析混合……324
　19.6　情感分析……326
　　19.6.1　数据筛选……326
　　19.6.2　一般消费者情感分析……326
　　19.6.3　粉丝消费者情感分析……328
　　19.6.4　对比结论……330
　19.7　粉丝经济乱象……330
　19.8　建议……331
　本章参考文献……331

第1篇

绪论

第1章 大数据分析与挖掘的概念与理论

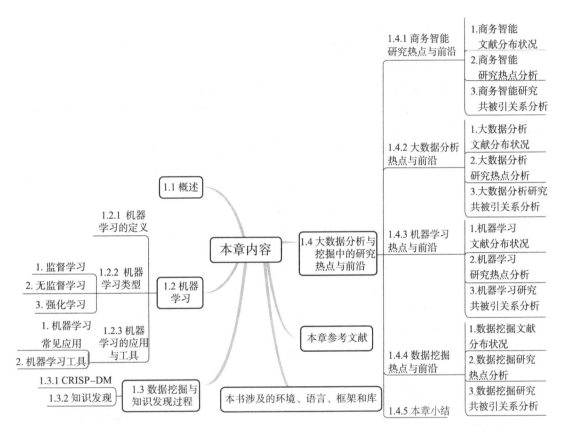

"数据挖掘是从数据中提取隐含的、以前未知的和潜在有用的信息。这个想法是建立自动筛选数据库的计算机程序,寻找规律或模式。如果发现强大的模式,可能会推广到对未来数据做出准确预测。……机器学习为数据挖掘提供了技术基础。它用于从数据库中的原始数据中提取信息……"。"数据挖掘被定义为发现数据模式的过程。该过程必须是自动的或(更常见的)半自动的。发现的模式必须是有意义的,因为它们会带来一些优势,通常是经济优势。数据总是大量存在。"

——《数据挖掘:实用的机器学习工具和技术》

"数据挖掘,通常也称为从数据中发现知识(KDD),是自动或方便地提取表示隐式存储或捕获在大型数据库、数据仓库、Web、其他海量信息存储库或数据流中的知识的模式。"

——《数据挖掘:概念和技术》

针对"大数据"(Big Data),研究机构 Gartner 给出的定义:"大数据"是需要新处理模式才能具有更强的决策力、洞察发现力和流程优化能力来适应海量、高增长率和多样化的信息资产。麦肯锡全球研究所给出的定义:一种规模大到在获取、存储、管理、分析方面大大超出了传统数据库软件工具能力范围的数据集合,具有海量的数据规模、快速的数据流转、多样的数据类型和价值密度低四大特征。当前大数据已经渗透到了所有的学科和研究领域（包括计算机科学、医学和金融等），因为它在所有这些领域都具有潜力。数据生成和数据收集的变化也导致了数据处理的变化。

1.1 概述

大数据分析与挖掘是知识发现过程的核心阶段，旨在从数据中提取有趣和潜在的有用信息。数据挖掘可以作为人工智能和机器学习的基础。这个方向的许多技术可以归入人工智能（AI）、机器学习（ML）和深度学习（DL）等领域。

人工智能（Artificial Intelligence，AI）是一个广泛而复杂的概念，通常用于描述一个模仿人脑认知功能的概念或系统，它可以从经验中学习，可以通过使用知识来执行任务、推理和做出决策。它包括机器学习、自然语言处理、语言合成、计算机视觉、机器人学、传感器分析、优化和模拟。人工智能的类型有很多，如专家系统、神经网络和模糊逻辑等。

机器学习（Machine Learning，ML）是人工智能技术的一个子集，它使计算机系统能够基于过往经验（即数据观察）学习，并改善其在特定任务中的行为。ML技术包括支持向量机、决策树、贝叶斯学习、K-means聚类、关联规则学习、回归和神经网络等。

深度学习（Deep Learning，DL）是使用人工神经网络的机器学习的一个子集。人工神经网络是受人脑结构启发而设计出的计算模型。典型的DL架构是深度神经网络（DNNs）、卷积神经网络（CNNs）、循环神经网络（RNNs）和生成对抗网络（GAN）等。深度学习适用于执行复杂的任务，如对象识别、语音识别和翻译，是一种特别流行的机器学习类型。

人工智能、机器学习、深度学习的关系如图1-1所示。

图1-1 人工智能、机器学习、深度学习的关系

1.2 机器学习

1.2.1 机器学习的定义

机器学习是一门属于人工智能范畴的多领域交叉的学科（见图1-2），涉及概率论、统计学、逼近论、凸分析及算法复杂度理论等多门学科。机器学习的主要研究对象是人工智能，它是人工智能的核心之一，主要研究计算机怎样模拟或实现人类的学习行为，特别是如何在经验学习中提高具体算法的性能，获取新的知识或技能，重新组织已有的知识结构。

机器学习的定义有如下两种：

（1）机器学习是对能通过经验自动改进的计算机算法的研究。

（2）机器学习是根据数据或以往的经验，优化计算机程序的性能标准的方法。

一种经常引用的英文定义：A computer program is said to learn from experience E with respect to some class of tasks T and performance measure P, if its performance at tasks in T, as measured by P, improves with experience E.

如果一个程序在使用既有的经验（E）执行某类任务（T）的过程中被认定为是"具备

学习能力的",那么它一定需要展现出:利用现有的经验(E),不断改善其完成既定任务(T)的性能(P)的特质。

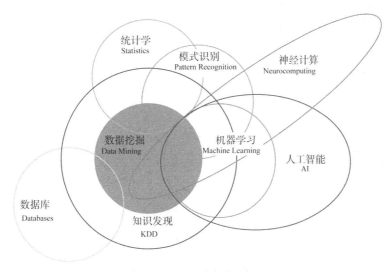

图1-2 各领域之间的关系

(扫码看彩图)

三个关键术语:任务T(Task)、经验E(Experience)、性能P(Performance)。

所谓学习就是针对经验E、一系列的任务T和一定表现的性能P,如果随着经验E的积累,针对定义好的任务T可以提高表现P,那么就说计算机具有学习能力。

机器学习大量的应用都与大数据高度耦合,几乎可以认为大数据是机器学习应用的最佳场景,它常用于分析大型数据集并在其中找到规则和模式。

1.2.2 机器学习类型

机器学习类型由需要解决的问题定义,并且要分析目标的内在因素。

- 首先有一个要预测的目标、值或类,例如,想要根据不同的输入(星期几、广告、促销)预测商家的收入,模型将根据历史数据进行训练,并使用该训练结果来预测未来的收入。那么该模型是有监督的,因为它知道要学习什么。
- 如果有未标记的数据,并想要在这些数据中查找模式和组,例如,希望根据客户订购的产品类型、购买产品的频率、上次访问等要素进行聚类,无监督机器学习将自动区分不同的客户。
- 如果想达到一个目标,例如,想找到在指定规则下赢得某游戏的最佳策略,一旦指定了这些规则,强化学习技术将多次玩此游戏以找到最佳策略。

1. 监督学习

监督学习是最常见的机器学习类型之一。它用于发现数据中的模式,并根据过去的经验预测未来的行为。在监督学习中,数据被分成两部分,称为训练集和测试集。训练集用于训练模型,测试集用于评估模型的准确性。

监督学习任务的基本架构和流程如图1-3所示。首先,准备训练数据,可以是文本、图像和音频等;其次,抽取所需要的特征,形成特征向量;接着,把这些特征向量连同对应的标记/目标(Labels)送入机器学习算法中,训练出一个预测模型;然后,采用同样的特征抽取方法作用于新测试数据,得到用于测试的特征向量;最后,使用预测模型对这些测试的特征向量进行预测并得到结果。

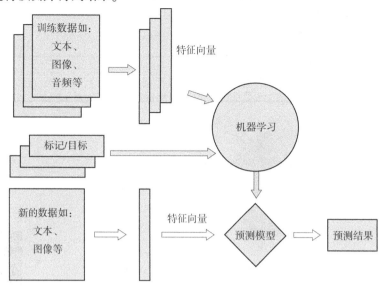

图1-3 监督学习任务的基本架构和流程

监督学习的原则：第一，训练数据集包含输入数据（预测变量）和预测的值（可以是数字也可以不是）；第二，该模型将使用训练数据来学习输入和输出之间的联系。基本思想是训练数据可以泛化，并且模型可以以一定的准确性用于新数据。

常用的监督学习算法：线性和逻辑回归、支持向量机、朴素贝叶斯、神经网络、梯度提升、分类树和随机森林等。

监督学习通常用于图像识别、语音识别、预测和某些特定业务领域（目标、财务分析等）中的专家系统。

2. 无监督学习

无监督学习着重于发现数据本身的分布特点、数据中的结构。与监督学习不同，无监督学习不需要对数据进行标记。它还可用于查找数据中的组、集群或识别数据中的异常。

无监督学习算法可以分为三个不同的类别：

● 聚类算法，如 K-means、层次聚类或混合模型。这些算法试图区分和分离不同组中的观察结果。

● 降维算法（大多是无监督的），如 PCA、ICA 或自动编码器。这些算法以较少的维度找到数据的最佳表示。

● 异常检测，用来发现数据中的异常值，即不遵循数据集模式的记录。

无监督学习可用于查找相似客户群。

3. 强化学习

强化学习是机器学习的一种，如图1-4所示，它用于寻找可以最大化奖励的最佳行动或决策，也可用于寻找问题的最佳解决方案，最优解取决于奖励函数。

强化学习可用于优化不同类型的问题。例如，它可用于优化非线性函数或查找网络中的最短路径。

强化学习是一种无须人工干预即可训练模型的方式，模型从环境中交互学习。当模型获得事件或对象时，它会尝试预测

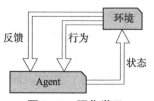

图1-4 强化学习

我们想要的结果。如果结果正确,那么模型就会得到奖励;如果结果错误,那么模型就会受到惩罚。这样,模型就知道下次应该做什么。

1.2.3 机器学习的应用与工具

1. 机器学习常见应用

机器学习应用程序包括降维、自然语言处理、计算机视觉、异常检测、时间序列、分析和推荐系统等。机器学习应用程序如图1-5所示。

图1-5 机器学习应用程序

降维(Dimensionality Reduction,DR)在保留最相关信息的同时减少数据维度。它用于图像和音频压缩及机器学习模型创建过程中的特征工程。

自然语言处理(Natural Language Processing,NLP)是一个广泛的领域,与其他机器学习应用程序越来越不同,许多专家认为 NLP 是一门独立的学科。ML 在 NLP 中的应用包括主题建模、文本分类、情感分析、机器翻译、自然语言生成、语音识别、文本到语音、文本分析、摘要、实体识别和关键词提取。

与 NLP 一样,计算机视觉(Computer Vision,CV)正在成为一个巨大的独立主题。最著名的 CV 应用是图像分类、图像分割和对象检测。

异常检测(Anomaly Detection)属于一种应用程序,其目的是识别数据中意外的、非典型的东西,对不匹配预期模式或数据集中其他项目的项目、事件或观测值的识别。异常检测分为新颖性检测、异常值检测和欺诈检测等。异常检测应用包括银行欺诈、结构缺陷、医疗问题和文本错误等类型的问题。异常也被称为离群值、新奇、噪声、偏差和例外。

时间序列(Time Series)是将同一统计指标的数值按其发生的时间先后顺序排列而成的数列,如证券交易所价格、天气数据及物联网传感器数据等。我们可以根据已有的历史数据对未来进行预测,可以分析时间序列来预测可能的未来值。

分析(Analysis)是探索数据性质和模式的经典领域。它包括预测分析(预测未来或未见数据可能发生的事情)、当前状态分析(我们可以从当前数据中获得哪些见解,而无须构建预测模型)和优化问题(如探索如何从以消耗最少资源的方式从 A 点到 B 点)。

最后,推荐系统(Recommender System),解决信息过载问题,能够根据用户的兴趣和爱好将相关内容推荐给用户。此类系统包含各种 ML 推荐技术,利用用户和内容项的已知数据,实现个性化服务。

2. 机器学习工具

Python 是一种方便调试的解释型语言,能进行跨平台作业,拥有广泛的应用编程接口。在软件工程中有一个非常重要的概念,便是代码与程序的重用性。为了构建功能强大的机器学习系统,如果没有特殊的开发需求,通常情况下我们都不会从零开始编程。Python 自身免费开源的特性使得大量专业的编程人员,参与到 Python 第三方开源工具包(程序库)的构建中,并且大多数的工具包(程序库)都允许个人免费使用或商用,如很多用于机器学习的第三方程序库,便于向量、矩阵和复杂科学计算的 NumPy 与 SciPy;各种样式绘图的 Matplotlib;包含大量经典机器学习模型的 Scikit – learn;对数据进行快捷分析和处理的 Pandas;集成了上述所有第三方程序库的综合实践平台 Anaconda。

Python 有很多用于开发具有不同功能和优势的机器学习工具,如以下三种。

- 机器学习框架:Scikit – learn、PyTorch、TensorFlow、Keras。
- 辅助框架:Pandas、Numpy、Matplotlib、Seaborn、OpenCV。
- 编程语言:Python、R、C++。

Nguyen(2019)等对机器学习工具的总结如图 1-6 所示。

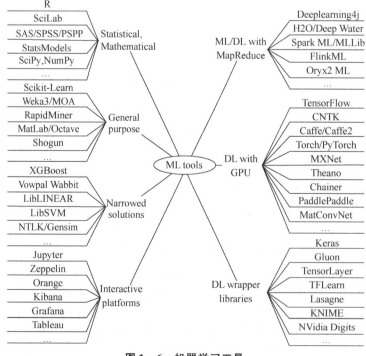

图 1-6 机器学习工具

1.3 数据挖掘与知识发现过程

1.3.1 CRISP-DM

数据挖掘多生活领域的实现导致了数据挖掘周期的跨行业标准流程（CRISP-DM 1999），它现在是数据挖掘的主要事实标准。CRISP-DM 周期（见图 1-7）由六个阶段组成：

（1）业务理解通常基于所提供的探求公式和数据描述。

（2）数据理解基于所提供的数据及其文档。

（3）数据准备包括数据转换、探索性数据分析（EDA）和特征工程。每个步骤都可以进一步划分为更小的子步骤。例如，特征工程包括特征提取、特征选择。

（4）建立模型阶段，各种 ML 算法都可以应用不同的参数校准。数据和参数可变性之间的结

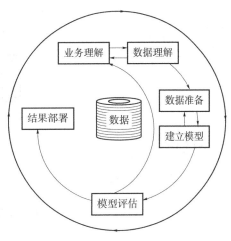

图 1-7 CRISP-DM 周期

合会导致模型训练-测试-评估周期的大量重复。如果数据是大规模的，那么建立模型阶段将有耗时和计算密集的要求。

（5）模型评估阶段，可以在各种标准下进行，对 ML 模型进行彻底测试，以便为结果部署阶段选择最佳模型。

（6）结果部署阶段，也称为生产阶段，包括使用经过训练的 ML 模型来利用其功能，创建一个数据管道进入生产。

埃森哲（Accenture）对 CRISP-DM 分析框架的总结如图 1-8 所示。

整个 CRISP-DM 周期是重复的。前五个阶段中的一组，称为开发阶段，可以根据评估结果以不同的设置重复进行。结果部署阶段对重复性要求下的实际生产至关重要，它意味着在线评估、监测、模型维护、诊断和再培训。需要强调的是，由于机器学习需要从数据中学习，因此，在实践中预计数据理解和数据准备阶段会消耗每个数据挖掘的大部分时间。

1.3.2 知识发现

知识发现（Knowledge Discovery in Database，KDD），是"数据挖掘"的一种更广义的说法，即从各种媒体表示的信息中，根据不同的需求获得知识。《数据挖掘：概念和技术》一书第 1 章中，作者总结了知识发现 KDD 过程：

（1）数据清洗，去除噪音和不一致的数据；

（2）数据集成，可以组合多个数据源；

（3）数据选择，从数据库中检索与分析任务相关的数据；

（4）数据转换，通过执行汇总或聚合操作将数据转换并合并为适合挖掘的形式；

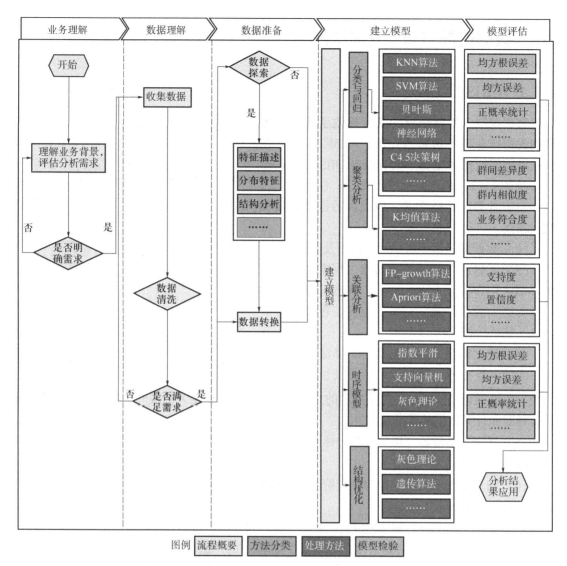

图 1-8 CRISP-DM 分析框架

（5）数据挖掘，这是应用智能方法提取数据模式的基本过程；

（6）模式评估，以基于有趣的度量来识别代表知识的真正有趣的模式；

（7）知识呈现，使用可视化和知识表示技术将挖掘出的知识呈现给用户。

从数据挖掘到数据库中的知识发现，Usama Fayyad、Gregory Piatetsky - Shapiro 和 Padhraic Smyth 于 1996 年在《人工智能》杂志上发表的一篇文章中将 KDD 定义为数据库中的知识发现，"……KDD 领域关注的是用于理解数据的方法和技术的开发。……该过程的核心是将特定的数据挖掘方法应用于模式发现和提取。"和"……KDD 是指从数据中发现有用知识的整个过程，而数据挖掘是指这个过程中的特定步骤。数据挖掘是应用特定算法从数据中提取模式。"描述总结如下。

第 1 步：选择（数据转化为目标数据）；

第 2 步：预处理（目标数据转化为处理后的数据）；

第 3 步：转换（将处理后的数据转换或统一成适合挖掘的形式）；

第 4 步：数据挖掘（将数据转换为模式）；
第 5 步：模式评估（根据某种兴趣度度量，识别表示知识的真正有趣模式）；
第 6 步：知识展现（将挖掘学习出来的知识展示出来）。

这个过程很简单，是处理问题时常用的模型。如果对 KDD 过程进行更详细的展开，描述解释如下：

（1）了解应用领域和流程目标；
（2）创建目标数据集作为所有可用数据的子集；
（3）数据清理和预处理进行去除噪声、处理丢失的数据和异常值；
（4）数据缩减和投影，专注于与问题相关的特征；
（5）将过程目标与数据挖掘方法相匹配。确定模型的目的，如汇总或分类；
（6）选择数据挖掘算法以匹配模型的目的（来自第 5 步）；
（7）数据挖掘，即对数据运行算法；
（8）解释挖掘的模式，使用户可以理解它们，如通过总结和可视化；
（9）根据发现的知识采取行动，如报告或做出决定。

数据驱动的问题解决方法如图 1-9 所示。

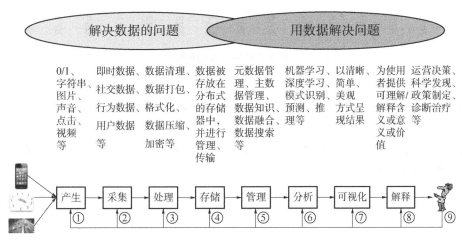

图 1-9　数据驱动的问题解决方法

1.4　大数据分析与挖掘中的研究热点与前沿

我们使用美国 Drexel University 教授陈超美基于 Java 开发的信息可视化研究工具——Citespace 软件，绘制知识图谱，发现大数据分析与挖掘领域的研究热点和前沿，预测前沿领域的发展趋势。Citespace 是一款引文可视化的分析软件，着眼于分析科学中蕴含的潜在知识，是在科学计量学、数据可视化背景下逐渐发展起来的，该软件的所用数据来自 Web of Science，时间范围为 2000 年至 2021 年 5 月。

WOS 中检索条件为：选择文献类型为"article"，主题词为"business intelligent"或"business intelligence"，经人工筛选后得到文献 1490 篇；主题词为"big data analysis"，经人工筛选后得到文献 1460 篇；主题词为"machine learning"，经人工筛选后得到文献 1121 篇；

主题词为"data mining",经人工筛选后得到文献1158篇。

1.4.1 商务智能研究热点与前沿

1. 商务智能文献分布状况

（1）时间分布

图 1-10 所示的时间分布图展示了 WOS 中以"business intelligence"为主题，2008—2021 年按年份的分布情况。从图中可以看出，随着时间的变化，文献数量逐步增多，总体上呈递增的趋势。根据现状及发展趋势，预测在未来几年，相关研究也会不断增多。

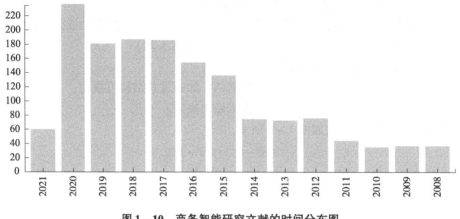

图 1-10　商务智能研究文献的时间分布图

（2）国家和地区分布

通过对 WOS 中商务智能文献分析（见图 1-11 和表 1-1）可知，截至 2021 年 5 月，美国在商务智能领域发文最多，占 23.221%；第二为我国大陆地区，发文占比为 11.208%；第三为澳大利亚，发文占比为 6.980%。由此可知，我国近年由于科学技术水平提升，带动了商务智能研究走在世界前列。

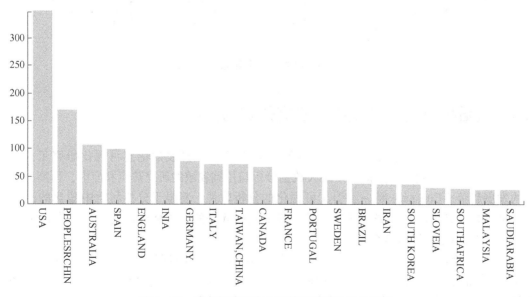

图 1-11　商务智能研究文献的国家和地区分布图

表1-1 商务智能研究文献的国家和地区分布表

字段:国家/地区	记录数	%/1,490	柱状图
USA	346	23.221%	
PEOPLES R CHINA	167	11.208%	
AUSTRALIA	104	6.980%	
SPAIN	97	6.510%	
ENGLAND	88	5.906%	
INDIA	84	5.638%	
GERMANY	75	5.034%	
ITALY	70	4.698%	
TAIWAN, CHINA	69	4.631%	
CANADA	65	4.362%	

2. 商务智能研究热点分析

通过 Citespace 关键词共现分析,合并相同概念关键词,选择生成最小树 MST 剪枝策略,得到商务智能研究关键词共现统计表,如表1-2所示。结果显示,除检索条件"business intelligence"以外,最常出现的关键词体现了商务智能数据、信息、知识和智能的价值。

表1-2 商务智能研究关键词共现统计表

Count	Centrality	Year	Keywords
766	0.05	2008	business intelligence
203	0.02	2013	big data
153	0.04	2008	management
140	0.14	2009	system
132	0.11	2009	model
114	0.01	2013	analytics
98	0.07	2012	performance
83	0.05	2009	impact
82	0.07	2008	data mining
81	0.06	2009	framework
80	0.07	2008	information
74	0.06	2009	technology
64	0.05	2008	data warehouse
61	0.03	2009	information system
57	0.04	2010	information technology

续表

Count	Centrality	Year	Keywords
56	0.04	2008	knowledge
55	0.07	2008	design
53	0.02	2015	big data analytics
50	0.11	2011	strategy

得到关键词共现可视化图，如图 1-12 所示，知识管理、技术、策略和质量等关键词均处于中心位置。将关键词聚类后（见图 1-13），研究热点较为集中，时间上变化差异不大。主成分分析、组织敏捷性、数据挖掘、机器学习和技术验收模型是商务智能的前沿领域。

 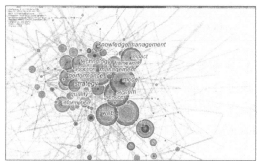

图 1-12　商务智能研究关键词共现可视化图

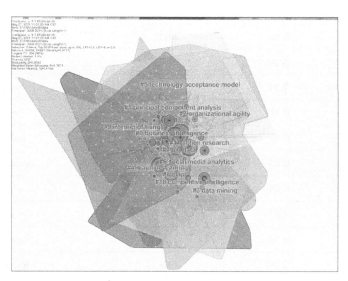

图 1-13　商务智能研究关键词聚类图

在前 20 关键词突现表（见表 1-3）中，我们可以看到具体研究热点随时间的演变。2008—2012 年研究主要集中于数据挖掘、数据仓库、知识管理、系统和框架等技术及优化方面。近三年，数据分析、机器学习成为新的研究热点，反映了当下研究已逐步由技术转向对数据的商业分析。

表1-3 商务智能研究前20关键词突现表

Keywords	Year	Strength	Begin	End	2008—2021年
data mining	2008	16.83	2008	2013	
web	2008	7.13	2008	2015	
business intelligence	2008	6.5	2008	2011	
knowledge management	2008	5.61	2008	2013	
data warehouse	2008	4.13	2008	2013	
ontology	2008	3.66	2008	2013	
Integration	2008	2.96	2008	2011	
system	2008	9.25	2009	2012	
framework	2008	4.24	2009	2011	
management	2008	3.9	2009	2011	
model	2008	3.57	2010	2013	
business intelligence system	2008	3.03	2010	2017	
optimization	2008	4.01	2011	2016	
olap	2008	5.59	2012	2013	
design science	2008	3.75	2012	2015	
support	2008	3.58	2012	2014	
acceptance	2008	3.55	2012	2015	
data analytics	2008	7.14	2019	2021	
machine learning	2008	5.24	2019	2021	
organizational performance	2008	3.28	2019	2021	

3. 商务智能研究共被引关系分析

选择网络节点为"reference",阈值设置为(2, 2, 10)、(2, 2, 10)、(2, 2, 10),得到商务智能研究文献共被引网络图,如图1-14所示,得到其领域文献之间的被共引关系统计表,如表1-4所示。从图1-14及表1-4中可以看出,最突出的是Chen HC在2012年发表于 *MIS QUART* 的文章。从共被引关系突现表(见表1-5)中可知近年在商务智能研究上具有突出贡献、具有转折意义的作者及文献,如Hevner AR、Wamba SF等。

表1-4 商务智能研究文献共被引关系统计表

Count	Centrality	Year	Cited Refernce
225	0.00	2012	Chen HC, 2012, MIS QUART, V36, P1165
70	0.03	2012	Popovic A, 2012, DECIS SUPPORT SYST, V54, P729, DOI 10.1016/ j.dss.2012.08.017
70	0.05	2012	McAfee A, 2012, HARVARD BUS REV, V90, P60
58	0.04	2013	Isik O, 2013, INFORM MANAGE-AMSTER, V50, P13, DOI 10.1016/j.im.2012.12.001
56	0.04	2015	Gandomi A, 2015, INT J INFORM MANAGE, V35, P137, DOI 10.1016/ j.ijinfomgt.2014.10.007

续表

Count	Centrality	Year	Cited Refernce
51	0.03	2011	Chaudhuri S, 2011, COMMUN ACM, V54, P88, DOI 10.1145/1978542.1978562
39	0.02	2010	Yeoh W, 2010, J COMPUT INFORM SYST, V50, P23
38	0.04	2011	Lavalle S, 2011, MIT SLOAN MANAGE REV, V52, P21
38	0.04	2015	Wamba SF, 2015, INT J PROD ECON, V165, P234, DOI 10.1016/j.ijpe.2014.12.031
35	0.00	2011	Manyika J, 2011, BIG DATA NEXT FRONTI, V0, P0

 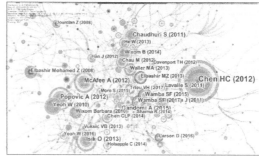

图 1-14　商务智能研究文献共被引网络图

表 1-5　商务智能研究文献共被引关系突现表（前 10 名）

References	Year	Strength	Begin	End	2008—2021 年
Hevner AR, 2004, MIS QUART, V28, P75	2004	10.17	2008	2012	
Davenport T H, 2007, COMPETING ANAL NEW S, V0, P0	2007	8.55	2009	02015	
Elbashir Mohamed Z, 2008, Inte……Information Systems, v9, p135, DOI	2008	12.52	2011	2016	
Jourclan Z, 2008, INFORM SYSTMANAGE, V25, P121, DOI 10.1080/10580530801941512, DOI	2008	9.33	2012	2016	
Watson HJ, 2007, COMPUTER, V40, P96, DOI 10.1109/MC.2007.331, DOI	2007	6.7	2012	2015	
Bo Pang, 2008, Foundations and Trends in Information Retnieval, V2, P1, DOI 10.1561/1500000001, DOI	2008	5.92	2012	2016	
Yeoh W, 2010, J COMPUT INFORM SYST, V50, P23	2010	7.69	2014	2017	
Wixom Barbara, 2010, Internati……Intelligence Research, V1, P13, DOI	2010	7.37	2014	2016	
Watson HJ, 2009, COMMUN ASSOC INF SYS, V25, P487	2009	6.18	2015	2017	
Wamba SF, 2017, J BUS RES, V70, P356, DOI 10.1016/j.jbusres.2016.08.009, DOI	2017	6.89	2019	2021	

1.4.2 大数据分析热点与前沿

1. 大数据分析文献分布状况

(1) 时间分布

图 1-15 所示的时间分布图展示了 WOS 中以"big data analysis"为主题，2013—2021 年按年份的分布情况。从图中可以看出，随着时间的变化，文献数量逐步增多，呈递增的趋势。根据现状及发展趋势，预测在未来几年，相关研究也会不断增多。

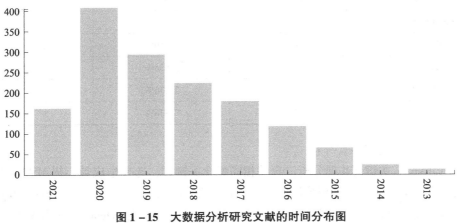

图 1-15 大数据分析研究文献的时间分布图

(2) 国家和地区分布

通过对 WOS 中大数据分析文献分析（见图 1-16 和表 1-6）可知，截至 2021 年 5 月，我国大陆地区在大数据分析领域发文最多，占 38.288%；第二为美国，发文占比为 17.260%；第三为韩国，发文占比为 11.438%。国外研究虽早于国内，但国内文献数量始终高于国外，并且二者差距越来越大，由此可知近年来大数据分析领域应用研究热度的增长，国内明显高于国外。

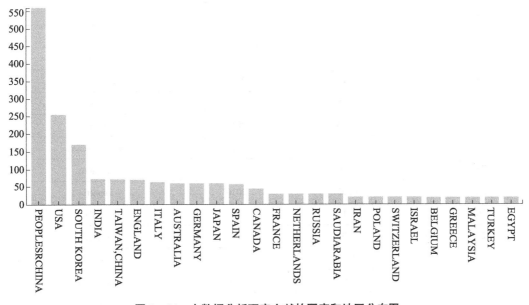

图 1-16 大数据分析研究文献的国家和地区分布图

表 1-6 大数据分析研究文献的国家和地区分布表

字段：国家/地区	记录数	%/1,460	柱状图
PEOPLES R CHINA	559	38.288%	
USA	252	17.260%	
SOUTH KOREA	167	11.438%	
INDIA	69	4.726%	
TAIWAN，CHINA	68	4.658%	
ENGLAND	66	4.521%	
ITALY	60	4.110%	
AUSTRALIA	56	3.836%	
GERMANY	56	3.836%	
JAPAN	56	3.836%	

2. 大数据分析研究热点分析

通过 Citespace 关键词共现分析，合并相同概念关键词，选择生成最小树 MST 剪枝策略，得到大数据分析研究关键词共现统计表，如表 1-7 所示。结果显示，除检索条件"big data analysis"及"big data"以外，出现频次最高的是 model，第二是 system；中心性最高的是 system、data mining、machine learning 和 prediction，说明模型、系统、机器学习和预测性是国际学者研究大数据分析领域的热点。

表 1-7 大数据分析研究关键词共现统计表

Count	Centrality	Year	Keywords
203	0.04	2016	big data
132	0.05	2016	big data analysis
54	0.04	2016	model
51	0.15	2016	system
41	0.07	2016	algorithm
38	0.15	2016	machine learning
35	0.08	2016	classification
32	0.06	2016	network
31	0.03	2016	cloud computing
29	0.10	2016	mapreduce
26	0.03	2016	impact
26	0.15	2016	prediction
25	0.05	2016	framework
24	0.15	2016	data mining
22	0.05	2016	performance
21	0.13	2016	optimization

续表

Count	Centrality	Year	Keywords
20	0.10	2016	challenge
20	0.14	2016	management
20	0.08	2016	internet

生成国内外大数据分析研究前沿知识图谱，如图 1-17 所示。将关键词聚类后（见图 1-18），研究热点在时间上交叉重合较明显。物联网、社交媒体、数据分类是大数据分析的前沿领域。

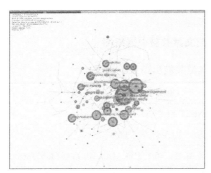
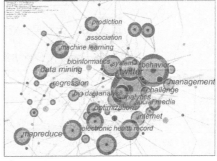

图 1-17　国内外大数据分析研究前沿知识图谱

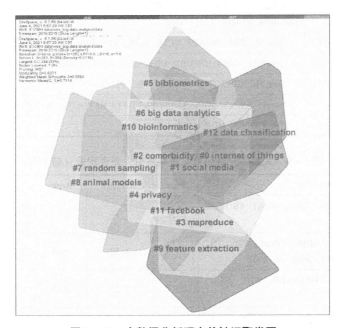

图 1-18　大数据分析研究关键词聚类图

3. 大数据分析研究共被引关系分析

选择网络节点为"reference"，阈值设置为（2，2，10）、（2，2，10）、（2，2，10），得到大数据分析研究文献共被引网络图，如图 1-19 所示，得到其领域文献之间的被共引关系统计表，如表 1-8 所示。从图 1-19 及表 1-8 中可以看出，最突出的是 Manyika J 在 2011 年发表于 *BIG DATA NEXT FRONTI* 的文章，且其中心性也最高，远远超过了被认为是中心度节点的 0.1 的标准。从共被引关系突现表（见表 1-9）中可知近年在大数据分析研究上具有突出贡献、具有转折意义的作者及文献，如 Manyika J、Chen HC、LeCun Y 等。

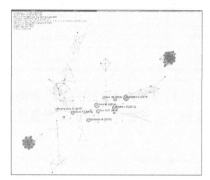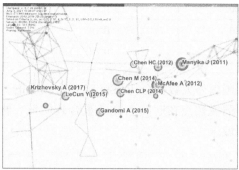

图 1-19　大数据分析研究文献共被引网络图

表 1-8　大数据分析研究文献共被引关系统计表

Count	Centrality	Year	Cited Refernce
18	0.18	2011	Manyika J, 2011, BIG DATA NEXT FRONTI, V0, P0
17	0.12	2012	McAfee A, 2012, HARVARD BUS REV, V90, P60
16	0.02	2017	Krizhevsky A, 2017, COMMUN ACM, V60, P84, DOI 10.1145/3065386
15	0.06	2015	LeCun Y, 2015, NATURE, V521, P436, DOI 10.1038/nature14539
15	0.04	2015	Gandomi A, 2015, INT J INFORM MANAGE, V35, P137, DOI 10.1016/j.ijinfomgt.2014.10.007
15	0.04	2014	Chen M, 2014, MOBILE NETW APPL, V19, P171, DOI 10.1007/s11036-013-0489-0
14	0.01	2014	Chen CLP, 2014, INFORM SCIENCES, V275, P314, DOI 10.1016/j.ins.2014.01.015
13	0.17	2012	Chen HC, 2012, MIS QUART, V36, P1165
10	0.03	2013	Mayer-Schonberger V, 2013, BIG DATA REVOLUTION, V0, P0
10	0.01	2012	Han J, 2012, MOR KAUF D, V0, P1

表 1-9　大数据分析研究文献共被引关系突现表（前 7 名）

References	Year	Strength	Begin	End	2013—2019 年
Manyika J, 2011, BIG DATA NEXT FRONTI, V0, P0	2011	3.76	2013	2016	
Chang F, 2008, ACM T COMPUTSYST, V26, P0, DOI 10.1007/s11036-013-0489-0, DOI	2008	3.59	2014	2016	
McAree A, 2012, HARVARD BUS REV, V90, P60	2012	5.27	2015	2016	
Chen M, 2014, MOBILE NETW APPL, V19, P171, DOI 10.1007/s11036-013-0489-0, DOI	2014	3.15	2016	2017	
Krizhevsky A, 2017, COMMUN ACM, V60, P84, DOI 10.1145/3065386, DOI	2017	4.86	2017	2019	
Chen HC, 2012, MIS QUART, V36, P1165	2012	3.66	2017	2019	
LeCUN Y, 2015, NATURE, V521, P436, DOI 10.1038/nature14539, DOI	2015	3.03	2017	2019	

1.4.3 机器学习热点与前沿

1. 机器学习文献分布状况

（1）时间分布

图1-20所示的时间分布图展示了WOS中以"machine learning"为主题，2008—2021年按年份的分布情况。从图中可以看出随着时间的变化，文献数量逐步增多，递增趋势变化明显。根据现状及发展趋势，预测在未来几年，相关研究也会不断增多。

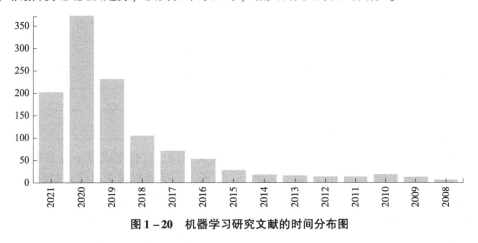

图1-20 机器学习研究文献的时间分布图

（2）国家和地区分布

通过对WOS中机器学习文献分析（见图1-21和表1-10）可知，截至2021年5月，美国在机器学习领域发文最多，占39.697%；第二为我国大陆地区，发文占比为12.489%；第三为英国，发文占比为9.991%。由此可知，与其他相关研究发展相似，我国的机器学习领域研究也同时走在世界前列。

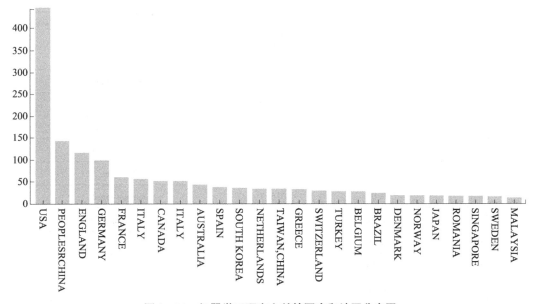

图1-21 机器学习研究文献的国家和地区分布图

表1-10 机器学习研究文献的国家和地区分布表

字段：国家/地区	记录数	%/1,121	柱状图
USA	445	39.697%	
PEOPLES R CHINA	140	12.489%	
ENGLAND	112	9.991%	
GERMANY	96	8.564%	
FRANCE	57	5.085%	
ITALY	53	4.728%	
CANADA	48	4.282%	
INDIA	48	4.282%	
AUSTRALIA	40	3.568%	
SPAIN	35	3.122%	

2. 机器学习研究热点分析

通过Citespace关键词共现分析，合并相同概念关键词，选择生成最小树MST剪枝策略，得到机器学习研究关键词共现统计表，如表1-11所示，生成机器学习研究前沿关键词共现知识图谱，如图1-22所示。由可视化结果可知，除检索条件"machine learning"以外，频次从小到大依次为model（模型）、neural network（神经网络）、learning technique（学习技法）、artificial intelligence（人工智能）等，组成了机器学习研究近年来的研究热点。根据关键词中心性，text mining、stock market、propensity score、variable importance位于前列且中心性超过0.1，说明该关键词在近年的研究中起到了不可或缺的作用。

表1-11 机器学习研究关键词共现统计表

Count	Centrality	Year	Keywords
622	0.04	2008	machine learning
191	0.03	2010	model
120	0.08	2008	neural network
98	0.00	2013	learning technique
96	0.01	2013	artificial intelligence
94	0.06	2008	learning method
87	0.01	2011	learning algorithm
84	0.02	2017	big data
81	0.04	2016	random forest
76	0.01	2014	learning approach
23	0.10	2017	text mining
13	0.13	2017	stock market
11	0.12	2017	propensity score
6	0.16	2019	variable importance

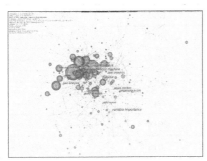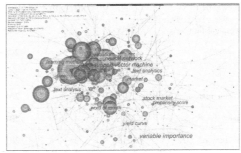

图 1-22 机器学习研究前沿关键词共现知识图谱

将关键词聚类后（见图 1-23），研究热点较为集中，时间上变化差异不大。higher education（高校教育）、predictability（可预测性）和 text data（文本数据）等是机器学习的前沿研究领域。

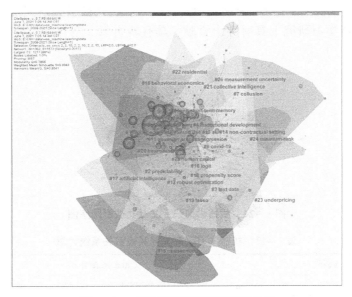

图 1-23 机器学习研究关键词聚类图

在机器学习研究前 10 关键词突现表（见表 1-12）中，我们可以看到具体研究热点随时间的演变。研究主要集中于 machine learning（机器学习）、neural network（神经网络）、support vector machine（支持向量机）、classification（分类）、social network（社会网络）和 data analysis（数据分析）等，共同组成了近 20 年的机器学习领域的研究前沿和研究新兴领域。

表 1-12 机器学习研究前 10 关键词突现表

Keywords	Year	Strength	Begin	End	2008—2021 年
machine learning	2008	19.55	2008	2015	
neural network	2008	9.7	2008	2016	
support vector machine	2008	13.62	2009	2017	
classification	2008	5.79	2009	2017	

续表

Keywords	Year	Strength	Begin	End	2008—2021 年
genetic algorithm	2008	5.62	2009	2017	
system	2008	4.21	2009	2017	
model	2008	10.46	2010	2017	
support vector regression	2008	6.08	2015	2017	
social network	2008	4.16	2015	2018	
data analysis	2008	3.71	2015	2018	

3. 机器学习研究共被引关系分析

同样选择网络节点为"reference"，阈值设置为（2，2，10）、（2，2，10）、（2，2，10），得到机器学习研究文献共被引网络图，如图1－24所示，得到其领域文献之间的被共引关系统计表，如表1－13所示。从图1－24及表1－13中可以看出，最突出的是Mullainathan S 在2017年发表于 *J ECON PERSPECT* 的文章。从共被引关系突现表（见表1－14）中可知近年在机器学习研究上具有突出贡献、具有转折意义的作者及文献，如 Hardle W、Hastie TJ 等。

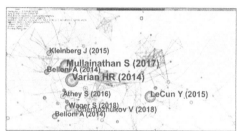

图1－24 机器学习研究文献共被引网络图

表1－13 机器学习研究文献共被引关系统计表

Count	Centrality	Year	Cited Refernce
50	0.00	2017	Mullainathan S, 2017, J ECON PERSPECT, V31, P87, DOI 10.1257/jep.31.2.87
48	0.01	2014	Varian HR, 2014, J ECON PERSPECT, V28, P3, DOI 10.1257/jep.28.2.3
35	0.00	2016	Chen TQ, 2016, KDD16: PROCEEDINGS OF THE 22ND ACM SIGKDD INTERNATIONAL CONFERENCE ON KNOWLEDGE DISCOVERY AND DATA MINING, V0, P785, DOI 10.1145/2939672.2939785
29	0.02	2015	LeCun Y, 2015, NATURE, V521, P436, DOI 10.1038/nature14539
23	0.00	2013	James G, 2013, INTRO STAT LEARNING, V0, P0
21	0.02	2014	Belloni A, 2014, REV ECON STUD, V81, P608, DOI 10.1093/restud/rdt044
6	0.10	2017	Krizhevsky A, 2017, COMMUN ACM, V60, P84, DOI 10.1145/3065386
4	0.13	2019	Carmona P, 2019, INT REV ECON FINANC, V61, P304, DOI 10.1016/j.iref.2018.03.008
4	0.12	2014	Nassirtoussi AK, 2014, EXPERT SYST APPL, V41, P7653, DOI 10.1016/j.eswa.2014.06.009
4	0.11	2015	Geng RB, 2015, EUR J OPER RES, V241, P236, DOI 10.1016/j.ejor.2014.08.016
2	0.10	2014	Agarwal R, 2014, INFORM SYST RES, V25, P443, DOI 10.1287/isre.2014.0546

表 1-14 机器学习研究文献共被引关系突现表（前 8 名）

Keywords	Year	Strength	Begin	End	2008—2021 年
Hardle W, 2009, J FORECASTING, V28, P512, DOI 10.1002/for.1109, DOI	2009	3.06	2015	2017	
Hastie TJ, 2009, ELEMENTS STAT LEARNI, V0, P0, DOI 10.1007/978-0-387-84858-7, DOI	2009	7.55	2016	2017	
Friedman J, 2010, J STAT SOFTW, V33, P1, DOI 10.18637/jss.v033.i01, DOI	2010	3.76	2016	2017	
Loughran T, 2011, J FINANC, V66, P35, DOI 10.1111/j.1540-6261.2010.01625.x, DOI	2011	3.69	2016	2019	
Varian HR, 2014, J ECON PERSPECT, V28, P3, DOI 10.1257/jep.28.2.3, DOI	2014	4.2	2017	2018	
Chang CC, 2011, ACM T INTEL SYST TEC, V2, P0, DOI 10.1145/1961189.1961199, DOI	2011	2.74	2017	2019	
Pedregosa F, 2011, J MACH LEARN RES, V12, P2825	2011	4.81	2018	2019	
Mullainathan S, 2017, J ECON PERSPECT, V31, P87, DOI 10.1257/jep.31.2.87, DOI	2017	3.1	2018	2019	

1.4.4 数据挖掘热点与前沿

1. 数据挖掘文献分布状况

（1）时间分布

图 1-25 所示的时间分布图展示了 WOS 中以"data mining"为主题，2008—2021 年按年份的分布情况。随着时间的变化，文献数量逐步增多，总体上递增趋势变化明显，2011 年、2014 年、2018 年和 2020 年略有下降。根据现状及发展趋势，预测在未来几年，相关研究会稳定增多。

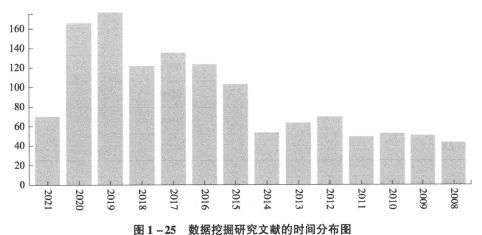

图 1-25 数据挖掘研究文献的时间分布图

（2）国家和地区分布

通过对 WOS 中数据挖掘文献分析（见图 1-26 和表 1-15）可知，截至 2021 年 5 月，美国在数据挖掘领域发文最多，占 26.153%；第二为我国大陆地区，发文占比为

14.194%;第三为英国,发文占比为 8.426%。从发文量上看,我国的数据挖掘领域研究也同时走在世界前列。

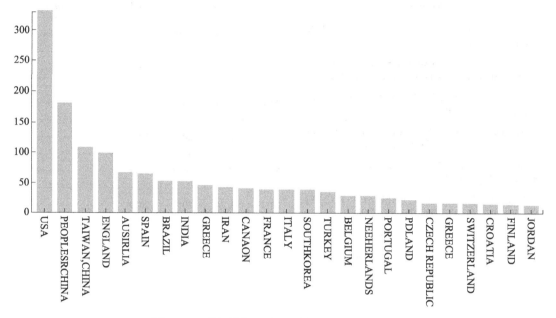

图 1-26 数据挖掘研究文献的国家和地区分布图

表 1-15 数据挖掘研究文献的国家和地区分布表

字段:国家地区	记录数	%/1,258	柱状图
USA	329	26.153%	
PEOPLES R CHINA	178	14.149%	
TAIWAN, CHINA	106	8.426%	
ENGLAND	98	7.790%	
AUSTRALIA	65	5.167%	
SPAIN	63	5.008%	
BRAZIL	51	4.054%	
INDIA	50	3.975%	
GERMANY	44	3.498%	

2. 数据挖掘研究热点分析

通过 Citespace 关键词共现分析,合并相同概念关键词,选择生成最小树 MST 剪枝策略,得到数据挖掘研究关键词共现统计表,如表 1-16 所示,生成数据挖掘研究关键词共现可视化图,如图 1-27 所示。其中,除检索条件"data mining"以外,频次从小到大依次为 model(模型)、classification(分类)、machine learning(机器学习)等,都是近年来数据挖掘相关的研究热点。根据关键词中心性,neural network、service、learning algorithm 位于前列且中心性超过 0.1,说明该关键词在近年的研究中起到了不可或缺的作用。

表 1-16　数据挖掘研究关键词共现统计表

Count	Centrality	Year	Keywords
871	0.00	2008	data mining
164	0.04	2008	model
137	0.09	2008	classification
104	0.02	2008	machine learning
85	0.06	2008	algorithm
78	0.09	2008	data mining technique
77	0.02	2008	system
76	0.00	2014	big data
75	0.05	2009	support vector machine
70	0.10	2008	neural network
18	0.13	2009	service
19	0.10	2008	learning algorithm

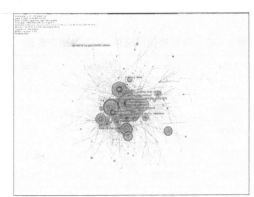

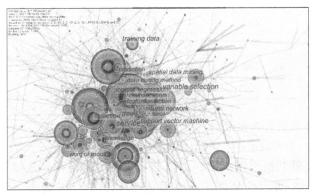

图 1-27　数据挖掘研究关键词共现可视化图

通过将关键词聚类（见图 1-28），可知研究热点较为集中，时间上变化差异不大。分类、大数据、网络和情感分析等是当今数据挖掘的前沿领域。

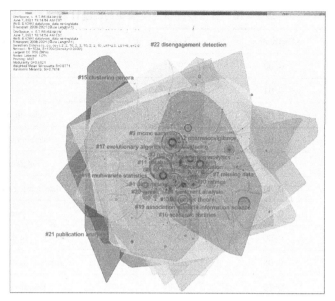

图1-28　数据挖掘研究关键词聚类图

在前10关键词突现表（见表1-17）中，我们可以看到具体研究热点随时间的演变。2008—2015年研究主要集中于大数据、预测、商务智能、可视化和信息等。近三年，人工智能成为新的研究热点。

表1-17　数据挖掘研究前10关键词突现表

Keywords	Year	Strength	Begin	End	2008—2021年
large database	2008	3.57	2008	2009	
prediction	2008	3.72	2009	2011	
business intelligence	2008	4.56	2010	2012	
visualization	2008	4.35	2010	2015	
information	2008	6.05	2012	2014	
statistical analysis	2008	15.34	2013	2016	
knowledge	2008	4.02	2013	2015	
high-dimensional data	2008	3.89	2013	2015	
asa data science journal	2008	9.68	2016	2016	
artificial intelligence	2008	6.2	2019	2021	

3. 数据挖掘研究共被引关系分析

选择网络节点为"reference"，阈值设置为（2，2，10）、（2，2，10）、（2，2，10），得到数据挖掘研究文献共被引网络图，如图1-29所示，得到其领域文献之间的被共引关系统计表，如表1-18所示。从图1-29及表1-18中可以看出，最突出的是Han J在2012年发表于 *MOR KAUF D* 的文章，其次是Hastie Trevor在2009年发表于 *ELEMENTS STAT LEARNI* 的文章，且其中心度远超0.1标准，高达0.27。从共被引关系突现表（见表1-19）中可知近年在数据挖掘研究上具有突出贡献、具有转折意义的作者及文献，如Han J、Chen HC、Pedregosa F等。

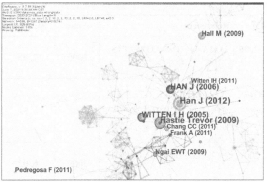

图 1-29　数据挖掘研究文献共被引网络图

表 1-18　数据挖掘研究文献共被引关系统计表

Count	Centrality	Year	Cited Refernce
33	0.09	2012	Han J, 2012, MOR KAUF D, V0, P1
28	0.27	2009	Hastie Trevor, 2009, ELEMENTS STAT LEARNI, V2nd ed., P0, DOI 10.1007/978-0-387-84858-7〕
23	0.10	2006	HAN J, 2006, DATA MINING CONCEPTS, V0, P0
20	0.11	2005	WITTEN I H, 2005, DATA MINING PRACTICA, V0, P0
15	0.03	2009	Hall M, 2009, ACM SIGKDD EXPLOR NE, V11, P1
6	0.24	2006	Neslin SA, 2006, J MARKETING RES, V43, P204, DOI 10.1509/jmkr.43.2.204
5	0.20	2013	He W, 2013, INT J INFORM MANAGE, V33, P464, DOI 10.1016/j.ijinfomgt.2013.01.001
9	0.14	2006	Tan P-N, 2006, INTRO DATA MINING, V0, P0
4	0.13	2015	Lessmann S, 2015, EUR J OPER RES, V247, P124, DOI 10.1016/j.ejor.2015.05.030
10	0.12	2011	Chang CC, 2011, ACM T INTEL SYST TEC, V2, P0, DOI 10.1145/1961189.1961199
4	0.12	2001	Hand DJ, 2001, ADAP COMP MACH LEARN, V0, P0
2	0.12	2012	Kim AJ, 2012, J BUS RES, V65, P1480, DOI 10.1016/j.jbusres.2011.10.014
2	0.12	2013	Cortez P, 2013, INFORM SCIENCES, V225, P1, DOI 10.1016/j.ins.2012.10.039
4	0.11	2018	Vu HQ, 2018, J TRAVEL RES, V57, P883, DOI 10.1177/0047287517722232

表 1-19　数据挖掘研究文献共被引关系突现表（前 10 名）

References	Year	Strength	Begin	End	2000—2021 年
WITEEN I H, 2005, DATA MINING PRATICA, V0, P0	2005	7.75	2008	2012	
Friedman J, 2001, ELEMENTS STATLEARNI, V1, P0	2001	5.16	2008	2009	
Han Jiawei, 2001, DATA MINING CONCEPTS, V0, P0	2001	4.58	2008	2009	

续表

References	Year	Strength	Begin	End	2000—2021 年
HAN J, 2006, DATA MINING CONCEPTS, V0, P02017	2006	7.95	2009	2014	
Hastie Trevor, 2009, ELEMENTS STAT LEARNI, V2nd ed., P0, DOI 10.1007/978-0-387-84858-7], DOI	2009	6.81	2013	2017	
Hall M, 2009, ACM SIGKDD EXPLOR NE, V11, P1	2009	6.02	2014	2017	
Witten IH, 2011, MOR KAUF D, V0, P1	2011	3.61	2015	2018	
Han J, 2012, MOR KAUF D, V0, P1	2012	5.81	2017	2021	
Chen HC, 2012, MIS QUART, V36, P1165	2012	3.6	2017	2019	
Pedregosa F, 2011, J MACH LEARN RES, V12, P2825	2011	5.42	2018	2019	

1.4.5 本章小结

通过文献的时间分布、国家和地区分布情况可知，20世纪末到21世纪初，大数据分析与挖掘及相关领域的文献不断发表，总体呈现逐步上升的趋势。总体上来看，美国在商务智能领域的发文量位居首位，第二是中国，中国的商务智能及相关研究在全球范围内处于领先地位。其中，在大数据分析领域中，中国位居首位。

运用Citespace进行可视化工具的关键词聚类、突现功能，可以发现数据挖掘、数据仓库、知识管理、系统、框架、数据分析和机器学习成为新的研究热点，反映了当下研究已逐步由技术转向对数据的商业分析。运用Citespace对与商务智能领域及相关的大数据分析、机器学习、数据挖掘进行进一步分析可知，各个领域间的研究热点交叉度也较高，算法、模型等是近些年关注的热点。热点算法有分类、支持向量机、回归算法、神经网络和随机森林等。

运用Citespace工具生成被共引网络关系图，得到Hevner AR等人在2004年于 *MIS QUART* 上发表的文章、Elbashir Mohamed Z在2008年发表的文章等都是商务智能领域研究的关键性节点文件；大数据分析研究中心最重要的文献是Manyika J在2011年发表于 *BIG DATA NEXT FRONTI* 的文章；Mullainathan S在2017年发表于 *J ECON PERSPECT* 的文章是机器学习研究的重要文献；Han J在2012年发表于 *MOR KAUF D* 的文章、Hastie Trevor在2009年发表于 *ELEMENTS STAT LEARNI* 的文章是数据挖掘研究的关键性节点文件。这些文献对未来的商务智能研究都会有重要的参考引用价值。

本章参考文献

[1] LanH. Witten, EibeFrank, MarkA. Hall, 等. 数据挖掘：实用机器学习工具与技术 [M]. 北京：机械工业出版社，2014.

[2] 韩家炜,坎伯,裴健,等. 数据挖掘概念与技术[M]. 北京：机械工业出版社,2012.
[3] MITCHELL T M. Does Machine Learning Really Work? [J]. Ai Magazine,1997,18(3)：11-20.
[4] FAYYAD U, PIATETSKY-SHAPIRO G, SMYTH P. Knowledge Discovery and Data Mining：Towards a Unifying Framework. AAAI Press,2000.
[5] FAYYAD U, PIATETSKY-SHAPIRO G,SMYTH P. From Data Mining to Knowledge Discovery in Databases[C]. Ai Magazine. 1996：37-54.
[6] NGUYEN G, DLUGOLINSKY S, M BOBÁK,et al. Machine Learning and Deep Learning frameworks and libraries for large-scale data mining：a survey[J]. Artificial Intelligence Review,2019.
[7] 张昭. 基于 Citespace 的商务智能研究热点与前沿可视化分析[J]. 情报探索,2012(12)：6-9.
[8] 萧文龙,王镇豪,陈豪,徐瑀婧. 国内外商务智能及大数据分析研究动态和发展趋势分析[J]. 科技与经济,2020,33(06)：66-70.
[9] 埃森哲大数据分析方法论及工具[R]. 北京：埃森哲公司,2014：1-65.
[10] JEANNETTE M. Wing. The Data Life Cycle. Harvard Data Science Review,Iss 1,Jan. 2019.

本书涉及的环境、语言、框架和库

(1) 语言、环境

- Python programming language. https：//www.hxedu.com.cn/hxedu/w/inputVideo.do?qid=5a79a0187deba829017dfa80f95a4d5e
- Anaconda—the most popular python data science platform. https：//www.hxedu.com.cn/hxedu/w/inputVideo.do?qid=5a79a0187deba829017dfa80f95a4d5e
- Anaconda for Cloudera—data science with python made easy for big data. https：//www.hxedu.com.cn/hxedu/w/inputVideo.do?qid=5a79a0187deba829017dfa80f95a4d5e
- Project jupyter. https：//www.hxedu.com.cn/hxedu/w/inputVideo.do?qid=5a79a0187deba829017dfa80f95a4d5e

(2) 数据挖掘与机器学习 Python 库

- NumPy—the fundamental package for scientific computing with Python. https：//www.hxedu.com.cn/hxedu/w/inputVideo.do?qid=5a79a0187deba829017dfa80f95a4d5e
- SciPy—Scientific computing tools for Python. https：//www.hxedu.com.cn/hxedu/w/inputVideo.do?qid=5a79a0187deba829017dfa80f95a4d5e
- Pandas—Python Data Analysis Library. https：//www.hxedu.com.cn/hxedu/w/inputVideo.do?qid=5a79a0187deba829017dfa80f95a4d5e
- Matplotlib—Visualization with Python. https：//www.hxedu.com.cn/hxedu/w/inputVideo.do?qid=5a79a0187deba829017dfa80f95a4d5e
- Scikit-learn machine learning in Python. https：//www.hxedu.com.cn/hxedu/w/inputVideo.do?qid=5a79a0187deba829017dfa80f95a4d5e

- Natural language toolkit. https://www.hxedu.com.cn/hxedu/w/inputVideo.do?qid=5a79a0187deba829017dfa80f95a4d5e
- SciLab—open source software for numerical computation. https://www.hxedu.com.cn/hxedu/w/inputVideo.do?qid=5a79a0187deba829017dfa80f95a4d5e

（3）深度学习框架

- TensorFlow—an open-source software library for machine intelligence. https://www.hxedu.com.cn/hxedu/w/inputVideo.do?qid=5a79a0187deba829017dfa80f95a4d5e
- PyTorch—deep learning framework that puts python first. https://www.hxedu.com.cn/hxedu/w/inputVideo.do?qid=5a79a0187deba829017dfa80f95a4d5e

（4）数据分析与挖掘的工具

- SPSS. https://www.hxedu.com.cn/hxedu/w/inputVideo.do?qid=5a79a0187deba829017dfa80f95a4d5e
- Tableau software：business intelligence and analytics. https://www.hxedu.com.cn/hxedu/w/inputVideo.do?qid=5a79a0187deba829017dfa80f95a4d5e
- RapidMiner open source predictive analytics platform. https://www.hxedu.com.cn/hxedu/w/inputVideo.do?qid=5a79a0187deba829017dfa80f95a4d5e
- Weka3：data mining software in Java. https://www.hxedu.com.cn/hxedu/w/inputVideo.do?qid=5a79a0187deba829017dfa80f95a4d5e
- SAS（previously statistical analysis system）. https://www.hxedu.com.cn/hxedu/w/inputVideo.do?qid=5a79a0187deba829017dfa80f95a4d5e

注：如无特别解释，本书所有案例都是基于 Python3.7 开发。

第 2 篇

基础实践篇

第 2 章　爬虫与数据处理
——"茶颜悦色"话题情感趋向的影响因素

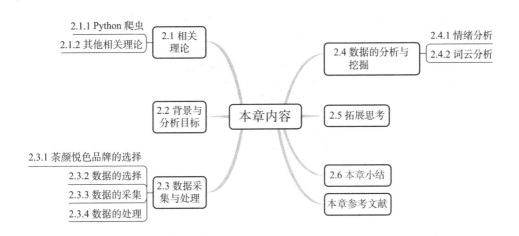

2.1　相关理论

2.1.1　Python 爬虫

网络爬虫,又名网页蜘蛛、网络蚂蚁、网络机器人等,是一种按照一定的规则,自动地抓取万维网信息的程序或脚本。

网络爬虫是一个自动提取网页的程序,它为搜索引擎从万维网上下载网页,是搜索引擎的重要组成。网络爬虫按照系统结构和实现技术,大致可以分为四种类型:通用网络爬虫(General Purpose Web Crawler)、聚焦网络爬虫(Focused Web Crawler)、增量式网络爬虫(Incremental Web Crawler)和深层网络爬虫(Deep Web Crawler)。传统爬虫从一个或若干个初始网页的 URL 开始,获得初始网页上的 URL,在抓取网页的过程中,不断从当前页面上抽取新的 URL 放入列表,直到满足系统的一定停止条件。聚焦网络爬虫的工作流程较为复杂,需要根据一定的网页分析算法过滤与主题无关的链接,保留有用的链接并将其放入等待抓取的 URL 列表(见图 2-1)。然后,它将根据一定的搜索策略从列表中选择下一步要抓取的网页 URL,并重复上述过程,直到达到系统的某一条件时停止。另外,所有被爬虫抓取的网页将会在系统中存储,系统进行分析、过滤,并建立索引,以便之后的查询和检索;对于聚焦网络爬虫来说,这一过程所得到的分析结果还可能对以后的抓取过程给予反馈和指导。

一般的网络爬虫系统通常是几种爬虫技术相结合实现的。

网络爬虫的基本流程分为四步。第一步,发起请求。即通过 URL

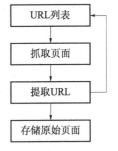

图 2-1　页面收录

向目标站点发起请求,也就是发送一个 Request,请求可以包含额外的 Header 等信息,等待服务器响应。第二步,获取响应内容。如果服务器能正常响应,就会得到一个 Response,Response 的内容便是所要获取的页面内容,类型可能是 HTML、JSON 字符串和二进制数据(图片或视频)等类型。第三步,解析内容。通过上述步骤得到的内容如果是 HTML,那么可以用正则表达式、页面解析库进行解析;如果是 JSON,那么可以直接转换为 JSON 对象解析;如果是二进制数据,那么可以保存或进一步处理。第四步,保存数据。保存形式多样,可以保存为文本,也可以保存到数据库,或保存成特定格式的文件。其中 Request 与 Response 的组成成分分别如表 2-1、表 2-2 所示。

表 2-1 Request 的组成成分

请求方式的类型
主要有:GET/POST 两种常用类型,另外还有 HEAD/PUT/DELETE/OPTIONS
GET 和 POST 的区别:请求的数据 GET 是在 url 中,POST 则是存放在头部
GET 请求用来获取数据,是幂等的。最常见的用法是搜索回车之后,信息将以? 间隔添加在 url 后面。如 https://www.baidu.com/s? wd = python3%20requests
POST:向指定资源提交数据,请求服务器进行处理(如提交表单或者上传文件)。数据被包含在请求本文中。这个请求可能会创建新的资源或修改现有资源,或二者皆有
HEAD:与 GET 方法一样,都是向服务器发出指定资源的请求。只不过服务器将不传回资源的本文部分。它的好处在于,使用这个方法可以在不必传输全部内容的情况下,就可以获取其中"关于该资源的信息"(元信息或元数据)
PUT:向指定资源位置上传其最新内容
OPTIONS:这个方法可使服务器传回该资源所支持的所有 HTTP 请求方法。用'*'来代替资源名称,向 Web 服务器发送 OPTIONS 请求,可以测试服务器功能是否正常运作
DELETE:请求服务器删除 Request – URI 所标识的资源
请求 URL
URL,即统一资源定位符,也就是我们说的网址,统一资源定位符是对可以从互联网上得到的资源的位置和访问方法的一种简洁的表示,是互联网上标准资源的地址。互联网上的每个文件都有一个唯一的 URL,它包含的信息指出文件的位置以及浏览器应该怎么处理它
URL 的格式由三个部分组成:第一部分是协议(或称为服务方式); 第二部分是存有该资源的主机 IP 地址(有时也包括端口号); 第三部分是主机资源的具体地址,如目录和文件名等
爬虫爬取数据时必须要有一个目标的 URL 才可以获取数据,因此它是爬虫获取数据的基本依据
请求头
请求头,包括这次请求的类型、cookie 信息以及浏览器类型等
请求体
请求是携带的数据,如提交表单数据时候的表单数据(POST)

注:参考互联网总结。

表2-2 Response 的组成成分

Response 的基本知识
所有 HTTP 响应的第一行都是状态行,依次是当前 HTTP 版本号,3 位数字组成的状态代码,以及描述状态的短语,彼此由空格分隔
响应状态
有多种响应状态,如:200 代表成功,301 跳转,404 找不到页面,502 服务器错误。 1xx 消息——请求已被服务器接收,继续处理。 2xx 成功——请求已成功被服务器接收、理解并接受。 3xx 重定向——需要后续操作才能完成这一请求。 4xx 请求错误——请求含有词法错误或者无法被执行。 5xx 服务器错误——服务器在处理某个正确请求时发生错误。 常见代码:200 OK 请求成功、400 Bad Request 客户端请求有语法错误,不能被服务器所理解、401 Unauthorized 请求未经授权,这个状态代码必须和 WWW-Authenticate 报头域一起使用、403 Forbidden 服务器收到请求,但是拒绝提供服务、404 Not Found 请求资源不存在,eg:输入了错误的 URL 500 Internal Server Error 服务器发生不可预期的错误、503 Server Unavailable 服务器当前不能处理客户端的请求,一段时间后可能恢复正常、301 目标永久性转移、302 目标暂时性转移
响应头
如内容类型、类型的长度和服务器信息
响应体
请求的目的就是为了得到响应体,是最主要的部分,包含请求资源的内容,如网页 HTML、图片和二进制数据等

注:参考互联网总结。

Python 网络爬虫的常用库有多种类型,主要分为请求库、解析库与存储库。请求库的作用是实现 HTTP 请求操作,解析库的作用是从网页中提取信息,而存储库的作用则是实现 Python 与数据库交互,Python 网络爬虫的常用库如表2-3 所示。

表2-3 Python 网络爬虫的常用库

请求库	
urllib	一系列用于操作 URL 的功能,Python 的内置库,直接使用方法 import 导入即可
requests	基于 urllib 编写的请求库,阻塞式 HTTP 请求库,发出一个请求,一直等待服务器响应后,程序才能进行下一步处理
selenium	自动化测试工具。一个调用浏览器的 driver,通过这个库可以直接调用浏览器完成某些操作,如输入验证码
aiohttp	基于 asyncio 实现的 HTTP 框架,提供异步的 Web 服务的库
phantomjs	一个无界面浏览器,通过 JS 在后台运行有关浏览器的一切操作,省去可视化浏览器的操作
解析库	
re	Python 的内置库,使用正则表达式(Regex)库提取信息
lxml	支持 HTML 和 XML 的解析,支持 XPath 解析方式,解析效率较高
beautifulsoup	网络解析库,依赖于 lxml 库。HTML 和 XML 的解析,从网页中提取信息,同时拥有强大的 API 和多样解析方式

续表

	解析库
pyquery	网页解析库，语法和 jQuery 无异。能够以 jQuery 的语法来操作解析 HTML 文档，易用性和解析速度都很好
tesserocr	一个 OCR 库，在遇到验证码（图形验证码为主）的时候，可直接用 OCR 进行识别
	存储库
pymysql	纯 Python 实现的 MySQL 客户端操作库
pymongo	用于直接连接 mongodb 数据库进行查询操作的库
redisdump	用于 redis 数据导入/导出的工具。基于 Ruby 实现的，需要先安装 Ruby 才可使用

注：参考互联网总结。

Python 网络爬虫示例请参考 5.3 小节中中国票房网数据爬取，7.3 小节中武汉、黄石两市房价爬取，9.3 小节中微博评论数据爬取、疫情拟合数据爬取，11.3 小节中政府工作报告数据爬取，以及 19.3 小节中淘宝评论数据爬取。

2.1.2　其他相关理论

"词云"一词由美国西北大学新闻学副教授、新媒体专业主任里奇·戈登（Rich Gordon）于 2006 年最先使用。戈登做过编辑、记者，曾担任迈阿密先驱报 Miami Herald 新媒体版的主任。他一直很关注网络内容发布的最新形式——即那些只有互联网可以采用而报纸、广播和电视等其他媒体都望尘莫及的传播方式。通常，这些最新的、最适合网络的传播方式，也是最好的传播方式。因此，"词云"就是通过形成"关键词云层"或"关键词渲染"，对网络文本中出现频率较高的"关键词"进行视觉上的突出。词云图能够过滤掉大量的文本信息，使网页浏览者只要一眼扫过文本就可以领略文本的主旨。

Python 词云图的创建可以使用第三方库 WordCloud，它可利用 Anaconda Prompt 的 Install WordClould 指令直接安装。Install WordCloud 在进行数据处理的时候同样需要 Jieba、Openpyxl 等第三方库的支持。下面介绍 WordCloud 库和 Jieba 库的常用方法。

WordCloud 库把词云当作一个 WordCloud 对象，wordcloud.WordCloud() 代表一个文本对应的词云。可以根据文本中词语出现的频率等参数绘制词云，词云的形状、尺寸和颜色都可以设定。

WordCloud 常用方法及常用参数分别如表 2-4、表 2-5 所示。基于 WordCloud 的词云图实现请参考代码清单 7-2、代码清单 9-16。

表 2-4　WordCloud 常用方法

方法	描述
w.generate（txt）	向 WordCloud 对象 w 中加载文本 txt，w.generate（"Python and WordCloud"）
w.to_file（filename）	将词云输出为图像文件，.png 或 .jpg，w.to_file（"filename.png"）

表 2-5　WordCloud 常用参数

参数	描述
width	指定词云对象生成图片的宽度，默认 400 像素
height	指定词云对象生成图片的高度，默认 200 像素
min_font_size	指定词云中字体的最小字号，默认 4 号

续表

参数	描述
max_font_size	指定词云中字体的最大字号,根据高度自动调节
font_step	指定词云中字体字号的步进间隔,默认为 1
font_path	指定字体文件的路径,默认 None
max_words	指定词云显示的最大单词数量,默认 200
stop_words	指定词云的排除词列表,即不显示的单词列表
mask	指定词云形状,默认为长方形,需要引用 imread()函数
background_cor	指定词云图片的背景颜色,默认为黑色

Jieba 是一个非常优秀的中文分词第三方库,提供三种分词模式。(1)精确模式:把文本精确地切分开,不存在冗余单词。(2)全模式:把文本中所有可能的词语都扫描出来,有冗余。(3)搜索引擎模式:在精确模式基础上,对长词再次切分。

同时 Jieba 库还可以自定义词库,避免造成分词不精确的情况,如将"大数据"分成"大""数据"两个部分。Jieba 库常用函数如表 2-6 所示。

表 2-6 Jieba 库常用函数

函数	描述
jieba.cut	精确模式,返回一个可迭代的数据类型
jieba.cut(s, cut_all = True)	全模式,输出文本 s 中所有可能单词
jieba.cut_for_search(s)	搜索引擎模式,适合搜索引擎建立索引的分词结果
jieba.lcut(s)	精确模式,返回一个列表类型,建议使用
jieba.lcut(s, cut_all = True)	全模式,返回一个列表类型,建议使用
jieba.lcut_for_search(s)	搜索引擎模式,返回一个列表类型,建议使用
jieba.add_word(w)	向分词词典中增加新词 w

2.2 背景与分析目标

如今,奶茶已经成为许多年轻人生活中不可缺少的一部分。中国奶茶行业经历了冲粉奶茶(2000—2003 年)、桶装奶茶(2004—2006 年)、手摇茶(2007—2009 年)和现萃茶(2010 年至今)四个阶段的演变。2004 年成立的地下铁奶茶在 2011 年店铺数量便已经超过了 1000 家,年收入超过了 3 亿元。

随着奶茶行业的发展,中国奶茶品牌也打破了以往一家独大的局面,越来越多的本土品牌逐渐崛起。同时,互联网在奶茶市场的发展中起着至关重要的作用,近两年几乎是"网红奶茶"的集中爆发期,各种奶茶通过网络营销直接或间接地带动了品牌的发展,这也让许多业内人士看到了网红经济的力量,并且大规模地进军网络渠道市场。此外,

2014年以来成立的奶茶品牌，如喜茶、奈雪的茶等，都将自身定位为"新茶饮"，不再以粉末勾兑，主打现泡茶和新鲜牛奶的结合，店铺装修更精致，吸引了一众消费观念新潮的年轻人。

各类奶茶品牌在享受奶茶行业的市场规模不断增大带来大量客流量的同时，也面临着许多问题，其中主要有两点。(1) 同行业竞争者的威胁。随着中国奶茶市场于2007年进入高发展阶段，市场上涌现的奶茶品牌越来越多，如何在众多同行业产品中脱颖而出成为奶茶经营者面临的首要问题。(2) 替代品的威胁。奶茶作为消费者一般生理需求消费品，替代品众多。所有水、饮料、茶类和牛奶都是奶茶的替代品。大部分饮料、矿泉水等商品的价格都低于奶茶，具有价格上的吸引力，而牛奶等奶制品与奶茶相比，营养价值更高。这就导致消费者的选择面大、转换成本不高等左右消费者的选择。所以，如何解决这些问题是这些奶茶品牌的首要任务。

多年来，无数商家都尝试着寻找各种方法解决上述问题，但由于在互联网环境下消费者购买体验型产品时对网络信息的依赖性很大，且消费者对产品的依赖程度受产品口碑的影响，因此消费者的"羊群效应"（人们经常受到多数人影响，从而跟从大众的思想或行为，自己并不会思考事件的意义。）可能会对消费者的购买行为产生促进作用，进而使企业品牌在竞争市场环境中保持优势地位。本案例通过分析某个与"网红奶茶"相关的网络热门事件中消费者产生积极情绪和消极情绪的原因与时间，证明商家可以利用消费者的"羊群效应"提高其在市场中的优势地位。

2.3 数据采集与处理

2.3.1 茶颜悦色品牌的选择

茶颜悦色品牌于2013年创立，在刚刚建立的时候，发展速度并不是很快，前三年主要布局于长沙核心商圈，力争每一个繁华地段都可以找到它的门店。2017年是整个饮品市场开始大爆发的一年，茶颜悦色这一茶饮品牌开始了自己的快速扩张之路，短短两年的时间就开店至百家以上，并于2019年3月获得天图资本数千万A轮融资，2019年7月宣布完成来自元生资本和源码资本的战略投资，2019年8月获得阿里关联企业的投资。在2020年12月1日，茶颜悦色第一家湖南省外门店——武汉店开业，瞬间引爆网络，如图2-2所示。

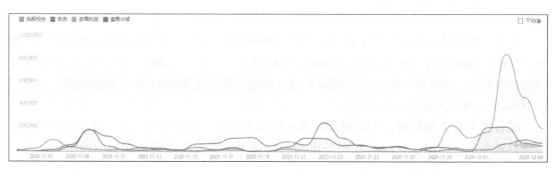

图2-2　2020年9月至12月奶茶各品牌在百度指数上的搜索量比较

2.3.2 数据的选择

微博是指一种基于用户关系信息分享、传播以及获取的通过关注机制分享简短实时信息的广播式的社交媒体、网络平台，允许用户通过计算机、手机等多种移动终端接入，以文字、图片、视频等多媒体形式，实现信息的即时分享、传播互动。2009 年 8 月，新浪微博内测版发布，微博正式进入网络社交主流人群的视野，随着微博在网民中的日益火热，在微博中诞生的各种网络热词也迅速走红网络，微博效应正在逐渐形成。新浪微博用户量也保持着高速增长的趋势，截至 2013 年 6 月，中国微博用户规模达到 3.31 亿个，仅微博每天发布和转发的信息就超过 2 亿条，新浪微博成为中国最大的微博平台。关于茶颜悦色的相关话题长期在新浪微博有较高的讨论量与阅读量，并在 2020 年 12 月 1 日茶颜悦色第一家省外店开业时，茶颜悦色话题阅读次数达 5.3 亿次，讨论次数达 133.8 万次，原创人数达 34.4 万人，一度冲击热搜榜第一，所以微博的博文量满足本案例的研究需求，如图 2 – 3 所示。

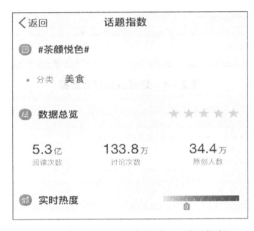

图 2 – 3　微博 "茶颜悦色" 话题指数

2.3.3 数据的采集

本案例以新浪微博上关于茶颜悦色话题的微博用户博文为例，使用 Python 爬取了其相关特征数据，包括用户的微博名称、用户博文内容、博文的评论数、博文的转发数、博文的点赞数和博文发布时间等信息，一共得到数据 928 条。

2.3.4 数据的处理

由于 Python 爬取的原始 Excel 数据中存在一些无效的内容，其中主要包括以下四部分：与其余博文内容完全重复的信息、博文中的无关广告信息、无法进行分析的乱码信息、与主题明显无关的博文信息。所以首先需要对爬取的 Excel 数据进行预处理。考虑到爬取结果及需要使用的数据信息数量，本案例使用 Excel 软件自带的功能对无效的内容进行处理，在经过 "查找" "定位" "替换" "删除" 等操作后，得到经过处理可供分析的样本博文数据内容共 848 条，如图 2 – 4 所示。

为了更好地进行后续的数据分析工作，本案例将之前获得的 848 条数据作为初始文本数据，利用 Python 对其进行了分词处理，并由此得到了文本分词处理结果，如图 2 – 5 所示。

图 2-4　处理后的博文数据

图 2-5　分词处理结果

2.4　数据的分析与挖掘

2.4.1　情绪分析

在得到分词处理结果之后，本案例对每一条数据进行了情绪分析，并由此算出数据中积极情绪、中性情绪及消极情绪的比例，如图 2-6 所示。

为了更直观地观测到整体的情感趋向，我们通过 Excel 将所获得的结果图表化，如图 2-7 所示。

由图可知，大多数博文对"茶颜悦色"这一话题的情绪是积极的，而消极情绪与中性情绪的比例相似。

2.4.2 词云分析

在本案例搜集的数据中词频越大，即在经过处理后留存在数据中的单词数量越多，在词云图上显示的文字也就越大，最后呈现的结果如图 2-8 所示。

从词云图中可以看出，"好喝""设计""服务""国风""美味""排队""黄牛"等词非常突出，且"设计"与"国风"、"排队"和"黄牛"、"好喝"和"美味"等词具有明显的逻辑关系，所以我们将积极情绪的主要原因分为三点——独特的口味（"好喝""美味"）、国风的设计（"设计""国风""颜值"）和优秀的服务（"服务"），并将其消极情绪的主要原因分为长时间的等待（"排队""黄牛"）及对产品的失望（"夸张""失望"），由此可以通过词云图更加直观地反映人们对"茶颜悦色"这一微博话题产生积极情绪、中性情绪和消极情绪的原因。

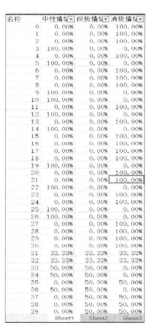

图 2-6　情绪分析 Excel 统计表部分截图

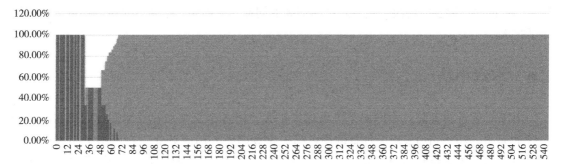

图 2-7　情绪分析图表化

在对词云图进行分析后，本案例通过对词云图中突出的"好喝""设计""服务""国风""美味""排队""黄牛"这七个高频词进行记录，并通过在前期搜集到的处理后博文数据 Execl 表中使用"查找""筛选"功能统计相关博文的发布时间，发现存在相同词的相关博文发布时间较为相近的情况。例如，当微博中有一些博主率先评价国风的设计是茶颜悦色奶茶品牌的一大优点后，在短时间有大量博主对茶颜悦

图 2-8　词云图

色奶茶品牌有了相同的评价。

2.5　拓展思考

通过上述分析我们可以得出以下两点结论。

(1) 人们对茶颜悦色这一微博话题产生不同情绪的原因有：

①产生积极情绪的原因主要包括其独特的口味、国风的设计及优秀的服务。而对奶茶行业来说，口味符合人们的预期是消费者选择这一奶茶品牌最重要的影响因素，且良好的设计与优秀的服务对增强消费者的用户黏度及形成良好的品牌口碑有着不可忽视的作用。

②产生消极情绪的原因主要包括较长的等待时间及对产品的失望。当某一奶茶品牌有了大量消费者群体及良好的口碑时，要注意预防因为某一热门事件导致消费者蜂拥而至带来的产品供不应求的情况，商家可以提前对这种情况进行预测，采取对排队情况预告、向排队时间过长的顾客发放优惠券等方式来缓解。

(2) 在部分博主对茶颜悦色进行某一评价后，有许多博主自然地对茶颜悦色进行了跟进的同质化的评价，由于产生这些评价的数量远远超过武汉这一新开门店的接待量，因此我们认为后续产生许多同质化评论的现象是受到了消费者的"羊群效应"的影响，即许多博主其实并没有在这一事件中尝试"茶颜悦色"奶茶，而是仅仅因为话题中存在着对"茶颜悦色"的某种评价而进行模仿。所以商家在推广商品时，可以通过在网络上发起对这个商品的优点讨论，当讨论达到一定规模后，自然而然地会引起更多的赞扬，从而得到更好的口碑，与此同时，要及时解决消费者对产品不满的问题，从而防止消费者对该商品的消极情绪不断扩大。

2.6　本章小结

由于消费者的青睐，中国奶茶市场逐年扩大，但各个奶茶品牌都面临着如何树立自身口碑的问题。2020年12月1日茶颜悦色第一家湖南省外门店开业，在网络上引发了大量的讨论话题。本案例针对这一话题，通过 Python 网络爬虫工具，从新浪微博的"茶颜悦色"讨论话题中爬取博文数据，并基于这些数据使用情绪分析图、词云图等文本可视化技术进行分析，并通过将情绪形成原因与其博文发布时间相结合来探究消费者的"羊群效应"是否对情感趋向产生影响。本案例探究了"茶颜悦色"讨论话题中积极情绪与消极情绪的主要形成原因，并且证明了消费者的"羊群效应"也对情感趋向的形成产生影响。

本章参考文献

[1] 钟燊，程浚. 奶茶行业市场分析报告 [J]. 产业科技创新，2020 (1)：63-64.

[2] 田星月，邓莉慧. 中国品牌奶茶顾客忠诚度及其影响因素——以"蜜雪冰城"为例基于重庆高校周边的调查研究 [J]. 商业现代化，2020 (9)：1-5.

[3] 卢向华，冯越. 网络口碑的价值——基于在线餐馆点评的实证研究 [J]. 管理世界，

2009（7）：126-132.

［4］郝晓玲. 体验型产品消费行为的羊群效应及机理研究——基于电影行业消费行为的实证解释［J］. 中国管理科学，2019（17）：176-188.

［5］李彦. 基于 Python 的网络爬虫技术的研究［J］. 电子世界，2021（03）：39-40.

第 3 章　Echarts 可视化
——B 站视频分区热度及其影响因素分析

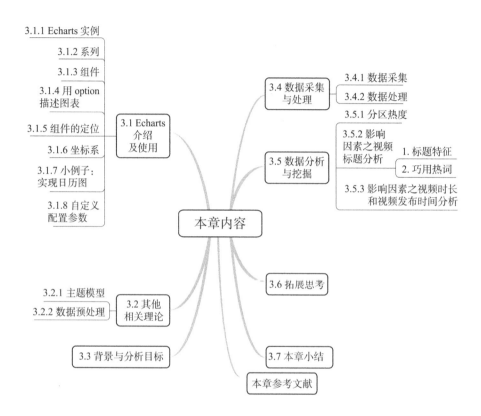

3.1　Echarts 介绍及使用

Echarts 是一款基于 JavaScript 的数据可视化图表库，能够提供直观、生动、可交互和可个性化定制的数据可视化图表。

3.1.1　Echarts 实例

一个网页中可以创建多个 Echarts 实例。每个 Echarts 实例中可以创建多个图表和坐标系等（用 option 来描述）。准备一个 DOM 节点（作为 Echarts 的渲染容器），就可以在上面创建一个 Echarts 实例。每个 Echarts 实例独占一个 DOM 节点。Echarts 实例如图 3 - 1 所示。

3.1.2　系列

系列（Series）是很常见的名词。在 Echarts 里，系列是指一组数值及它们映射成的图。

"系列"这个词原本可能来源于"一系列的数据",而在 Echarts 中取其扩展的概念,不仅表示数据,还表示数据映射成的图。所以,一个系列中包含的要素至少有一组数值、图表类型及其他关于这些数据如何映射成图的参数。

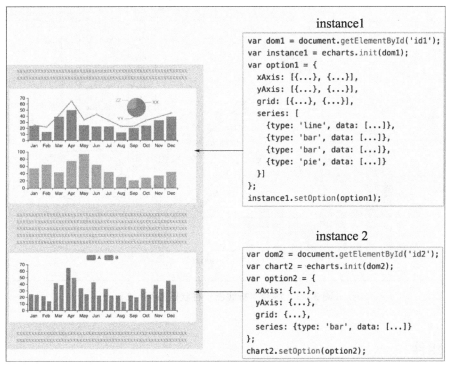

图 3-1　Echarts 实例

Echarts 里系列类型(series.type)就是图表类型。系列类型至少有 line(折线图)、bar(柱状图)、pie(饼图)、scatter(散点图)、graph(关系图)和 tree(树图)等。

图 3-2 中,右侧的 option 中声明了三个系列:pie、line 和 bar,每个系列中有其所需要的数据(series.data)。

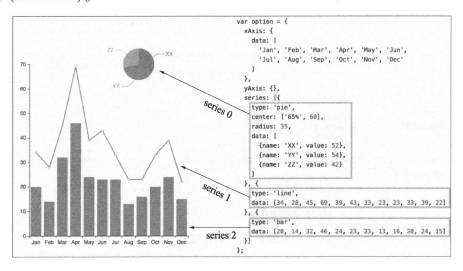

图 3-2　饼图、折线图、柱状图系列(1)

类似的，图 3-3 中是另一种配置方式，系列的数据从 dataset 中取。

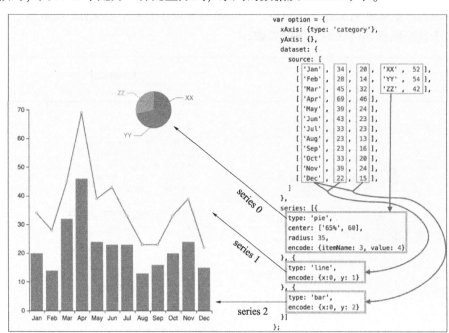

图 3-3　饼图、折线图、柱状图系列（2）

3.1.3　组件

在系列中，Echarts 中的各种内容，被抽象为"组件（Component）"。例如，Echarts 中至少有这些组件：xAxis（直角坐标系 X 轴）、yAxis（直角坐标系 Y 轴）、grid（直角坐标系底板）、angleAxis（极坐标系角度轴）、radiusAxis（极坐标系半径轴）、polar（极坐标系底板）、geo（地理坐标系）、dataZoom（数据区缩放组件）、visualMap（视觉映射组件）、tooltip（提示框组件）、toolbox（工具栏组件）和 series（系列）等。

其实系列也是一种组件，可以理解为：系列是专门绘制"图"的组件。

图 3-4 中，右侧的 option 中声明了各个组件（包括系列），各个组件就出现在图中。

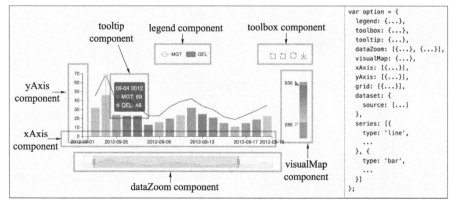

图 3-4　组件示例

注：因为系列是一种特殊的组件，所以有时候也会出现"组件和系列"这样的描述，这种语境下的"组件"是指除"系列"以外的其他组件。

3.1.4 用 option 描述图表

上述章节已经出现了 option 这个概念。Echarts 的使用者，使用 option 来描述其对图表的各种需求，包括有什么数据、要画什么图表、图表长什么样子、含有什么组件及组件能操作什么事情等。简而言之，option 表述了数据、数据如何映射成图形及交互行为。处理过程如代码清单 3-1 所示。

代码清单 3-1　option 实例 (1)

```javascript
//创建 echarts 实例。
var dom = document.getElementById('dom-id');
var chart = echarts.init(dom);

//用 option 描述 `数据`、`数据如何映射成图形`、`交互行为` 等。
//option 是个大的 JavaScript 对象。
var option = {
    //option 每个属性是一类组件。
    legend: {...},
    grid: {...},
    tooltip: {...},
    toolbox: {...},
    dataZoom: {...},
    visualMap: {...},
    //如果有多个同类组件,那么就是个数组。例如这里有三个 X 轴。
    xAxis: [
        //数组每项表示一个组件实例,用 type 描述"子类型"。
        {type: 'category', ...},
        {type: 'category', ...},
        {type: 'value', ...}
    ],
    yAxis: [{...}, {...}],
    //这里有多个系列,也是构成一个数组。
    series: [
        //每个系列,也有 type 描述"子类型",即"图表类型"。
        {type: 'line', data: [['AA', 332], ['CC', 124], ['FF', 412], ...]},
        {type: 'line', data: [2231, 1234, 552, ...]},
        {type: 'line', data: [[4, 51], [8, 12], ...]}
    ]
};

//调用 setOption 将 option 输入 echarts,然后 echarts 渲染图表。
chart.setOption(option);
```

系列里的 series. data 是本系列的数据。而另一种描述方式，系列数据从 dataset 中取，如代码清单 3-2 所示。

代码清单 3-2　option 实例 (2)

```
var option = {
    dataset:{
        source:[
            [121, 'XX', 442, 43.11],
            [663, 'ZZ', 311, 91.14],
            [913, 'ZZ', 312, 92.12],
            ...
        ]
    },
    xAxis: {},
    yAxis: {},
    series: [
        //数据从 dataset 中取,encode 中的数值是 dataset.source 的维度 index (即第几列)
        {type: 'bar', encode: {x: 1, y: 0}},
        {type: 'bar', encode: {x: 1, y: 2}},
        {type: 'scatter', encode: {x: 1, y: 3}},
        ...
    ]
};
```

3.1.5　组件的定位

不同的组件、系列，常有不同的定位方式。

(1) 类 CSS 的绝对定位

多数组件和系列，都能够基于 top/right/down/left/width/height 绝对定位。这种绝对定位的方式，类似于 CSS 的绝对定位 (Position：Absolute)。绝对定位基于的是 Echarts 容器的 DOM 节点。

其中，它们每个值都可以如下表示。

- 绝对数值 (例如 bottom：54 表示：距离 Echarts 容器底边界 54 像素)；
- 或基于 Echarts 容器高宽的百分比 (例如 right：´20%´表示：距离 Echarts 容器右边界的距离 Echarts 容器宽度的 20%)。

图 3-5 中，对 grid 组件 (也就是直角坐标系的底板) 设置 left、right、height 和 bottom 达到的效果。

我们可以注意到，left、right、width 是一组 (横向)，top、bottom、height 是另一组 (纵向)。这两组没有什么关联。每组至多设置两项即可，第三项会被自动算出。例如，设置了 left 和 right 就可以了，width 会被自动算出。

(2) 中心半径定位

少数圆形的组件或系列，可以使用"中心半径定位"，如 pie (饼图)、sunburst (旭日图) 和 polar (极坐标系)。

中心半径定位，往往依据 center（中心）、radius（半径）来决定位置。

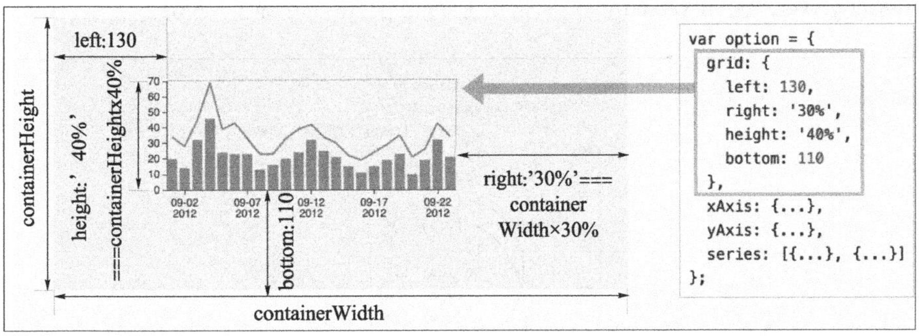

图 3-5　grid 组件效果

（3）其他定位

少数组件和系列可能有自己的特殊的定位方式。在各自的文档中会有说明。

3.1.6　坐标系

很多系列，如 line（折线图）、bar（柱状图）、scatter（散点图）和 heatmap（热力图）等，需要运行在"坐标系"上。坐标系用于布局这些图及显示数据的刻度等。例如，Echarts 中至少支持这些坐标系：直角坐标系、极坐标系、地理坐标系（GEO）、单轴坐标系和日历坐标系等。其他一些系列，如 pie（饼图）、tree（树图）等，并不依赖坐标系，能独立存在。还有一些图，如 graph（关系图）等，既能独立存在，也能布局在坐标系中，依据用户的设定而来。

一个坐标系，可能由多个组件协作而成。以最常见的直角坐标系来举例，在直角坐标系中有 xAxis（直角坐标系 X 轴）、yAxis（直角坐标系 Y 轴）和 grid（直角坐标系底板）三种组件。其中，xAxis、yAxis 被 grid 自动引用并组织起来，共同工作。

图 3-6 中，这是最简单的使用直角坐标系的方式：只声明了 xAxis、yAxis 和一个 scatter（散点图系列），Echarts 为它们创建了 grid 并关联起来。

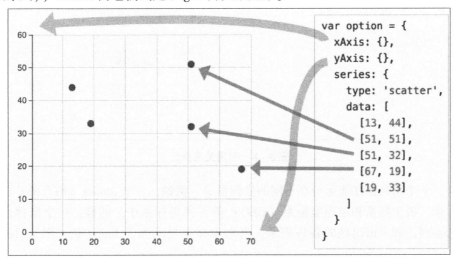

图 3-6　散点图效果

图 3-7 中,两个 yAxis,共享了一个 xAxis。两个 series,也共享了这个 xAxis,但是分别使用了不同的 yAxis,使用 yAxisIndex 来指定它自己使用的是哪个 yAxis。

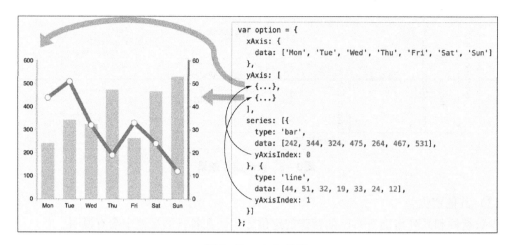

图 3-7 xAxis 共享

图 3-8 中,一个 Echarts 实例有多个 grid,每个 grid 分别有 xAxis、yAxis,它们使用 xAxisIndex、yAxisIndex 和 gridIndex 来指定引用关系。

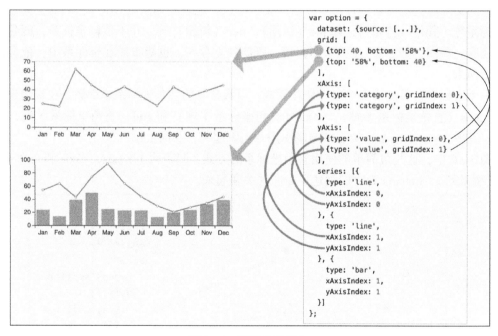

图 3-8 引用关系指定

此外,一个系列往往能运行在不同的坐标系中。例如,一个 scatter(散点图)能运行在直角坐标系、极坐标系和地理坐标系(GEO)等各种坐标系中。同样,一个坐标系也能承载不同的系列,如上面出现的各种例子,直角坐标系里承载了 line(折线图)、bar(柱状图)等。

3.1.7 小例子：实现日历图

在 Apache Echarts 中，我们新增了日历坐标系，那么如何快速写出一个日历图呢？通过以下三个步骤即可实现这种效果（见图 3-9）。

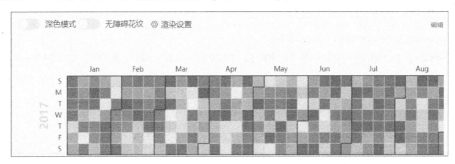

图 3-9 日历坐标系效果

第一步：引入 js 文件。下载的最新完整版本 echarts.min.js 即可，无须再单独引入其他文件，如代码清单 3-3 所示。

代码清单 3-3 引入 js 文件

```
<script src="echarts.min.js"></script>
<script>
    //...
</script>
```

第二步：指定 DOM 元素作为图表容器。和 Echarts 中的其他图表一样，创建一个 DOM 来作为绘制图表的容器并使用 Echarts 进行初始化，如代码清单 3-4 所示。

代码清单 3-4 指定 DOM 元素作为图表容器

```
<div id="main" style="width=100%; height=400px"></div>
var myChart = echarts.init(document.getElementById('main'));
```

第三步：配置参数。以常见的日历图为例：calendar 坐标 + heatmap 图，如代码清单 3-5 所示。

代码清单 3-5 配置参数

```
var option = {
    visualMap: {
        show: false
        min: 0,
        max: 1000
    },
    calendar: {
```

```
        range: '2017'
    },
    series: {
        type: 'heatmap',
        coordinateSystem: 'calendar',
        data: [['2017 - 01 - 02', 900], ['2017 - 01 - 02', 877], ['2017 - 01 - 02', 699], ...]
    }
}
myChart.setOption(option);
```

在 heatmap 图的基础上,加上 coordinateSystem:´calendar´,和 calendar:{ range:´2017´}heatmap 图就秒变为日历图了。

若发现图表没有正确显示,你可以检查以下五种可能:
- JS 文件是否正确加载;
- Echarts 变量是否存在;
- 控制台是否报错;
- DOM 元素在 echarts.init 的时候是否有高度和宽度;
- 若为 type:heatmap,检查是否配置了 visualMap。

完整示例代码如代码清单 3-6 所示。

代码清单 3-6 完整示例代码

```
var option = {
    visualMap: {
        show: false
        min: 0,
        max: 1000
    },
    calendar: {
        range: '2017'
    },
    series: {
        type: 'heatmap',
        coordinateSystem: 'calendar',
        data: [['2017 - 01 - 02', 900], ['2017 - 01 - 02', 877], ['2017 - 01 - 02', 699], ...]
    }
}
myChart.setOption(option);
```

以上就是绘制最简日历图的步骤了。如若还想进一步私人定制，还可以通过自定义配置参数来实现。

3.1.8 自定义配置参数

使用日历坐标绘制日历图时，支持自定义各项属性。

- range：设置时间的范围，可支持某年、某月、某天，还可支持跨年；
- cellSize：设置日历格的大小，可支持设置不同高宽，还可支持自适应 auto；
- width、height：也可以直接设置改日历图的整体高宽，让其基于已有的高宽全部自适应；
- orient：设置坐标的方向，既可以横着也可以竖着；
- splitLine：设置分隔线样式，也可以直接不显示；
- itemStyle：设置日历格的样式，背景色、方框线颜色大小类型、透明度均可自定义，甚至还能加阴影；
- dayLabel：设置坐标中星期样式，可以设置星期从第几天开始，快捷设置中英文、甚至是自定义中英文混搭、或局部不显示、通过 formatter 可以想怎么显示就怎么显示；
- monthLabel：设置坐标中月样式，和星期一样，可快捷设置中英文和自定义混搭；
- yearLabel：设置坐标中年样式，默认显示一年，通过 formatter 文字可以想显示什么就能通过 string function 任性自定义，上下左右方位随便选。

完整的配置项参数参见官方网站 API。

3.2 其他相关理论

3.2.1 主题模型

主题模型是以无监督学习的方式对文集的隐含语义结构进行聚类的统计模型。比如说："这个篮球质量很好。"、"乔丹款的也很不错。"可以看到这两个句子没有共同出现的单词，但这两个句子是相似的，如果按传统的方法判断这两个句子肯定不相似，所以在判断文档相关性的时候需要考虑到文档的语义，而语义挖掘的利器是主题模型，LDA 是一种比较有效的主题模型。

在主题模型中，主题表示一个概念核心，表现为一系列相关的单词，是这些单词的条件概率。以文本中所有字符为支撑集的概率分布，表示该字符在该主题中出现的频繁程度，即与该主题关联性高的字符有更大概率出现。在文本拥有多个主题时，每个主题的概率分布都包括所有字符，但一个字符在不同主题的概率分布中的取值是不同的，一个主题模型试图用数学框架来体现文档的这种特点。主题模型自动分析每个文档，统计文档内的词语，根据统计的信息来断定当前文档含有哪些主题，以及每个主题所占的比例各为多少。

举例而言，在"狗"主题中，"狗""骨头"等词会频繁出现；在"猫"主题中，"猫""鱼"等词会频繁出现。若主题模型在分析一篇文章后得到 10% 的"猫"主题和 90% 的"狗"主题，那意味着字符"狗"和"骨头"的出现频率大约是字符"猫"和"鱼"的 9 倍。

关于主题模型的介绍具体详见本书第 12 章。

3.2.2 数据预处理

在对数据进行挖掘分析前，我们要做一些预处理操作以便后续将非结构化的文本信息转换为计算机能够识别的结构化信息。在爬取工具中，以中文文本的方式给出了数据，因此采用 Python 的中文分词包 Jieba 进行分词。Jieba 采用了基于前缀词典实现的高效词图扫描，生成句子中汉字所有可能成词情况所构成的有向无环图（DAG），同时采用了动态规划查找最大概率路径，找出基于词频的最大切分组合，对于未登录词采用了基于汉字成词能力的 HMM 模型，使得能更好地实现中文分词效果。

分词后，去除停用词。停用词是指在信息检索中，为节省存储空间和提高搜索效率，在处理自然语言数据（或文本）之前或之后会自动过滤掉某些字或词，这些字或词即被称为停用词（Stop Words）。这些停用词都是人工输入、非自动化生成的，生成后的停用词会形成一个停用词表。

3.3 背景与分析目标

哔哩哔哩（Bilibili，B 站）是中国年轻一代高度聚集的文化社区和视频平台，该网站于 2009 年 6 月 26 日创建，被粉丝们亲切地称为"B 站"。

B 站早期是一个 ACG（动画、漫画、游戏）内容创作与分享的视频网站。经过十年多的发展，围绕用户、创作者和内容构建了一个源源不断产生优质内容的生态系统，B 站是一个已经涵盖了 7000 多个兴趣圈层的多元文化社区，目前拥有动画、番剧、国创、音乐、舞蹈、游戏、知识、生活、娱乐、鬼畜、时尚和放映厅等 15 个内容分区，生活、娱乐、游戏、动漫、科技是 B 站主要的内容品类。在内容构成上，B 站视频主要由专业用户自制内容组成，即 UP 主的原创视频。

近几年随着各类产品、品牌在 B 站推广力度的加大，许多 UP 主都选择成为全职 UP 主来实现"流量变现"。并且，从许多视频来看，发布视频的收益不容小觑。

因此，视频的热度及热度影响因素是 UP 主非常关心的话题。一个视频热度可以从视频的播放量、弹幕数、点赞量、投币量和收藏量等一系列指标反映，这一系列指标通常也与 UP 粉丝量呈正相关关系，UP 主受到的关注越多，则意味着能获得的商业合作的机会越多。

本案例将从分区热度及热度影响因素两个方面进行分析，得到的结果可供新人 UP 主参考，以期为他们的视频制作提供更好的思考方向。

热度部分包括哪些分区比较火，哪些分区流量更集中，哪些分区比较适合新人或腰尾部博主发展。

热度影响因素包括标题、视频长度、发布时间对热度的影响。

3.4 数据采集与处理

3.4.1 数据采集

分区热度方面：B 站共有 15 个分区，每个分区下又有多个子分区，本案例选择了 6 个分区，在每个分区的子分区下选择 2021 年 4 月 1 日到 2021 年 4 月 21 日的热度排行，使用爬虫爬取排行榜下的视频，统计排行榜下的视频浏览量及投币量。

热度影响因素中分析标题热词和夸张手法因素的数据来自娱乐排行榜，分析视频时长因素的数据来自 B 站美妆区，分析发布时间因素的数据来自 B 站热门榜和"每周必看"模块。

3.4.2 数据处理

将采集到的不同子分区的数据整合成不同分区的数据，可以看到播放量和投币量单位没有统一，因此在数据预处理这部分先将单位进行统一。

对视频标题进行数据预处理，本案例首先使用 Jieba 分词进行分词。然后使用中文的停用词去除停用词，最终获得了 2755 个有效词语。数据预处理如代码清单 3-7 所示。

代码清单 3-7 数据预处理

```
#数据预处理
def data_process(data):
    #对标题进行分词
    title = data['标题']
    title_process = title.apply(lambda x:list(jieba.cut(x)))
    #去除停用词
    stop = pd.read_csv('stoplist.txt', sep = 'zhou', encoding = 'utf -8', header = None, engine = 'python')
    # sep 设置为文档内不包含的内容,否则出错
    stop = [' ', ''] + list(stop[0])   # Pandas 自动过滤了空格符,这里手动添加
    title_stop = title_process.apply(lambda x:[i for i in x if i not in stop])
    #去除停止词前后对比
    print(title_stop.apply(lambda x: len(x)).sum())
    print(title_process.apply(lambda x: len(x)).sum())
    return title_stop
```

接下来进行词频统计,并查看按词频排序后的前五个关键字。词频统计如代码清单 3 - 8 所示。

代码清单 3 - 8　词频统计

```
#词频统计
def get_wordcount(s):
    count = {}
    for i in s:
        for word in i:
            count[word] = count.get(word, 0) + 1
    wordlist = list(count.items())    #将字典的所有键值对转化为列表
    wordlist.sort(key = lambda x: x[1], reverse = True)
    #对列表按照词频从大到小的顺序排序
    for i in range(5):    #此处统计排名前五的单词,所以 range(5)
        word, number = wordlist[i]
        print("关键字:{: - <10}频次:{: + >8}".format(word, number))
    return count
```

3.5　数据分析与挖掘

3.5.1　分区热度

不同分区的数据经处理后,新增一个"投币率"字段(投币率定义为投币量与播放量的比值),计算每个分区的平均播放量与平均投币率。使用 Matplotlib 库中的 Pyplot 对数据进行可视化,绘制不同分区的平均播放量和平均投币率条形图并保存图片,得到以下结果,分别如图 3 - 10、图 3 - 11,代码清单 3 - 9 所示。

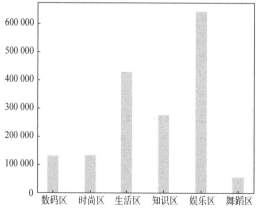

图 3 - 10　各区平均播放量

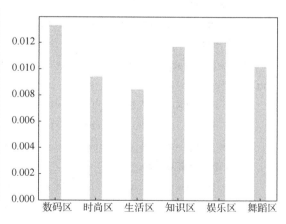

图 3 - 11　各区平均投币率

代码清单 3-9　Matplotlib 绘制分区热度可视化图表

```
import pandas as pd
from matplotlib import pyplot as plt

#绘制不同分区的平均播放量及平均投币率图
files = ['数码区.xlsx','时尚区.xlsx','生活区.xlsx','知识区.xlsx','娱乐区.xlsx','舞蹈区.xlsx']
averagecoin = []
averageview = []
for file in files:
    data = pd.read_excel(file)
    viewcounts = data['播放量']
    coincounts = data['投币量']
    views = []
    coins = []
    for i in viewcounts:
        if '万' in i:
            index1 = i.index('万')
            i = i[:index1]
            i = int(float(i) * 10000)
            views.append(i)
        elif '播' in i:
            index2 = i.index('播')
            i = i[:index2]
            i = int(i)
            views.append(i)
        else:
            i = int(i)
            views.append(i)
    for j in coincounts:
        j = str(j)
        if '万' in j:
            index3 = j.index('万')
            j = j[:index3]
            j = int(float(j) * 10000)
            coins.append(j)
        else:
            j = int(j)
            coins.append(j)
    view = pd.DataFrame(views, columns = ['播放量'])
    coin = pd.DataFrame(coins, columns = ['投币量'])
    data = data.drop(['播放量'], axis = 1)
    data = data.drop(['投币量'], axis = 1)
```

```
            total_data0 = pd.concat([data, view], axis =1)
            total_data = pd.concat([total_data0,coin],axis =1)
            total_data['投币率'] = total_data['投币量'] / total_data['播放量']
            averagecoin.append(total_data['投币率'].mean())
            averageview.append(total_data['播放量'].mean())
            # media = median(total_data['播放量'])
            print(averageview)
            print(averagecoin)

plt.rcParams['font.sans-serif'] = ['SimHei']   #用来正常显示中文标签
labels = ['数码区','时尚区','生活区','知识区','娱乐区','舞蹈区']

#以下绘制某一张图时可以把绘制另一张图的代码注释掉
#绘制各区投币率
sizeone = averagecoin
plt.bar(labels,sizeone,width =0.3)
plt.title("各区投币率")
plt.savefig('各区投币率.png')
plt.show()

#绘制各区播放量
sizetwo = averageview
plt.bar(labels,sizetwo,width =0.3)
plt.title("各区播放量")
plt.savefig('各区播放量.png')
plt.show()
```

将 Python 处理好的数据再放入 Echarts 中，生成美观的可视化图表，如图 3-12、图 3-13 所示。

从可视化图表中可以看出娱乐区的平均播放量与投币率都位居前列，因此想要快速获得流量的 UP 主可以多制作娱乐视频；所有调查的区投币率都在 0.02 以下，也就是每一千次播放量投币量不足 20，可以看出观众对投币是经过仔细考虑的。

其中，数码区虽然播放量不高，但是投币率非常高，体现了观众对其知识输出的认可。如果对此分区感兴趣又想要获得极高认可度的 UP 主，可以多次向此分区投视频。

3.5.2　影响因素之视频标题分析

1. 标题特征

（1）词云图

从热点分析得到的结果中可以看出娱乐区的流量较其他分区更集中，所以以娱乐区为例，对它的标题进行词云图可视化，以探究热点话题。

过程：数据预处理→词频统计→生成词云图。

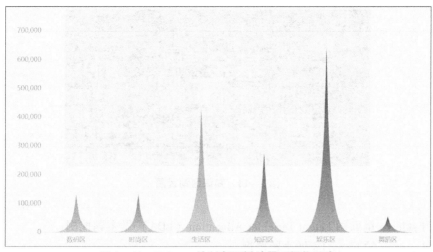

图 3-12 Echarts 绘制各区播放量可视化图表

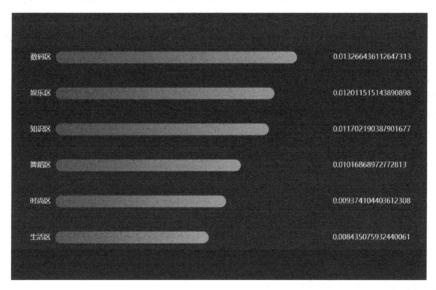

图 3-13 Echarts 绘制各区投币率可视化图表

数据预处理和词频统计都在上一节提到过，这里就不再赘述。处理过程参考代码清单 7-2。

从分析结果可知娱乐区获得流量更为容易，因此本案例以娱乐区为例进行进一步分析。本案例视频标题关键词中娱乐节目名较多，与数据抓取时期的综艺节目有一定的关系，建议 UP 主多关注微博热搜之类体现热点的栏目，掌握相关视频发布的时效性。另外，在知识区（见图 3-14），B 站大部分活跃用户都是年轻用户，年轻用户近几年有热衷购买基金的趋势，同时近期的新闻热点也是频率较高的关键字，因此视频制作建议更多地借势造势贴合时事热点。

（2）主题模型

除了生成词云图外，我们用主题模型得到了不同分区的标题特征。

方法有两种：

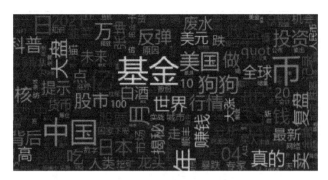

图 3-14　知识区词云图

①使用 sklearn 里面的 Latent Dirichlet Allocation（LDA）做主题挖掘；

②使用 gensim 的 ldamodel 做主题挖掘。

在这里我们使用第二种方法，经数据预处理后的视频标题分词生成一个字典，后转化成一个语料库，将该语料库放入 ldamodel 中，将参数调整为 id2word = d, iterations = 2500, num_topics = 4, alpha = 'auto'。输入每个主题下的 20 个词组。ldamodel 模型如代码清单 3-10 所示。

代码清单 3-10　ldamodel 模型

```
from WordCloud import data_process
import pandas as pd
from gensim.corpora import Dictionary
from gensim.models import ldamodel
import pyLDAvis.gensim

files = ['数码区.xlsx','时尚区.xlsx','生活区.xlsx','知识区.xlsx','娱乐区.xlsx','舞蹈
区.xlsx']
for file in files:
    data = pd.read_excel(file)
    title_stop = data_process(data)
    d = Dictionary(title_stop)  #分词列表转字典
    corpus = [d.doc2bow(text) for text in title_stop] #生成语料库
    model = ldamodel.LdaModel(corpus, id2word = d, iterations = 2500, num_topics = 4, alpha
 = 'auto') #生成模型
    model.show_topics(num_words = 20)  #展示每个主题下的 20 个词组
```

每个主题给出了其下的词和词的频率，每个主题下所有词的概率和为 1，数码区主题模型分析如图 3-15 所示。

```
[(0, '0.012*"体验" + 0.007*"技巧" + 0.007*"拍照" + 0.006*"摄影" + 0.006*"教程" + 0.005*"评测" + 0.004*"拍摄" + 0.004*"干货" + 0.004*"相机" + 0.004*"
视频" + 0.004*"智能" + 0.004*"2S" + 0.004*"调色" + 0.004*"Air" + 0.003*"华为" + 0.003*"想" + 0.003*"小米" + 0.003*"拍" + 0.003*"索尼" + 0.003*"电
影"'), (1, '0.013*"体验" + 0.011*"小米" + 0.007*"手环" + 0.007*"[illegible]" + 0.007*"开箱" + 0.007*"镜头" + 0.005*"摄影" + 0.005*"手机" + 0.005*"评测" +
0.005*"拍" + 0.004*"华为" + 0.004*"索尼" + 0.004*"2021" + 0.004*"相机" + 0.003*"科技" + 0.003*"调色" + 0.003*"拯救" + 0.003*"测评" + 0.003*"苹果" +
 0.003*"富士"'), (2, '0.011*"摄影" + 0.008*"手机" + 0.007*"拍" + 0.006*"体验" + 0.005*"小米" + 0.005*"照片" + 0.004*"[illegible]" + 0.004*"开箱" + 0.004*"拍
照" + 0.004*"拍摄" + 0.004*"苹果" + 0.003*"Pro" + 0.003*"分享" + 0.003*"拍出" + 0.003*"教" + 0.003*"2021" + 0.003*"年" + 0.003*"干货" + 0.003*"人
像" + 0.003*"构图"'), (3, '0.013*"手环" + 0.011*"小米" + 0.009*"拍" + 0.008*"华为" + 0.007*"开箱" + 0.006*"体验" + 0.004*"摄影" + 0.004*"索尼" +
0.004*"发布会" + 0.004*"科技" + 0.004*"苹果" + 0.004*"电视" + 0.003*"显卡" + 0.003*"评测" + 0.003*"视频" + 0.003*"Pro" + 0.003*"智能" + 0.003*"11"
+ 0.003*"教程" + 0.003*"手机"')]
```

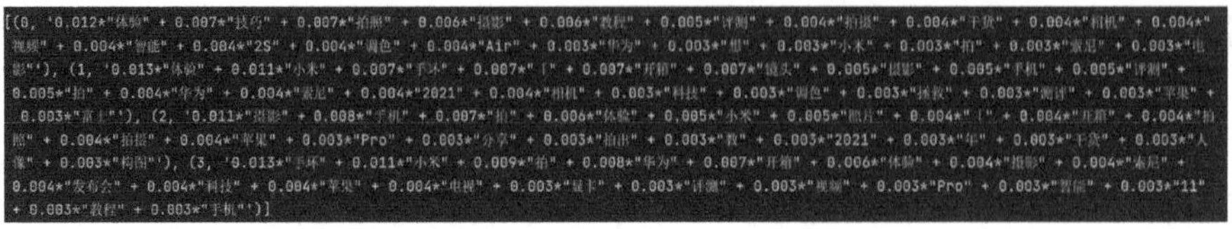

图 3-15　数码区主题模型分析

从结果的数字和词语我们能通过概率衡量出这个词和这个主题的关系，但无法知道不同主题之间的关系及一个词和其他主题的关系。我们可以使用 LDA 的可视化交互分析——pyLDAvis 进行可视化。可视化实现详见 12.4.5 节的代码清单 12-10。

可视化效果如图 3-16 所示。

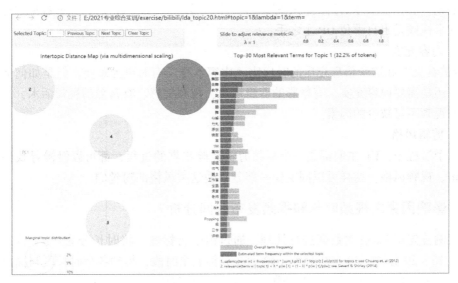

图 3-16　可视化效果

2. 巧用热词

本案例爬取了近段时间 B 站娱乐区视频播放量综合排名前 100 名视频的数据，并对它们的标题进行分析，制作了词云图。词云图词语的大小是按照标题中该词语出现的次数多少设置的，出现次数越多字体越大。

同时分析了 B 站排行榜综合排名靠前的部分标题，可以发现大部分都是用了一些热词，以及一些夸张的充满噱头的标签。我们接着爬取了在热词中出现的某艺人和他的相关视频，分析了视频排名前 50 名的 UP 主，排名靠前的 UP 主当中，前两名是该艺人参加的综艺节目的物料集合站。物料集合站是将各类视频和资料收集起来的一个综合视频站，不属于个人视频 UP 主自主创作的分析范围。

接着分析了一下除去上述两个物料集合站之后第一名个人 UP 主的主页，联系之前爬取的视频排行数据，发现娱乐榜榜一的视频也是出自他手。该 UP 主创作的视频标题和封面并非每次都是独出心裁，封面几乎一模一样，形成了自己的风格。首页都是非常醒目的设计，标题的设置也多采用夸张的手法，使用流行且引人关注的词语，并多以感叹号、问号这类情绪强的标点符号结尾。

根据上述分析，如何从众多剪辑 UP 主中脱颖而出成为一个顶级流量的剪辑 UP 主？可以总结如下：

(1) 抓住热点

剪辑与时事热点相关的视频，不管 UP 主的剪辑水平、内容构思如何，往往就会比其他类型的剪辑视频多分得一些流量。

(2) 标题精准

这个精准主要指能够抓住视频观看者的眼球和心理；热点词汇一定要写，还可以用黑色大括号将重点词汇标出；夸张句式不能少，感叹号、问号要用好。

（3）封面大胆鲜明

如果是想赚取快速流量，吸引人的封面必不可少。由上述分析可见，封面并不需要每次都独出心裁，能抓住眼球的封面就是好封面。并且形成一定的风格后，大家看见这样的封面就知道这个视频是出自哪位 UP 主之手。

（4）内容充实

"能被看见"在这个信息充斥的时代比"内容本身"有时更为重要。但是如何能维持这份流量，还是需要内容充实、有精彩的剪辑视角，视频美感、有营养的视频话术，这些都是构成优秀视频不可缺少的因素。

（5）剪辑风格

在这个过程中，UP 主们都是一个视频剪辑经验积累的过程，都可以慢慢寻找到自己的剪辑风格、视频风格，这样可以固定住一部分喜爱这类风格的粉丝们。

3.5.3 影响因素之视频时长和视频发布时间分析

本案例首先用 Excel 对数据进行处理，通过组合行标签，将时长分为 0~9 分钟、10~19 分钟、20~29 分钟、30~39 分钟、40~50 分钟五个时段，得到各个时长段与播放量的关系，插入图表。接着，将图表生成的数据导入 Echarts 代码中，得到美观的 Echarts 图表，如图 3-17 所示。

从图中可以得出，视频时长在 10~19 分钟、30~39 分钟这两个时段的播放量相对较高，总体来说，当视频时间超出了 40 分钟时播放量骤降。当今短视频作为人们娱乐学习的一个媒介，时长把握在一个范围内是容易被观看者接受的，一旦超过这个范围易让观看者感觉疲劳。

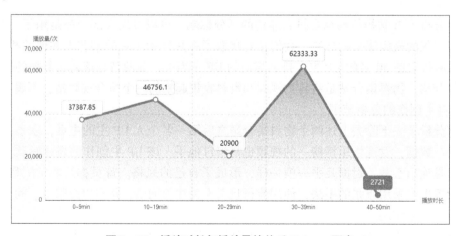

图 3-17 播放时长与播放量的关系 Echarts 图表

再通过组合行标签，将发布时间按一天 24 个小时划分，得到各个时间段与播放量的关系，插入图表。接着，将图表生成的数据导入 Echarts 代码中，得到美观的 Echarts 图表，如图 3-18 所示。从图中可以看出，在凌晨 00:00 发布视频，播放量远高于其他时段。其次在 21:00 左右发布视频，播放量也较高。在上午发布视频，播放量均较低。总体来说，视频发布时间选在下午、傍晚更合适。

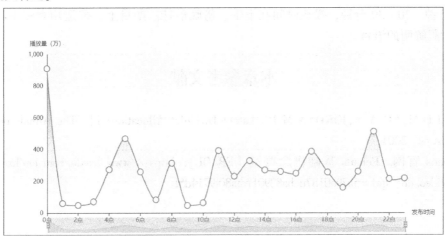

图 3-18 发布时间与播放量的关系 Echarts 图表

3.6 拓展思考

通过爬取数据、可视化、主题模型挖掘和情感分析等，我们可以得出 B 站视频分区热度及其影响因素。我们也可以用同样的方法去探究 Vlog 区什么主题最吸引人、如何进入每周必看等问题。

目前 B 站上普遍存在大家根据热点时间制作相关视频蹭热度的现象。我们可以以此来分析，小 UP 主可以瓜分到热点事件的多少流量，来探究"小 UP 主是坚持自己的风格还是去蹭流量"的问题。分析思路可以参考以下步骤。

（1）确定热点事件。

（2）确定总体流量：爬取该热点事件的所有视频的播放量、投币量和粉丝变化量。

（3）根据视频的总播放量、视频的总投币量及热点事件时期粉丝的总增加量，对百大 UP 主和其他 UP 主分组对比并得出结论。

3.7 本章小结

原创视频门槛低、收益高，吸引了更多人想成为全职 UP 主。原创视频不同于传统视频，一个手机就可以随心记录拍摄，日常生活也可以成为记录、分享的来源。UP 主上传的视频可以直接变现，一般稍微有趣点的视频都有几十万播放量，收益可观。

本案例旨在探究制作什么样的视频，可以成为一个优秀的 UP 主。通过分析发现影响 UP 主收益的因素主要有播放量、投币量两个，于是我们选择影响视频播放量、投币量的三大因素——内容、题目、形式入手进行分析。

在研究方法上，首先爬取不同分区热榜的相关数据。其次进行数据清洗，运用 Python 和 Echarts 可视化，以及主题模型挖掘、情感分析等分析各分区的偏好趋势。

最终得出如下结论，想做一个有流量的 UP 主，在内容上既要做娱乐相关的视频，又要结合各区热点制作视频。形式上需要形成有个性的视频风格，尽量把视频时长控制在 10~19 分钟、30~39 分钟，投放时间在下午、傍晚最佳。题目上，多运用夸张手法、热点词汇、大胆鲜明的语言。

本章参考文献

［1］ BLEI D M，NG A Y，JORDAN M I. Latent Dirichlet Allocation［J］. The Annals of Applied Statistics，2001.

［2］ Echarts 官网. Echarts 基础概念概览［EB/OL］. https：//www. hxedu. com. cn/hxedu/w/inputVideo. do？ qid =5a79a0187deba829017dfa80f9714d5f

第4章　Python 可视化——社科基金项目选题分析

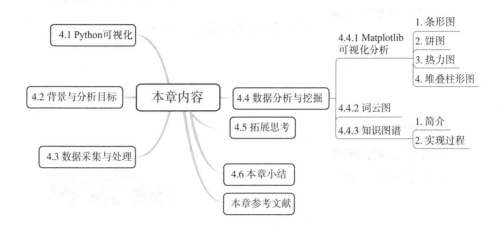

4.1　Python 可视化

为了更加直观地分析国家社科基金项目的数据，我们对爬取到的九万余条数据用 Python 进行了可视化分析，主要用到了 Pandas、Matplotlib、Pyecharts 和 WordCloud 这几个库。

Pandas 库：Pandas 是 Python 的一个数据分析包，最初由 AQR Capital Management 于 2008 年 4 月开发，并于 2009 年底开源出来，目前由专注于 Python 数据包开发的 PyData 开发团队继续开发和维护，属于 PyData 项目的一部分。Pandas 最初是被作为金融数据分析工具开发出来的，因此，Pandas 为时间序列分析提供了很好的支持。Pandas 的名称来自面板数据（Panel Data）和 Python 数据分析（Data Analysis）。Panel Data 是经济学中关于多维数据集的一个术语，在 Pandas 中也提供了 panel 的数据类型。Pandas 的主要方法速览图如图 4-1 所示。

Matplotlib 库：Matplotlib 是一个 Python 的 2D 绘图库，它以各种硬拷贝格式和跨平台的交互式环境生成出版质量级别的图形。通过 Matplotlib，开发者仅需要几行代码，便可以生成绘图、直方图、功率谱、条形图、错误图和散点图等。Matplotlib 的主要方法速览图如图 4-2 所示。

Pyecharts 库：Pyecharts 是一个用于生成 Echarts 图表的类库。Echarts 是百度开源的一个数据可视化 JS 库。用 Echarts 生成的图可视化效果非常好，Pyecharts 是与 Python 进行对接，方便在 Python 中直接使用数据生成图的库。

WordCloud 库：WordCloud 是优秀的词云展示第三方库，以词语为基本单位，通过图形可视化的方式，更加直观和艺术地展示文本。该库以文本中词语出现的频率作为参数来绘制词云，并支持对词云的形状、颜色和大小等属性进行设置。

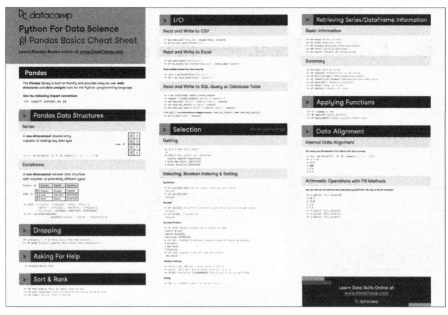

图 4-1　Pandas 的主要方法速览图

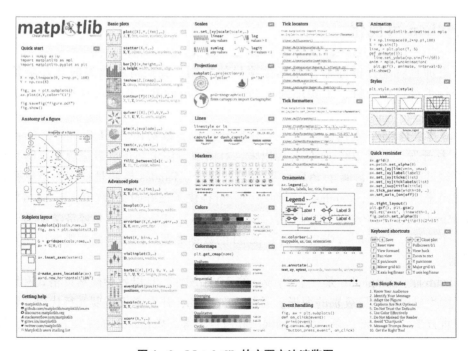

图 4-2　Matplotlib 的主要方法速览图

4.2　背景与分析目标

科研项目基金申请是科研探索的物质基础，也是完成科研的重要保障。随着科技的不断发展，国家对科研项目的支持环节也越来越重视，但是想要获得国家基金支持的前提是有一个好的科研选题。社会科学论文的选题，是决定论文质量的关键，要想确定出好的论文题目，除了要掌握本专业知识，还必须要了解其学术动态。为此，要对有关的目录索引进行认真的研究，在此基础上才能形成比较有特色的选题，再经反复润色才能撰写出高质量的文章。选题是撰写论文的关键，一篇文章选题的优劣直接关系到该文章的质量和水平。只有确定出好的选题，才能写出有价值、高质量的好文章。

4.3 数据采集与处理

本案例数据的主要来源是国家社科基金项目数据库官网，利用后羿采集器爬取了2012—2020年期间所有立项的九万余条数据，得到的数据较为规整。其中，我们特别爬取了相关图书馆、情报与文献学学科从1997—2018年的所有社科基金项目数据，约为五万条。

本案例使用 Excel 对数据进行了简单的清洗，并用其计算了每个学科每年的立项数目，以便进行后续的可视化操作。

4.4 数据分析与挖掘

数据分析，就是对已得到的海量的数据进行分析，提取有效信息，得到相关结论的过程。

4.4.1 Matplotlib 可视化分析

1. 条形图

条形图部分代码示例：主要导入了 Matplotlib 库。Matplotlib 是 Python 的一个绘图库，在调用前要手动安装。我们对其 x 轴和 y 轴都进行了相关的设置，如代码清单 4-1 所示。

代码清单 4-1　项目类别数量对比条形图

```
import matplotlib.pyplot as plt
# 这两行代码解决 plt 中文显示的问题
plt.rcParams['font.sans-serif'] = ['SimHei']
plt.rcParams['axes.unicode_minus'] = False
plt.rcParams["axes.labelsize"] = 16.
plt.rcParams["xtick.labelsize"] = 14.
plt.rcParams["ytick.labelsize"] = 14.
plt.rcParams["legend.fontsize"] = 12.
plt.rcParams["figure.figsize"] = [15., 15.]
waters = ('西部项目','一般项目','青年项目','重大项目', '重点项目','后期资助项目','学术外译项目')
buy_number = [3552,17132,6619,2159,2316,1692,502]

plt.bar(waters, buy_number)
plt.title('项目类别分析')

plt.show()
```

本案例以条形图的形式直观地呈现各类项目的数量之间的对比,如图4-3所示。

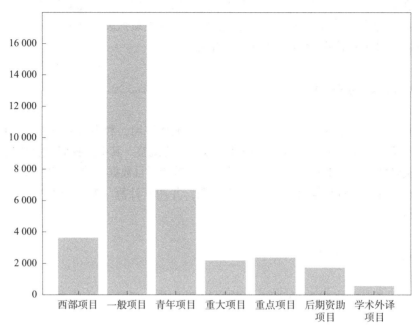

图4-3 各类项目数量条形图

本案例以条形图的形式直观地呈现项目成果形式的数量之间的对比,如图4-4所示。

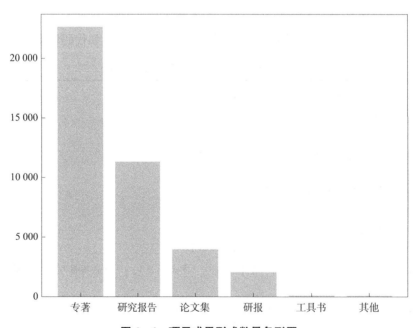

图4-4 项目成果形式数量条形图

分析2020年国社科立项学科排名并绘制条形图,分别如代码清单4-2、图4-5所示。

图4-5通过降序排列能够清楚地看出管理学的立项项目数量是多于其他学科的,也能够清楚地看出各学科立项项目数量的对比。

代码清单 4-2 2020 年国社科立项学科排名条形图

```
import pandas as pd
import  matplotlib.pyplot as  plt
from matplotlib
import rcParams
rcParams['font.family'] = 'simhei'
num = pd.read_excel('学科排名.xlsx')
num.sort_values(by='立项数',inplace=True,ascending=False)
print(num)
num.plot.bar(x='立项学科',y='立项数',color='pink')
plt.show()
```

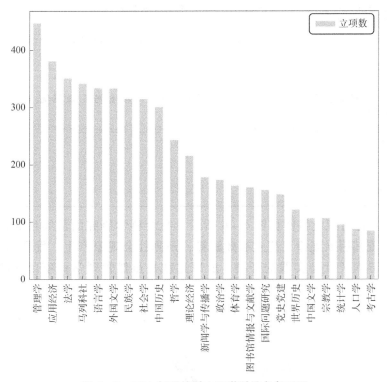

图 4-5 2020 年国社科立项学科排名条形图

2. 饼图

饼图部分代码示例：主要运用 Pyecharts 对数据进行饼图的可视化操作，学科类别占比饼图如代码清单4-3 所示。

代码清单 4-3 学科类别占比饼图

```
import pandas as pd;
import numpy as np;
from pyecharts import options as opts
from pyecharts.charts import Pie, Grid
```

续

```
x_data = ('管理学','体育学','图书馆·情报与文献学','新闻学与传播学', '语言学','外国文学','中国文学','宗教学','考古学','世界历史','国际问题研究','民族学','人口学','社会学','法学','政治学','统计学','应用经济','理论经济','哲学','党史党建','马列科社','图书馆情报与文献学','民族问题研究','其他')
y_data = [2478,964,168,1044,2158,800,2339,714,459,654,2002,895,710,441,1764,2340,1129,399,2316,1414,1751,793,1772,812,1180,197]

pie = (
    Pie(init_opts=opts.InitOpts(width='800px', height='600px'))
    .add("", [list(z) for z in zip(x_data, y_data)])

    .set_global_opts(
    #设置标题
    title_opts=opts.TitleOpts(title="项目类别分析"),
    #设置图例位置
    legend_opts=opts.LegendOpts(type_="scroll", pos_left="right", orient="vertical")
    )
    #  模板变量有 {a}、{b}、{c}、{d},分别表示系列名,数据名,数据值,百分比。{d}数据会根据value值计算百分比
    .set_series_opts(label_opts=opts.LabelOpts(formatter="{b}:{d}% "), center=["45% ", "50% "])
)

pie.render("s_pie.html")
```

学科类别占比可视化饼图如图4-6所示。社会科学研究的最终目的是找出社会现象的共性,发现其因果规律,建立有效解释,预测社会现象产生、发展与变化的理论,并将其用于指导人类社会实践的开展。所以这就是虽然管理学科项目开设得较晚,但是占比最高的原因。

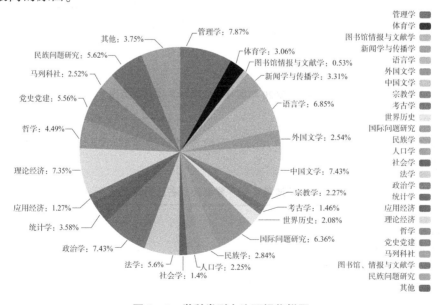

图4-6 学科类别占比可视化饼图

学习单位占比可视化饼图如图 4-7 所示，主要展示了项目占比数量前五十所的学习单位的占比情况。

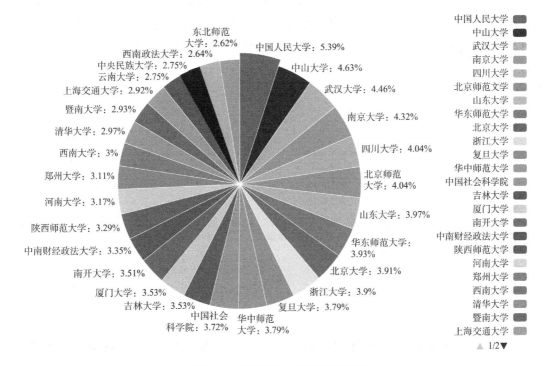

图 4-7　学习单位占比可视化饼图

项目类别分析可视化饼图如图 4-8 所示，跟图 4-3 分析的数据一样，只是展示的方式从条形图转换成了饼图，给读者不一样的直观感受。

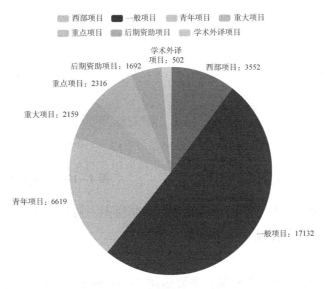

图 4-8　项目类别分析可视化饼图

接着对 2020 年国社科立项学科排名再次进行分析并绘制饼图。通过饼图（见图 4-9）能够直观地看出各学科立项项目数量的占比。

利用网上下载的数据，进行数据清洗后，通过导入 Matplotlib 库，用 Python 对国家社科基金项目负责人来源进行可视化分析并绘制饼图。通过饼图（见图 4-10、图 4-11、图 4-12）可以直观地看出，无论是青年项目、一般项目，还是重点项目，国家社科基金项目负责人主要来源都是高等院校。

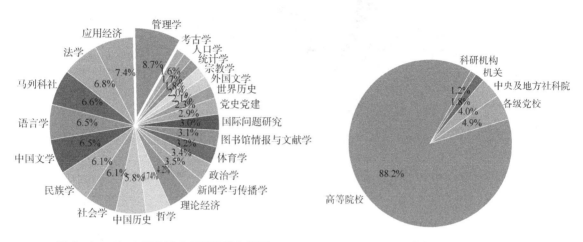

图 4-9　2020 年国社科立项学科排名饼图　　　图 4-10　青年项目负责人来源饼图

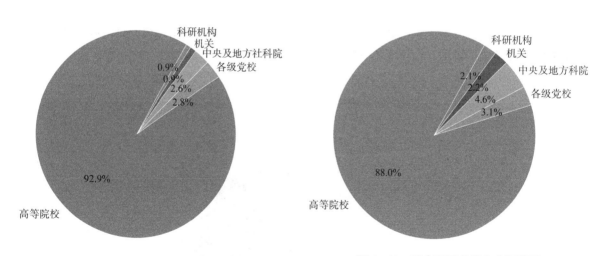

图 4-11　一般项目负责人来源饼图　　　图 4-12　重点项目负责人来源饼图

分析 2020 年国家社科基金项目学科统计并绘制饼图。通过饼图（见图 4-13）可以看出 2020 年各项目中各学科立项项目数量的占比。

3. 热力图

项目所在区域的热力图代码示例：主要运用了 Pyecharts 中的 Map 包，再用 Excel 已经整理好的各个省份的项目数量进行相关赋值，如代码清单 4-4 所示。

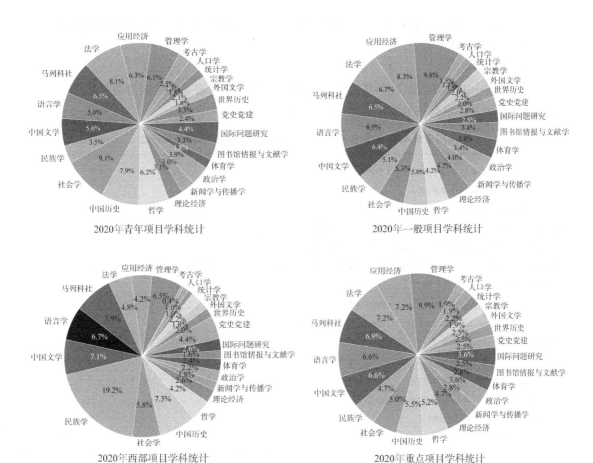

图 4-13 2020 年国家社科基金项目学科统计饼图

代码清单 4-4 热力图代码

```
from pyecharts import Map

province_distribution = {'河南':2825,'北京':2121,'河北':1285,'辽宁':1983,'江西':1995,'上海':6478,'安徽':1746,'江苏':5595,'湖南':3643,'浙江':3902,'海南':445,'广东':4013,'湖北':5170,'黑龙江':1360,'陕西':2931,'四川':3563,'内蒙古':983,'重庆':2950,'云南':2269,'贵州':1554,'吉林':2058,'山西':886,'山东':3459,'福建':2278,'青海':995,'天津':2016,'其他':3933}
provice = list(province_distribution.keys())
values = list(province_distribution.values())
map = Map("地区热力图分析",'地区热力图分析',width=1200,height=600)
map.add("", provice, values, visual_range=[0,5000], maptype='china', is_visualmap=True,
        visual_text_color='#000')
map.render(path="地区热力图分析.html")
```

热力图显示，湖北省和安徽省的项目数量最多，这与湖北省和安徽省高校比较多有关，并且与当地政策支持也有关。

4. 堆叠柱形图

分析 2015—2017 年国家社科基金项目所属学科领域分布情况并绘制堆叠柱形图，如代码清单 4 – 5 所示。堆叠柱形图如图 4 – 14、图 4 – 15 和图 4 – 16 所示。

代码清单 4 – 5　2015—2017 年国家社科基金项目所属学科领域

```
import matplotlib.pyplot as plt
import matplotlib as mpl
import pandas as pd
plt.rcParams['font.sans-serif'] = ['SimHei']
plt.rcParams['axes.unicode_minus'] = False
df = pd.read_excel('2015 -2017 年国家社科基金项目所属学科领域分布情况.xlsx',0)
df = df.set_index('年份')
g = df.plot.bar(rot = 0,colormap = 'spring',stacked = True,ylim = [40,4000])
for index,row in df.reset_index().iterrows():
    height = 0
    val = 0
    for item in df.columns:
        val + = height/2 + row[item]/2
        height = row[item]
        vals = item + ':' + str(round(row[item]* 0.1,1)) + '%'
        g.text(index,val,vals,horizontalalignment = 'center')
plt.show()
```

纵向观察堆叠柱形图，可以直观地看出该年份各学科立项数量的占比情况。横向观察堆叠柱形图，可以直观地看出，2015—2017 年各学科的立项数量都是呈增长趋势的，由此可以说明有越来越多的人致力于国家社科基金项目的研究。

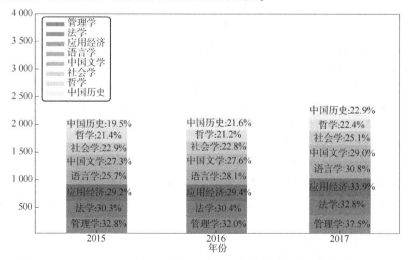

图 4 –14　2015—2017 年国家社科基金项目所属学科领域堆叠柱形图 (1)

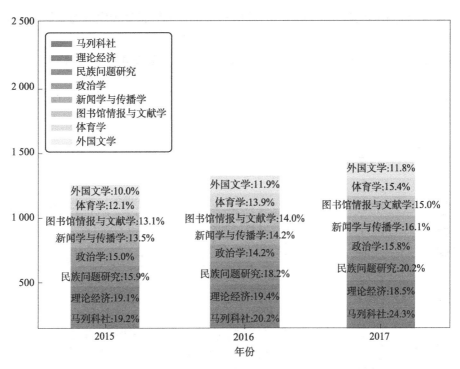

图 4-15 2015—2017 年国家社科基金项目所属学科领域堆叠柱形图（2）

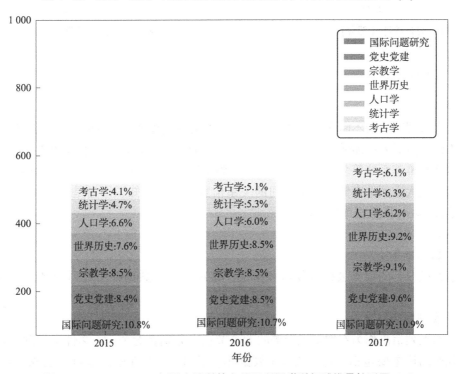

图 4-16 2015—2017 年国家社科基金项目所属学科领域堆叠柱形图（3）

4.4.2 词云图

首先将 Excel 工作簿中的目标数据提取出来，并对每次提取的数据进行分词处理，再将分词的结果进行简单的清洗，去除无用的数据和符号，最终将处理完成的数据形成词频统计并生成词云图。

词频统计（部分）如图 4-17 所示，词云图（部分）如图 4-18 所示。

中国	661
机制	573
社会	404
治理	377
发展	360
问题	310
创新	287
文化	286
制度	253
影响	240
建设	235
路径	222
理论	218
视角	218

图 4-17　词频统计（部分）　　　　　　图 4-18　词云图（部分）

4.4.3　知识图谱

1. 简介

随着大数据时代的不断发展，产生了一大批新的数据库产品，SQL 一统江湖的时代已经过去。不同的数据库产品适用于不同的应用场景，而本案例使用的图数据库 Neo4j，就适合在社交网络和推荐系统等多种场景下使用。作为图数据库，Neo4j 的最大特点就是对关系数据的存储，极大方便地存储了数据之间的关系信息。本案例知识图谱是通过使用 Python 语句编程连接 Neo4j 图数据库实现的。

2. 实现过程

（1）数据准备

将前面爬取到的数据去掉重复值和空值，整理成七列数据并给每列命名，如图 4-19 所示。

（2）实现思路

将上面七列信息作为本次知识图谱的七个节点，分别在七个.py 文件中实现。每个.py 文件的代码结构主要包括：连接 Neo4j 数据库、读取 csv 文件中的节点、生成节点和生成关系。

（3）详细代码

由于七个.py 文件代码结构都是类似的，在这里就只展示其中一个，如代码清单 4-6 所示。

number	Pname	Person	universit	province	system	form
13CMZ022	康区牧民定居后的可持	丁虹	西南民族大	四川省	教育部非在	论文集,研究报告
14BFX035	合作行政与行政民营化	赵宏	中国政法大	在京高校	教育部在京	专著,论文集
14BJY189	我国银行理财产品市场	翟立宏	西南财经大	四川省	教育部非在	专著,研究报告
14BKS059	基于农村股份合作视角	陈俊梁	苏州科技大	江苏省	教育部非在	研究报告,论文集
14BWW069	人文主义视域下的20世	王晓华	山东理工大	山东省	教育部非在	专著
14BWW071	战后英国小说的城市书	赵晶辉	江苏海洋大	江苏省	教育部非在	专著,论文集
14BZS017	秦封泥分期与秦职官郡	刘瑞	中国社会科	中国社科院	中国社会科	专著,论文集
14BZS116	清代海洋渔业开发与海	李玉尚	上海交通大	上海市	教育部非在	专著
14BZW129	中国当代文学中的正义	宋红岭	江苏师范大	江苏省	教育部非在	专著,论文集
14CRK017	人口转变视角下教育结	苗国	江苏省社会	江苏省	地方社会科	论文集,研究报告
14XZZ010	中阿经贸合作中的高层	郭正东	中共宁夏区	宁夏回族自	地方党校	研究报告
15BFX158	我国反就业歧视法实施	王显勇	中国政法大	在京高校	教育部在京	专著,研究报告
15BGJ008	空间碎片清除的国际合	张昌芳	国防科技大	军队系统	军队系统	专著,研究报告
15BGJ021	“一带一路”战略背景	刘贺青	河海大学	江苏省	教育部非在	专著
15BGL187	基于国家危机管理的国	胡亮	陆军勤务学	军队系统	军队系统	专著,研究报告
15BJL079	“丝绸之路经济带”战	李芳	石河子大学	新疆生产建	教育部非在	研究报告
15BMZ089	武陵少数民族地区碑刻	罗凌	三峡大学	湖北省	教育部非在	专著,工具书
15BMZ090	“一带一路”战略下西	张欣	大连民族大	辽宁省	教育部非在	专著,论文集
15BSH032	中国社会科学研究伦理	侯俊霞	国防科技大	军队系统	军队系统	研究报告
15BSH103	基于“组织特质”视角	刘云	上海立信会	上海市	教育部非在	论文集
15BSS018	战时日本媒体法西斯化	孙继强	南京信息工	江苏省	教育部非在	专著
15BTY034	青海少数民族体育非物	史儒林	青海师范大	青海省	教育部非在	研究报告
15BZS023	以公益求公平：清代科	毛晓阳	闽江学院	福建省	教育部非在	专著
15CSH035	民族艺术消费符号与文	唐婷婷	云南民族大	云南省	教育部非在	研究报告
15CZX038	海德格尔的实践知识论	陈勇	上海交通大	上海市	教育部非在	专著
15CZZ024	新型城镇化中包容性十	陈慧荣	上海交通大	上海市	教育部非在	论文集

图 4－19　部分数据展示

代码清单 4－6　知识图谱代码

```
from py2neo import Graph, Node, Relationship
import csv
import io
graph = Graph('http://localhost:7474/browser/',username = 'neo4j',password = '999619')

def create_node(path):
    try:
        new_data = read_data(path)
        for i in range(1,len(new_data)):
            if new_data[i][2] ! = '' and new_data[i][1] ! = '':
                if graph.nodes.match('Person',new_data[i][2]).first() is None:
                    new_node = Node('Person',new_data[i][2],
                                    name = new_data[i][2]
                                    )
                    node_guanxi_relationship(graph.nodes.match('Pname',new_data[i]
[1]).first(),
                                             'Person',
                                             new_node
                                             )
                    graph.create(new_node)
                    print(new_data[i][2] + ': ' + "* * * * * * * * * * * * * 节点已创建")
                else:
                    node_guanxi_relationship(graph.nodes.match('Pname', new_data[i]
[1]).first(),
```

```
                                    'Person',
                                     graph.nodes.match('Person', new_data[i][2])
.first()
                                    )
                    graph.create(new_node)
                    print(new_data[i][2] + ':' + "= = = = = = = = = = = = = = =
= = = = = = = = = = = = = = = 节点已创建")
            else:
                print('* * * * * * * * * * * * * * * * * * * * * * * *')
    except Exception as e:
        print(e)
        print('* * * ' + new_data[i][2] + '* * * ' + "节点创建失败")
        pass
    return

def read_data(csv_path):
    with io.open(csv_path, "r", encoding='utf-8')as g:
        g_reader = csv.reader(g)
        triples_info = []
        for one_line in enumerate(g_reader):
            triples_info.append(one_line[1])
    return triples_info

def node_guanxi_relationship(source_node, rela, target_node):
    node_relationship_node = Relationship(source_node, rela, target_node)
    node_relationship_node['relation'] = rela
    graph.create(node_relationship_node)
if __name__ == '__main__':
    fact_stock_path = 'D:/国家社科基金项目 aa.csv'
    create_node(fact_stock_path)
```

（4）实现结果

以下就是运行完代码文件后在浏览器前端（见图 4-20）得到的关于社科基金项目的知识图谱（见图 4-21）（图太大，这里只作部分展示）。

（5）结论

从最终实现的知识图谱中，我们可以清晰地看到不同社科基金项目之间的联系，从中可以分析发现不同单位、地区的选题特点和方向。例如，从知识图谱（见图 4-21）中，我们通过观察看出西南民族大学及其他民族类高校和少数民族地区的项目研究方向，都偏向具有民族特色和与民族区域相关的一类课题。

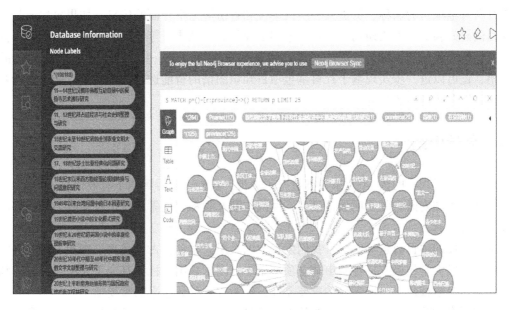

图 4-20　Neo4j 前端知识图谱展示

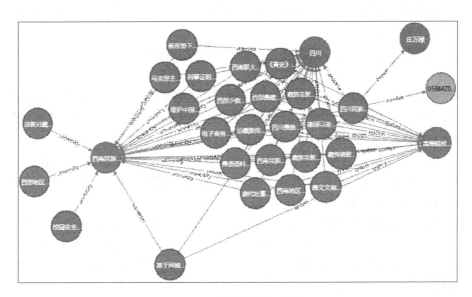

图 4-21　知识图谱（部分）

4.5　拓展思考

本案例对社科基金项目的选题分析，主要是从可视化的角度去分析的，构建了关于社科基金项目的条形图、饼图、热力图、堆叠柱形图等描述性统计图、词云图、词频统计和知识图谱等，从中能够清晰直观地发现一些特点及规律。与传统的分析方法相比，本案例中的信息更加完整，几乎不存在信息遗漏而导致错误分析的情况，且具备更强的逻辑性及清晰的分析思路，能够更好地帮助我们分析社科基金项目的选题研究。

另外，本案例还存在一些不足之处，主要包括：（1）数据类型单一，本次仅收集到了关于社科基金项目的名称、负责人、所属单位和省份等七个方面的信息，如果再加入关于这些项目的研究领域、发表期刊、涉及专业词汇及相关领域作者等信息，可视化的效果将会更加丰富，所构建的知识图谱也更完善。（2）研究还可以进一步完善。基于以上构建的知识图谱，还可以进一步实现基于社科基金项目知识图谱的智能选题推荐系统，从而进行社科基金项目选题的进一步研究。

4.6 本章小结

通过以上对现有的约 14 万条数据进行了分析，我们可以得到以下有效信息。

①湖北省和安徽省的立项数量最多，原因与湖北省和安徽省高校比较多有关，并且与当地政策支持也有关。

②在高校的项目数量对比中，我们发现中国人民大学项目占比最高。查找了相关资料可知，中国人民大学积极支持各院申请立项，始终高度重视国家社科基金重大项目的组织和实施，将其作为学校建设一流学科的重要支撑，作为提升科研水平的重要抓手。

③在所有的项目占比中，一般项目的占比最高。每个项目的要求条件不一样，青年项目要求申请人年龄在 35 周岁以下。从国家开始西部大开发以后，西部项目的占比才逐渐上升，重大项目的要求就更加严格。

④通过对数据的分析可知，青年项目、重大项目及西部项目的负责人的主要来源都是高等院校。

⑤虽然管理学科的立项开展的时间较晚，可是因为社会科学研究的最终目的是找出社会现象的共性，发现因果规律，建立有效解释，预测社会现象产生、发展与变化的理论，并将其用于指导人类社会实践的开展，所以管理科学在学科占比中最高。

⑥通过 2020 年国家社科基金项目学科的统计可以知道，青年项目中占比最多的是社会学；西部项目中占比最多的则是民族学，且该学科远多于其他学科；一般项目中占比最多的是管理学；重点项目中占比最多的也是管理学。

⑦通过 2015—2017 年这三年国家社科基金项目所属学科领域的分布情况可以发现，无论是哪一年，占比最多的都是管理学，且每一年的排名都没发生变化；横向对比可以发现，2015—2017 年各个学科的立项数量都是呈增长趋势的，由此可以说明有越来越多的学者致力于国家社科基金项目的研究。

⑧从 2018 年开始，"乡村""扶贫""城乡"等词开始高频出现，这与习近平主席 2017 年 10 月 18 日在党的十九大报告中提出的乡村振兴战略有关。2018 年 9 月，中共中央印发了《国家乡村振兴战略规划（2018—2020 年）》。

⑨"大数据"一词的出现频率也逐年增加。虽然早在 2012 年大数据一词就开始被提及，但是近几年大数据才慢慢地开始广泛运用到社会科学的研究当中，也成为社会科学的研究对象。这说明大数据的发展日新月异，逐渐地渗透到我们的生活中。

⑩"新媒体"一词的出现频率明显增加。说明近年通信网络技术发展迅速，人们获取信息的渠道越来越多，获取信息也越来越容易，新媒体的运用越来越广泛，运用到各行各业，这是时代的趋势。

⑪"思政"一词从 2019 年开始高频出现。2019 年 3 月 18 日，习近平总书记主持召开

学校思想政治理论课教师座谈会并发表重要讲话，指出"办好学校思政课，事关中国特色社会主义事业后继有人，是培养一代又一代社会主义建设者和接班人的重要保障"。所以在大中小学循序渐进、螺旋上升地开设思想政治理论课非常有必要。

⑫"城镇化"一词的频率越来越高。十八大报告中提出的城镇化建设，2020 年 5 月 22 日，2020 年国务院政府工作报告提出，重点支持"两新一重"（新型基础设施建设、新型城镇化建设、交通水利等重大工程建设）。

⑬"问题"一词高频出现，说明社科研究多半是以问题导向的，重点在解决社会问题。

⑭"国家""政策""战略""建设"等词的极高频率说明社科选题与国家政策密切相关，仔细研究政府工作报告对选题也有很大帮助。

⑮"创新""发展""文化"等词的出现频率也是极高的。有想法才能有创新，有创新才能做出好的成果、才能得出别人没有发现的结论，有创新才能有发展。文化建设也是社会的一个重大课题，永不过时。社会发展迅速，科学研究最终都是以推动社会发展为目的的，选题时就可以思考一下研究项目是否对某个领域有价值，是否有创新，或者是否能够推动文化建设。

由此信息可得，社科基金选题可以从以下五个方面入手。

（1）突出地方、民族、学校特点。

（2）与时俱进，跟上国内外形势，不能落后于形势。做选题要敏感，尽量与时势和现实问题相结合。

（3）贴近国家政策方针。紧跟课题指南、紧跟党中央和国家最新重大部署。

（4）解决社会问题。对人文社会科学研究而言，国家社科基金立项的主要目的是要研究者解决现实问题，特别是申请当时迫切需要解决的重大现实问题。

（5）追求创新，想出新颖的切入点或研究视角。可以从本学科的角度寻找那些正在热烈讨论、尚无定论的现实问题，也可跨出本学科的大门，放眼整个人文社科领域，寻求可以从自己的学科角度出发做出新阐释的现实问题。

本章参考文献

[1] 一文讲清国家社科基金和教育部人文社科项目［EB/OL］. https://www.hxedu.com.cn/hxedu/w/inputVideo.do? qid =5a79a0187deba829017dfa80f98a4d60.

[2] 站在上帝的角度挖掘数据——Python 抓取 10W + 社科基金项目并可视化分析［EB/OL］. https://www.hxedu.com.cn/hxedu/w/inputVideo.do? qid =5a79a0187deba829017dfa80f98a4d60.

[3] Python 爬取社科基金项目数据（指定学科）［EB/OL］. https://www.hxedu.com.cn/hxedu/w/inputVideo.do? qid =5a79a0187deba829017dfa80f98a4d60.

[4] 魏克威. 刍议社会科学论文的选题［J］. 长春师范学院学报，2000（01）：80 – 81.

[5] 史上最全的国家社科基金选题攻略［EB/OL］. https://www.hxedu.com.cn/hxedu/w/inputVideo.do? qid =5a79a0187deba829017dfa80f98a4d60.

[6] Pandas 的主要方法速览表［EB/OL］. https://www.hxedu.com.cn/hxedu/w/inputVideo.do? qid =5a79a0187deba829017dfa80f98a4d60.

［7］Matplotlib 的主要方法速览表［EB/OL］. https：//www. hxedu. com. cn/hxedu/w/inputVideo. do? qid = 5a79a0187deba829017dfa80f98a4d60.

［8］NLP 之 jieba 库的使用一文［EB/OL］. https：//www. hxedu. com. cn/hxedu/w/inputVideo. do? qid = 5a79a0187deba829017dfa80f98a4d60.

［9］Wordcloud 库基本介绍和使用方法［EB/OL］. https：//www. hxedu. com. cn/hxedu/w/inputVideo. do? qid = 5a79a0187deba829017dfa80f98a4d60.

第 5 章　描述性分析——热映电影背后的成因分析

5.1　描述性分析

5.1.1　描述性分析的含义

使用描述性模型进行分析，类似于在后视镜中观察生活，以一种允许用户制定未来业务战略的方式解释源数据。我们使用描述性分析的技术来理解已经发生的事情，以及事情发生的更深层次的背景；同时，它支持实时分析，可以了解当下发生的事情。

一般来说，描述性分析虽然是"发生了什么"的模型，通常不用于模拟一个精确的事件，但它们在从大量数据中创建近似的观点方面是有用的。描述性分析是挖掘历史数据以识别特定结果之间的共同模式和相关性的分析方法。这是将大量数据提炼为简洁易懂的洞察力的最佳方式。最简单的例子就是仪表盘，它能显示一个公司各部门的运转状态，我们可以直接从仪表盘中看出问题和异常。但是，它不会显示发生这种情况的确切原因，这就要靠诊断分析来寻找答案。

描述性分析是数据总结的基础，是理解大量观测数据集的有力方法，它们提供了一个基本的数据摘要，可以与其他系统的数据进行比较，有助于在数据中建立不同的关系。如将不同的潜在客户分组，预测算法会尝试预测消费者群体的可能行为，而描述性分析模型有助于该算法估计不同消费者和不同产品之间的关系。

5.1.2　基于 Python 的描述性统计分析

描述性统计分析是对调查总体所有变量的有关数据进行统计性描述的过程，主要包括数据的频数分析、集中趋势分析、离散程度分析、分布及一些基本的统计图形。常见描述性指标说明如表 5-1 所示。

表 5-1 常见描述性指标说明

术语	说明
最小值	数据的最小值
最大值	数据的最大值
平均值	数据的平均得分值，反映数据的集中趋势
标准差	数据的标准差，反映数据的离散程度
中位数	样本数据升序排列后的最中间的数值，如果数据偏离较大，一般用中位数描述整体水平情况，而不是平均值
25 分位数	分析项中所有数值由大到小排列后的第 25% 的数字，用于了解部分样本占整体样本集的比例
75 分位数	分析项中所有数值由大到小排列后的第 75% 的数字
IQR	四分位距 IQR = 75 分位数 − 25 分位数
方差	用于计算每个变量（观察值）与总体均数之间的差异
标准误	样本均数的标准差，反映样本数据的离散趋势
峰度	反映数据分布的平坦度，通常用于判断数据正态性情况
偏度	反映数据分布偏斜方向和程度，通常用于判断数据正态性情况
变异系数	标准差除以平均值，表示数据沿着平均值波动的幅度比例，反映数据的离散趋势

1. 频数和频率

数据的频数与频率统计适用于类别变量。

（1）频数：数据中类别变量每个不同取值出现的次数，可直接使用 value_counts () 计算频数。

（2）频率：每个种别变量的频数与总次数的比值，通常采用百分数进行表示。

2. 集中趋势

在统计学中，集中趋势或中央趋势（Central Tendency）在口语上也经常被称为平均，表示一个概率分布的中间值。最常见的四种集中趋势包括算术平均值、几何平均数、中位数及众数。

（1）算术平均值：又称均值，为一组数据的总和除以数据的个数，可以直接用 Pandas 中的 describe () 或者 mean () 函数。

（2）几何平均数：指对各变量值的连乘积开项数次方根。

（3）中位数：又称中值，是按顺序排列的一组数据中居于中间位置的数，代表一个样本、种群或概率分布中的一个数值，其可将数值集合划分为相等的上下两部分，可以直接用 median () 函数。

（4）众数：指在统计分布上具有明显集中趋势点的数值，代表数据的一般水平。也是一组数据中出现次数最多的数值，有时众数在一组数中有好几个，可以直接用 mode () 函数。

3. 离散程度

离散程度可用来测度观测变量值之间的差异程度，其表示的指标有很多，在统计分析推断中最常用的主要有极差、四分位差、平均离差、标准差和离散系数等几种。

（1）极差：又称范围误差或全距（Range），以 r 表示，是用来表示统计资料中的变异量数（Measures of Variation），其定义为最大值与最小值之间的差距，即最大值减最小值后所得的数据，可以直接用 max（） - min（）计算极差。

（2）四分位差：是上四分位数（Q3，即位于75%）与下四分位数（Q1，即位于25%）的差，反映了中间50%数据的离散程度。其数值越小，说明中间的数据越集中；其数值越大，说明中间的数据越分散。四分位差不受极值的影响。

（3）平均离差：是用样本数据相对其平均值的绝对距离来度量数据的离散程度。平均离差也称为平均绝对离差（Meanabsolute Deviation）、平均偏差。平均绝对离差定义为各数据与平均值的离差的绝对值的平均数。

设样本的 n 个观测值为 $x_1, x_2, \cdots, x_n$，设 $\bar{x}$ 是其算术平均数，称 $|x_i - \bar{x}|$ 为数据 x_i 对 $\bar{x}$ 的绝对离差，平均离差为：

$$M_D = \frac{1}{n} \sum_{i=1}^{n} |x_i - \bar{x}| \tag{5-1}$$

对于分组数据，平均离差为：

$$M_D = \frac{\sum_{i=1}^{k} f_i |x_i - \bar{x}|}{\sum_{i=1}^{k} f_i} \tag{5-2}$$

其中，f_i, x_i 分别为第 $i(i = 1, 2, \cdots, k)$ 组数据的频数及组中值；k 为数据分组的组数。

（4）标准差：用于描述数据的离散趋势指标。如果比较单位不同（或数值相差太大）的两组数据，就采用变异系数比较离散程度。标准差可以直接用 std（）函数。

（5）离散系数：又称变异系数，测度数据离散程度的相对统计量，主要是用于比较不同样本数据的离散程度。

在概率论和统计学中，离散系数（Coefficient of Variation）是概率分布离散程度的一个归一化量度，其定义为标准差 σ 与平均值 μ 之比：

$$C_v = \frac{\sigma}{\mu} \tag{5-3}$$

离散系数只在平均值不为零时有定义，而且一般适用于平均值大于零的情况。变异系数也被称为标准离差率或单位风险。

4. 分布状态

（1）偏度：统计数据分布偏斜方向和程度的度量，是统计数据分布非对称程度的数字特征。如果数据对称分布，如正态分布，则偏度为0；如果数据左偏分布，则偏度小于0；如果数据右偏分布，则偏度大于0。偏度可以直接用 skew（）函数。

（2）峰度：描述总体中所有取值分布形态陡缓程度的统计量，可以理解为数据分布的高矮程度。峰度的比较是相对于标准正态分布的，对于标准正态分布，峰度为0；如果峰度大于0，则密度图高于标准正态分布，此时方差较小；如果峰度小于0，则密度图低于标准正态分布，此时方差较大。峰度可以直接用 kurt（）函数。

5. 相关分析

(1) 散点图：指在回归分析中，数据点在直角坐标系平面上的分布图。散点图表示因变量随自变量而变化的大致趋势，据此可以选择合适的函数对数据点进行拟合。

(2) 相关系数：相关关系是一种非确定性的关系，相关系数是研究变量之间线性相关程度的量。由于研究对象的不同，相关系数有如下几种定义方式。

简单相关系数：又叫线性相关系数，一般用字母 r 表示，用来度量两个变量间的线性关系。定义式：

$$r(X,Y) = \frac{\mathrm{Cov}(X,Y)}{\sqrt{\mathrm{Var}[X]\mathrm{Var}[Y]}} \qquad (5-4)$$

其中，Cov(X, Y) 为 X 与 Y 的协方差；Var[X] 为 X 的方差；Var[Y] 为 Y 的方差。

复相关系数：又叫多重相关系数。复相关是指因变量与多个自变量之间的相关关系。如某种商品的季节性需求量与其价格水平、职工收入水平等现象之间呈现复相关关系。

典型相关系数：先对原来各组变量进行主成分分析，得到新的线性关系的综合指标，再通过综合指标之间的线性相关系数来研究原各组变量间的相关关系。

这里，$\rho_{xy} = r(x,y)$ 是一个可以表征 X 和 Y 之间线性关系紧密程度的量。它具有两个性质：

① $|\rho_{xy}| \leq 1$

② $|\rho_{xy}| \leq 1$ 的充要条件是，存在常数 a，b，使得 $P\{Y = a + bX\} = 1$

由性质衍生：

① 相关系数定量地刻画了 X 和 Y 的相关程度，即 $|\rho_{xy}|$ 越大，相关程度越大；$|\rho_{xy}| = 0$，对应相关程度最低。

② X 和 Y 完全相关的含义是在概率为 1 的意义下存在线性关系的，于是 $|\rho_{xy}|$ 是一个可以表征 X 和 Y 之间线性关系紧密程度的量。当 $|\rho_{xy}|$ 较大时，通常说 X 和 Y 相关程度较好；当 $|\rho_{xy}|$ 较小时，通常说 X 和 Y 相关程度较差；当 X 和 Y 不相关，通常认为 X 和 Y 之间不存在线性关系，但并不能排除 X 和 Y 之间可能存在其他关系。

5.2 背景与分析目标

5.2.1 背景

"描述性分析"也称为商业智能，它以事实为依据，采用被动的或基于经验的方式制定决策，是将大量数据提炼为简洁易懂的洞察的最佳方式。

5.2.2 分析目标

本案例通过对华语电影数据进行爬取和分析，探讨电影数据可视化，为电影的制作提供数据支持。本案例数据来源于中国报告网、猫眼等官方网站，主要研究以下两个问题。

(1) 电影行业整体发展情况是怎样的？

(2) 电影类型是如何随着时间的推移而发生变化的？

5.3 数据采集与处理

5.3.1 数据采集

在分析中国报告网、猫眼电影网页结构后，用不同的采集工具获取数据：对中国报告网可使用 Python 爬取华语电影——总共 4003 部；对猫眼电影网可使用爬虫工具"后羿采集器"爬取票房榜前 300 部电影详情。

对于每部电影，收集以下八个字段：
- ◇ movie_title：电影名称
- ◇ movie_date：上映日期
- ◇ movie_grossing：票房
- ◇ movie_region：制片地区
- ◇ movie_type：类型
- ◇ movie_runtime：片长
- ◇ movie_director：导演
- ◇ movie_actor：主演

中国票房网爬虫代码如代码清单 5-1 所示。

代码清单 5-1 爬取中国票房网源代码

```
import re
import time
import requests
from bs4 import BeautifulSoup

head = {                        #根据自己的浏览器配置进行调整
    'User-Agent':'Mozilla/5.0 (Windows NT 10.0; WOW64) AppleWebKit/537.36 (KHTML,
like Gecko) Chrome/84.0.4147.89 Safari/537.36 SLBrowser/7.0.0.4071 SLBChan/30'
}
def getHtml(url):                                       #获取 Html
    req = requests.get(url=url, headers=head)
    req.encoding = "utf-8"
    html = req.text
    return html
def getYearList(htmlCode):                              #获取数据
    soup = BeautifulSoup(htmlCode, "html.parser")
    Dlist = []
    # 中国
    Dtable = soup.find('table', id="tablepress-1")
    Ddata = Dtable.findAll('td')
    for td in Ddata:
        data = []
```

```python
            year = td.string
            if year ! = None:
                data.append(year)
                link = td.find('a').get('href')
                data.append(link)
                Dlist.append(data)
    return Dlist
def getMovieList(deHtmlCode):                          #获取每一年的电影列表
    soup = BeautifulSoup(deHtmlCode, "html.parser")
    trs = soup.findAll('tr')
    MovieList = []
    for i in range(1,len(trs)):
        data = []
        tds = trs[i].findAll('td')
        #发行时间
        pubyear = tds[1].string
        data.append(pubyear)
        #名称
        name = tds[2].string
        data.append(name)
        #票房
        fare = tds[3].string
        data.append(fare)
        MovieList.append(data)
    return MovieList
def cleanData(dataList):                               #清洗数据
    a = re.compile(r'\n| |\xa0|\\xa0|\u3000|\\u3000|\u0020|\\u0020|\t|\?|\r')
    for x in range(len(dataList)):
        for y in range((len(dataList[x])-1)):
            dataList[x][y] = a.sub('', dataList[x][y])
    return dataList
def saveCSV(datalist):                                 #存入 CSV
    f = open("中国报告网-中国.csv", mode = "a", encoding = "utf-8")
    for x in range(len(datalist)):
        for y in range(len(datalist[x])):
            f.write(str(datalist[x][y]))
            f.write(',')
        f.write('\n')
    f.close()
def main():
    Purl = 'http://www.boxofficecn.com/boxofficecn = '
    HtmlCode = getHtml(Purl)
```

```
# 得到每一页的题目列表
Dlist = getYearList(HtmlCode)
for j in range(len(Dlist)):
    url = 'http://www.boxofficecn.com' + str(Dlist[j][1])
    HtmlCode = getHtml(url)
    Mlist = getMovieList(HtmlCode)
    saveCSV(Mlist)
    time.sleep(2)
    print("第 " + str(Dlist[j][0]) +" 年已存入 CSV")
main()
```

截取中国报告网部分数据，如图 5-1 所示。

	movie_year	movie_title	movie_grossing
1			
2	2021	小破孩大状元	171.8
3	2021	海底小纵队：火焰之环	5318.7
4	2021	老爷保号	299.7
5	2019	点点星光	617.9
6	2021	京北的我们	14
7	2021	长安伏妖	306.6
8	2021	没有过不去的年	5137.8
9	2021	叱咤风云	501
10	2021	许愿神龙	16811.9
11	2021	缉魂	11094
12	2020	天后小助理	20.4
13	2019	与我跳舞	66.7
14	2021	武汉日夜	2393.7
15	2018	指挥家	135
16	2021	大红包	23370.3
17	2021	幸运电梯	105.7
18	2019	小伟	144.4
19	2021	魔法鼠乐园	319.6
20	2021	吉祥如意	1359.9
21	2021	移情高手	151.6
22	2018	温泉屋的小老板娘	877.3
23	2018	蜂鸟计划	325.7
24	2021	出手吧！女生	35.2

中国报告网-中国

图 5-1　中国报告网-历年华语电影上映票房表

5.3.2　数据处理

1. 缺失值处理

通过打印每一列的空值统计，可以看到部分列存在空值。存在缺失值的原因在于，部分网络电影或者还未上映的电影会出现导演、演员、类型、上映日期和票房等一些列为空的情况。因此需要对导演、演员、类型、上映日期等列中任一列出现空值的数据进行删除处理。处理后"历年华语电影上映票房表"的有效数据量为 2985 条。

2. 增加辅助列

观察数据发现,当一部电影是由多个地区合作制作时,地区这一列中就有多个地区的元素,这种展现形式不便于后续以地区为维度进行分析。因此在分析时可增加三列辅助列,分别表示中国大陆、中国香港、中国台湾,属于该地区则标记为1,否则为0。例如,某部电影的制作地区同时出现中国大陆、中国香港、中国台湾,则这三列辅助列都标记为1,表示同时属于这三个地区。

同理对电影类型一列,也做类似地处理。处理前"票房榜 top 300 电影信息表"的数据截图如图 5-2 所示。处理后"票房榜 top 300 电影信息表"的数据截图如图 5-3 所示。

图 5-2 猫眼网 – 票房榜 top 300 电影信息表处理前

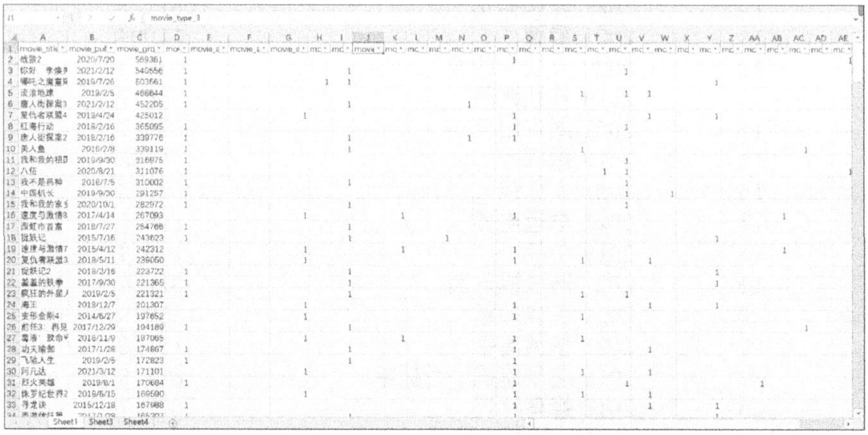

图 5-3 猫眼网 – 票房榜 top 300 电影信息表处理后

5.4 数据分析与挖掘

5.4.1 电影行业的整体发展情况

1. 历年电影上映量分析

代码清单 5-2 历年电影上映频数分析

```
In [1]: frequency = df["movie_date"].value_counts()# value_counts() 计算频数
```

历年电影上映频数分析如代码清单5-2所示。计算结果显示,国内电影的上映量在近八年内猛增。在1989年前每年电影产量只有零星几部;从20世纪90年代开始到21世纪00年代,电影行业处于平缓发展的阶段;从2010年开始,华语电影发展迅猛,直到2016年年产量达到450部,约为2010年的3.2倍。

为更直观地查看历年的电影上映量,我们可以导入Matplotlib库将其绘制成图并进行分析。历年电影上映量频数分布图如代码清单5-3所示。

代码清单5-3　历年电影上映量频数分布图

```
import numpy as np
import pandas as pd
import seaborn as sns
import matplotlib.pyplot as plt

frequency = df["movie_year"].value_counts()         # value_counts() 计算频数
# 绘制成条形图
# 将频数转换为dataframe形式
frequency1 = frequency.sort_index()
data = {'year':frequency1.index,'frequency':frequency1.values}
fdata = pd.DataFrame(data)
# 设置图的字体,避免中文字符乱码
plt.rcParams['font.sans-serif'] = ['SimHei']
# 使用Seaborn的barplot绘制条形图
ax = plt.figure(figsize = (20,5)).add_subplot(111)
sns.barplot(x = "year",y = "frequency",data = fdata,palette = "Set3") #palette 设置颜色
# 设置坐标轴及图名
ax.set_xlabel('年份')
ax.set_ylabel('频数')
ax.set_title('历年电影上映频数分布图')
# 显示每个柱体的值
for x, y in zip(range(32), fdata.frequency):
    ax.text(x, y, '% d'% y, ha = 'center', va = 'bottom', color = 'grey')

#bbox_inches = 'tight'使保存的图片显示完整
plt.savefig('历年电影上映频数分布图.jpg',dpi = 500,bbox_inches = 'tight')
```

生成的频数分布图如图5-4所示。

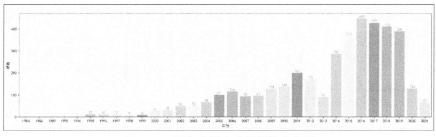

图5-4　历年电影上映量频数分布图

2. 历年电影票房收入分析

电影票房集中趋势分析如代码清单 5-4 所示，从代码清单中可以看出，已上映的单部电影票房收入最高的可达 56 亿元，最低的不足 1 万元，平均每部电影的票房收入为 10145.67 万元。

历年电影票房与电影产量变化趋势图如图 5-5 所示。从图中可以看出，国内电影在这些年的发展比较迅猛，但是在电影市场如此繁荣的今天，国内电影的质量却越来越不尽人意，这或许和这些年发展过快而没有注重质量有关系。

代码清单 5-4　电影票房集中趋势分析

```
In [2]: grossing = df["movie_grossing"]
   ...: grossing.mean()                          # mean() 计算均值
Out[2]: 0    10145.668696
   ...: dtype: float64

In [3]: df.describe()                            # 统计信息中包含分位数
Out[3]:                     0
   ...: count    3964.000000
   ...: mean    10145.668696
   ...: std     33043.686079
   ...: min         0.000000
   ...: 25%       149.675000
   ...: 50%       960.000000
   ...: 75%      5214.575000
   ...: max    567868.800000
```

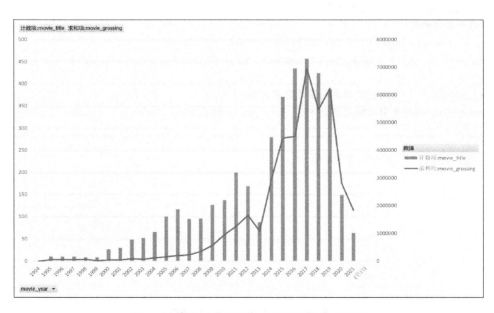

图 5-5　历年电影票房与电影产量变化趋势图

5.4.2 电影类型随时间的变化趋势

电影类型反映了观众的观影喜好。例如，2021年上映的电影《你好，李焕英》属于剧情/喜剧类型电影，电影的上座率客观反映了大家对现实喜剧电影的喜爱。不同电影类型对电影票房的影响不同。

从图5-6中可以看出，在高票房电影群的类型中，动作、冒险、科幻、爱情等标签含量较大，远超其他类型，相比含量较低的有歌舞、历史传记等标签。

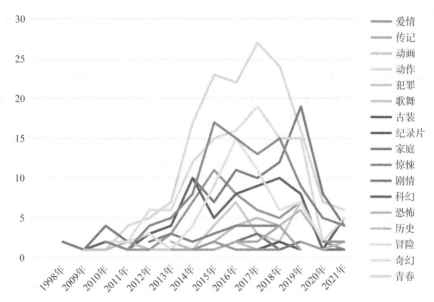

图5-6 电影类型随时间变化趋势图

5.5 拓展思考

5.5.1 数据分析的意义

数据分析是指用适当的统计分析方法对收集来的大量数据进行分析，提取有用信息形成结论的过程，是为了寻求问题的答案而实施的有计划、有步骤的行为，从而实现对数据的详细研究和概括总结。

描述性统计，是指运用制表和分类、图形及计算概括性数据来描述数据特征的各项活动。描述性统计分析要对调查总体所有变量的有关数据进行统计性描述，主要包括数据的频数分析、集中趋势分析、离散程度分析、分布及一些基本的统计图形。其借助统计指标的结果，分析趋势，找出变化规律和特征，做出有利于发展的决策，以达到预测未来的目的。

5.5.2 数据分析的分类

1. 描述性数据分析

描述性数据分析是指对一组数据的各种统计特征（如平均数、标准差、中位数、频数分布及正态或偏态程度等）进行分析，以便于描述测量样本的各种特征及其所对应的总体的特征。

2. 验证性数据分析

验证性数据分析主要是传统统计学的内容。所谓验证，就是要根据研究的问题提出假设，再用统计的方法判断提出的假设是否正确。验证性分析又可按照是否进行抽样而分为描述性分析（探索性分析也有该部分内容）和推断性分析。总而言之，研究总体的分布与各参数是否与假设相符就是验证性分析的内容。根据以上内容，可以得出验证性分析的基本步骤：提出假设——将假设进行操作化定义，转化成能够量化的指标——对假设进行检验——得出结论。

3. 探索性数据分析

探索性数据分析（Exploratory Data Analysis，EDA）是指在尽量少的先验假定下对已有的数据（特别是调查和观察得来的原始数据）进行探索，并通过作图、制表、方程拟合和计算特征量等手段探索数据结构和规律的一种数据分析方法。探索性数据分析主要包括异常值分析、缺失值分析、相关性分析和周期性分析等，经过探索性数据分析方法能够达到理解数据的目的。探索性数据分析主要关注的是耐抗性（Resistance）、残差（Residuals）、重新表达（Re – expression）和启示（Revelation）四个主题。

5.6 本章小结

描述性统计是描述统计学的主要内容，是分析理解并运用数据的前提，是一项很重要的工作，其意义在于搜集、分析、表达和解释数据。对大量的汇聚信息进行归纳是处理数据时最基本的任务，描述性数据分析，一般不需要进行深度的解读，通过标准模板和规律就可以做出来，因此就变成了我们在做数据分析时候的第一个步骤。

本章参考文献

[1] 周概容. 统计学原理 [M] 2 版. 天津：南开大学出版社，2004.12.
[2] 张萌物. 对离散系数定义及公式的完善与改进 [J]. 西安石油学院学报（社会科学版），1999，02：55 – 56.
[3] 何春雄，龙卫江，朱锋峰. 概率论与数理统计 [M]. 北京：高等教育出版社，2012：79.

第 6 章　关联分析——提高相亲旅游成功率的分析

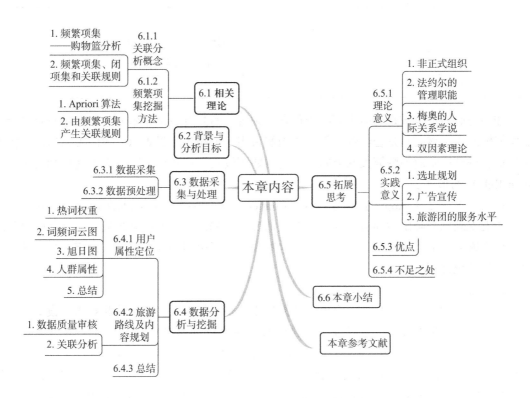

6.1　相关理论

6.1.1　关联分析概念

1. 频繁项集——购物篮分析

频繁模式是搜索给定数据集中反复出现的联系。本小节介绍发现事务或关系数据库中项集之间的关联或相关性的频繁模式的基本概念。频繁项集的一个典型例子是购物篮分析。该过程通过发现顾客放入他们"购物篮"中的商品之间的关联，分析顾客的购物习惯（见表 6-1）。这种关联的发现可以帮助零售商了解哪些商品频繁地被顾客同时购买，从而帮助他们制定更好的营销策略。例如，如果顾客在某次超市购物时购买了牛奶，他们有多大可能同时也购买面包？购买了何种面包？这种分析可以帮助零售商做出选择性销售和货架空间的安排，从而增加销售量。

假定作为食品部门经理，你想更多地了解顾客的购物习惯。尤其想知道"顾客可能会在某次购物中同时购买哪些商品？"为了回答该问题，可以对商店的顾客事务零售数据进行购物篮分析。分析结果可以用于营销规划、广告策划或新的分类设计。如"购物篮"分析可以帮助你设计不同的商店布局。有一种策略是：有经常同时购买可能性的商品可以摆放近一些,以便进一步刺激这些商品的同时销售。例如,如果购买计算机的顾客也倾向于同时购买杀毒软件,则把计算机摆放在离杀毒软件的陈列近一点的位置,可能有助于增加这两种商品的销量。

表 6-1 "购物篮"分析

流水号	商品
01	雪梨、葡萄、尿布、牛奶、面包
02	苹果、香蕉、牛奶、啤酒
03	西瓜、苹果、牛奶、面包

如果我们想象全域是商店中商品的集合,则每种商品有一个布尔向量,运用布尔向量的真假值输出表示该商品是否出现。每个购物篮可用一个布尔向量表示。我们可以通过分析布尔向量,得到反映商品频繁关联或同时购买的购买模式。这些模式可以用关联规则(Association Rule)的形式表示。

规则的支持度(Support)和置信度(Confidence)是规则兴趣度的两种度量。它们分别反映所发现规则的确定性和有用性。在典型情况下,如果关联规则满足最小支持度阈值和最小置信度阈值,那么它被认为是成立的。这些阈值可以由用户或领域专家设定,揭示关联项之间有用的统计相关性。

2. 频繁项集、闭项集和关联规则

数据挖掘的一种方法是从一个事物数据集中发现频繁项集并推出关联规则。设 $I = \{I_1, I_2, \ldots, I_m\}$ 是项的集合。设任务相关的数据 D 是数据库事务的集合,其中每个事务 T 是一个非空项集,使得 $T \subseteq I$。每一个事务都有一个标识符,称为 TID。设 A 是一个项集,事务 T 包含 A,当且仅当 $A \subseteq T$。关联规则是形如 $A \Rightarrow B$ 的蕴涵式,其中 $A \subset I$,$B \subset I$,$A \neq \Phi$,$B \neq \Phi$,并且 $A \cap B = \Phi$。规则 $A \Rightarrow B$ 在事务集 D 中成立,具有支持度 s,其中 s 是 D 中事务包含 $A \cup B$(即集合 A 和 B 的并或 A 和 B 二者)的百分比,它是概率 $P(A \cup B)$。规则 $A \Rightarrow B$ 在事务集 D 中具有置信度 c,其中 c 是 D 中包含 A 的事务同时也包含 B 的事务的百分比。这是条件概率 $P(B|A)$。即,

$$\text{support}(A \Rightarrow B) = P(A \cup B) \tag{6-1}$$

$$\text{confidence}(A \Rightarrow B) = P(B|A) \tag{6-2}$$

同时满足最小支持度阈值(min_sup)和最小置信度阈值(min_conf)的规则称为强规则。

项的集合称为项集,包含 k 个项的项集为 k 项集,集合 {computer, antivirus_software} 是一个二项集。项集的出现频度是包含项集的事务数,简称为项集的频度、支持度计数或计数。注意,式(6-1)定义的项集支持度有时称为相对支持度,而出现频度则称为绝对支持度。如果项集 I 的相对支持度满足预定义的最小支持度阈值(即 I 的绝对支持度满足对应的最小支持度计数阈值),则 I 是频繁项集(Frequentitemset)。频繁 k 项集的集合通常记为 L_k。

一般而言,关联规则的挖掘过程有两个步骤。

(1) 找出所有的频繁项集:根据定义,这些项集出现的频繁次数至少与预定义的最小支持计数 min_sup 一样。

（2）由频繁项集产生强关联规则：根据定义，这些规则必须满足最小支持度和最小置信度的要求。

也可以使用附加的兴趣度度量来发现相关联的项之间的相关联系。由于第二步的开销远低于第一步，因此挖掘关联规则的总体性能由第一步决定。

从大型数据集中挖掘频繁项集的主要挑战是，这种挖掘常常产生大量满足最小支持度阈值（min_sup）的项集，当 min_sup 设置得很低时这种现象尤其明显。这是因为如果一个项集是频繁的，那么它的每个子集也是频繁的。一个长项集将包含多个组合个数较短的频繁子项集。

例如，一个长度为100 的频繁项集 $\{a_1, a_2, \cdots, a_{100}\}$ 包含 $C_{100}^1 = 100$ 个频繁一项集 $a_1, a_2, \cdots, a_{100}$，$C_{100}^2$ 个频繁二项集 $\{a_1, a_2\}, \{a_1, a_3\}, \cdots, \{a_{99}, a_{100}\}, \cdots$。因此，频繁项集的总个数为：

$$C_{100}^1 + C_{100}^2 + \cdots + C_{100}^{100} = 2^{100} - 1 \approx 1.27 \times 10^{30} \qquad (6-3)$$

对于任何计算机，项集的数量都太多了，无法计算和存储。为了克服这一困难，引入闭频繁项集和极大频繁项集的概念。

如果不存在真超项集 Y 使得 Y 与 X 在 D 中具有相同的支持度计数，那么项集 X 在数据集 D 中是闭的（Closed）。如果 X 在 D 中是闭的和频繁的，那么项集 X 是数据集 D 中的闭频繁项集（Closed Frequent Itemset）。如果 X 是频繁的，并且不存在超项集 Y 使得 $X \subset Y$ 并且 Y 在 D 中是频繁的，那么项集 X 是 D 中的极大频繁项集（Maximal Frequent Itemset）或极大项集（Max - Itemset）。

设 C 是数据集 D 中满足最小支持度阈值 min_sup 的闭频繁项集的集合，M 是 D 中满足 min_sup 的极大频繁项集的集合。假设 C 和 M 中的每个项集都支持度计数（注意，C 和它的计数信息可以用来导出频繁项集的完整集合。），称 C 包含了关于频繁项集的完整信息，M 只存储了极大项集的支持度信息。通常，M 并不包含其对应的频繁项集的完整的支持度信息。

6.1.2 频繁项集挖掘方法

1. Apriori 算法

Apriori 算法是一种发现频繁项集的基本算法。Apriori 算法的功能是寻找所有支持度不小于 min_sup 的项集。项集的支持度是指包含该项集的事务占所有事务的比例，频繁项集就是指满足给定的最小支持度的项集。Apriori 的关键在于它使用了一种分层的完备搜索算法（深度优先搜索），该搜索算法用到了项集的反向单调性，即如果一个项集是非频繁的，那么它的所有超集也是非频繁的，这个性质也被称为向下闭合性。该算法对数据集进行多次遍历：第一次遍历，对所有单项的支持度进行计数并确定频繁项；在后续的每次遍历中，利用上一次遍历得到的频繁项集作为种子项集，产生新的潜在频繁项集——候选项集，并且对候选项集的支持度进行计数，在本次遍历结束时统计满足最小支持度的候选项集，其对应的频繁项集就确定了，这些频繁项集又成为下一趟遍历的种子；重复此遍历过程，直到不能再发现新的频繁项集。

Apriori 算法通过减少候选集大小来获得良好的性能。然而，在频繁项集最小支持度很低的情况下,算法必须生成数量庞大的候选项集并且需要反复扫描数据库来检查数量庞大的候选项集,这个过程代价仍然十分高。

为了提高频繁项集逐层产生的效率,利用一种名为先验性质(Apriori Property)的重要性质来压缩搜索空间。

先验性质:频繁项集的所有非空子集也一定是频繁的。

先验性质基于如下观察。根据定义,如果项集 I 不满足最小支持度阈值 min_sup,则 I 不是频繁的,即 $P(I)<$ min_sup。如果把项 A 添加到项集 I 中,则结果项集(即 $I \cup A$)不可能比 I 更频繁出现。因此,$I \cup A$ 也不是频繁的,即 $I \cup A <$ min_sup。

该性质属于一类特殊的性质,称为反单调性(Antimonotone),指如果一个集合不能通过测试,则它的所有超集也都不能通过相同的测试。

"如何在算法中使用先验性质?"为理解这一点,我们考察如何使用 L_{k-1} 找出 L_k,其中 $K \geq 2$。下面的两步过程由连接步和剪枝步组成。

(1) 连接步:为找出 L_k,通过将 L_{k-1} 与自身连接产生候选 k 项集的集合。该候选项集的集合记为 C_k。设 L_1 和 L_2 是 L_{k-1} 中的项集。其中:$L_i[j]$ 表示 L_i 的第 j 项(如 $L_i[k-2]$ 表示 L_i 的倒数第2项)。为了有效地实现,Apriori 算法假定事务或项集中的项按字典序排序。即对于 ($k-1$) 项集 $L_i[1]<L_i[2]<\cdots<L_i[k-1]$。将 L_{k-1} 与自身连接,如果($L_1[1]=L_2[1]$) $\wedge$ ($L_1[2]=L_2[2]$) $\wedge \cdots \wedge$ ($L_1[k-2]=L_2[k-2]$) $\wedge$ ($L_1[k-1]<L_2[k-1]$),那么认为 L_1 和 L_2 是可连接的。连接 L_1 和 L_2 产生的结果项集是 $\{L_1[1], L_1[2], \cdots, L_1[k-1], L_2[k-1]\}$。

(2) 剪枝步:C_k 是 L_k 的超集,也就是说,C_k 的成员可能是也可能不是频繁的。扫描数据库,确定 C_k 中每个候选的计数,判断是否小于最小支持度计数,如果不是,则认为该候选是频繁的。然而,C_k 可能很大,因此所涉及的计算量就很大。为了压缩 C_k,可以利用 Apriori 性质即任一频繁项集的所有非空子集也必须是频繁的,如果某个候选的非空子集不是频繁的,那么该候选肯定不是频繁的,从而可以将其从 C_k 中删除。

2. 由频繁项集产生关联规则

当我们从数据库 D 的事务中找出频繁项集,就可以由它们产生强关联规则(强关联规则满足最小支持度和最小置信度)。对于置信度,可以用式(6-4)计算。

$$\text{confidence}(A \Rightarrow B) = P(A|B) = \frac{\text{support\_count}(A \cup B)}{\text{support\_count}(A)} \quad (6-4)$$

条件概率用项集的支持度计数表示,其中,support_count($A \cup B$) 是包含项集 $A \cup B$ 的事务数,而 support_count(A) 是包含项集 A 的事务数。根据该式,关联规则可以产生如下:

(1) 对于每个频繁项集 L,产生关于 L 的所有非空子集。

(2) 对于 L 的每个非空子集 s,如果 $\frac{\text{support\_count}(t)}{\text{support\_count}(s)} \geq \min\_conf$,则输出规则"$s \Rightarrow (L-s)$"。

其中,min_conf 是最小置信度阈值。

由于规则由频繁项集产生,因此每个规则都自动地满足最小支持度。频繁项集和它们的支持度可以预先存放在散列表中,使得它们可以被快速访问。

6.2 背景与分析目标

传统相亲是双方先对比条件，然后再见面谈话选择是否交往。但传统相亲的弊端逐渐凸显。一方面，难以全面考察对方的为人处世；另一方面，在当代青年眼中，传统相亲更像是物物交换。这两种原因导致当前传统相亲方式的成功率偏低。

在这种情况下，出现新型相亲模式——相亲旅游。郭静静（2011）认为，市场上的高端相亲旅游产品与大众相亲旅游产品虽然都处于初始发展阶段，但高端化定制相亲旅游正在越来越被商业化的相亲旅游组织所关注，已成为商业化的相亲组织结构的下一盈利增长点。而且，从供给方面看，"相亲市场"日益壮大，"相亲产品"日趋多元化；旅游市场日益成熟，旅游观念日益深入人心；旅行社行业竞争激烈促使其不断开展产品创新。笔者认为，在传统相亲中，相亲是一对一的关系，但在相亲旅游团中，相亲是一对多的关系，并且在旅游过程中可以对心仪对象进行综合考评，提高匹配成功率。

但相亲旅游团也存在一些问题，据李慧新（2011）调查发现，政府和旅游企业不够重视相亲旅游团，相亲旅游专业化服务水平不高。因此笔者希望通过此次数据分析能够提出一些提高相亲旅游团相亲成功率的建议。

此次分析目标的核心是人员匹配及旅游团匹配。主要分为两个方面，一方面提高人员匹配度，主要是对参团人员自身条件、喜好及对相亲对象的要求进行分析；另一方面是旅游路线的具体安排，分析出受众最广的旅游路线及内容安排。最后，综合用户及路线分析，以实现人员匹配及旅游团匹配。

6.3 数据采集与处理

6.3.1 数据采集

本案例主要采用的是使用八爪鱼爬取的知己网的约会数据，数据内容包含"旅游地点""年龄要求"和"约会时间"三个方面。部分原始数据如表6-2所示。

表6-2 部分原始数据

旅游地点	年龄要求	约会时间
到风景区、看看大自然	25~29岁	周末
见面的拥抱和亲吻、沙滩嬉戏、烛光晚餐	18~18岁	随便、无所谓
火锅、海鲜、风味小吃	30~55岁	12点前回家

6.3.2 数据预处理

本案例在数据预处理部分使用Excel进行数据清洗。先通过去重、去掉无效词等操作，只留下关键词。再将其中每个关键词单独提取，以"0""1"形式表示每个用户是否选择，方便后续进行处理。数据预处理如表6-3所示。

表6-3 数据预处理

旅游地点	年龄要求	约会时间
见面的拥抱和亲吻、沙滩嬉戏、烛光晚餐、鲜花、做饭	29~48岁	下班、周末
火锅、炒菜、海鲜、风味小吃	18~18岁	周末
沙滩嬉戏、海鲜、风味小吃	29~55岁	下班、周末

自然景区	见面再看	火锅	海鲜	烧烤	风味小吃	烛光晚餐	不期而遇	海边
0	1	0	1	0	1	1	0	0
1	0	0	0	0	0	1	1	0
0	0	0	0	0	1	1	0	0

6.4 数据分析与挖掘

6.4.1 用户属性定位

1. 热词权重

本案例使用微词云进行热词权重分析。通过对旅游内容意向进行关键词词频统计分析及热词权重分析，可以发现用户选择最多的内容，以此作为后续人群属性定位及旅游内容的参考信息。由于篇幅所限，本案例仅展示部分词频及权重（见表6-4），其中词频最高的是日落，权重最高的是乡间，根据日落和乡间元素，推断目标人群倾向自然景区。

表6-4 热词权重（部分）

关键词	词频	权重
日落	553	0.9935
惊喜	530	0.9544
海边	529	0.976
乡间漫步	517	0.9488
乡间	517	1

2. 词频词云图

本案例通过对旅游活动意向的词频词云图进行分析，提取出日出、日落、惊喜、鲜花、听歌和火锅元素，如图6-1所示。通过对旅游时间意向的词频词云图进行分析，提取出周末和下班元素，如图6-2所示。

3. 旭日图

为了进一步看出年龄和时间的关系，本案例以年龄和时间为维度绘制旭日图，生成的旭日图如图6-3所示。通过旭日图发现，年龄要求在"18~18岁""24~30岁"和"29~50岁"的区间占比最大，其中"29~50岁"年龄区间的人群都选择在12点前回家，而另外两个年龄区间的人群则更加灵活，选择下班和周末的最多。

图 6-1　旅游活动词频词云图

图 6-2　旅游时间词频词云图

4. 人群属性

图 6-4 和图 6-5 是通过百度指数调查全网关注相亲和旅游的用户的人群属性。在相亲的关注度中，20~29 岁和 30~39 岁年龄区间的群体远高于另外几个年龄区间，其中男性明显多于女性，这也符合我国相亲的社会现状。在旅游的关注度中，也是 20~29 岁和 30~39 岁年龄区间的群体最多，其中男性同样高于女性。由此进一步将用户年龄区间细分为 20~29 岁和 30~39 岁。经过分析可知：相亲的宣传重点倾向男性；而对旅游宣传来说，男性和女性都重要。

图 6-3　旭日图

5. 总结

在进行关联分析的讨论前，先对上文分析提取出的信息做一个总结，以此实现用户属性的定位。通过对旅游内容热词权重、旅游活动和时间意向、相亲人群年龄和对相亲对象的年龄区间要求的词云图、相亲人群和旅游人群的人群属性的百度指数等模型进行分析，进一步将用户年龄区间细分为 20~29 岁和 30~39 岁，时间定位在下班和周末。主要期待的旅游元素圈定在日出、日落、惊喜、鲜花、听歌和火锅元素。文中，相亲的宣传重点倾向男性，相亲旅游宣传侧重点面向男性。而时间可参考小时相亲活动策划、半日游、一日游，以周末为主，可个性化定制。

另外，以李慧新（2011）的研究结果作为用户属性的补充，青年相亲旅游人群追求新

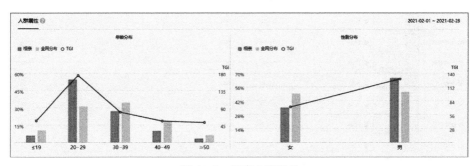

图 6-4　相亲人群属性

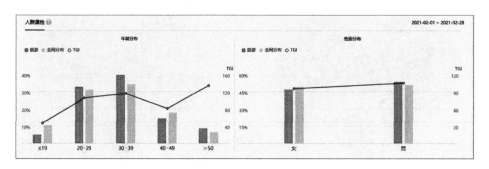

图 6 –5　旅游人群属性

颖、时尚，敢于冒险，对新产品、新品牌、新项目的兴趣浓厚，喜欢参与一些参与性强、合作性强的旅游项目，对饭店、餐馆和交通要求较高。他们在旅游过程中参与性强、舒适、轻松、浪漫，能在相亲旅游中留下深刻的印象。

6.4.2　旅游路线及内容规划

下文将从旅游路线及内容规划的角度，使用 SPSS Modeler 18.0 进行数据质量审核，使用 Python 进行基于 Apriori 模型的关联分析，分析用户选择的不同景点和内容之间的关联性，以此形成推荐旅游路线和内容规划。建模输出结果由提升度、置信度、前项支持度及最大数量组合四个参数构成，如果输出结果的支持度达到 10%，置信度达到 80%，则认为 2 ~5 个因素内相关度较高。

1. 数据质量审核

图 6 –6 和图 6 –7 分别是审核及质量的结果。从图中可以发现，在数据质量中，完整字段达到了 91.18%，完整记录达到了 99.61%，说明这些数据是质量较高的有效数据，可以证明此次分析数据结果的正确度和有效性。

审核　质量　注解

字段	图形	测量	最小值	最大值	平均值	标准差	偏度	唯一	有效
自然风...		标记	0.000	1.000	–	–	–	2	1038
见面再看		标记	0.000	2.000	–	–	–	3	1038
火锅		标记	0.000	1.000	–	–	–	2	1038
海鲜		标记	0.000	1.000	–	–	–	2	1038
烧烤		标记	0.000	1.000	–	–	–	2	1038
风味小吃		标记	0.000	1.000	–	–	–	2	1038
烛光晚餐		标记	0.000	1.000	–	–	–	2	1038
不期而遇		标记	0.000	1.000	–	–	–	2	1038
海边		标记	0.000	1.000	–	–	–	2	1038
面食		标记	0.000	1.000	–	–	–	2	1038
鲜花		标记	0.000	1.000	–	–	–	2	1038
做饭		标记	0.000	1.000	–	–	–	2	1038

* 指示多方式结果　* 指示采样结果

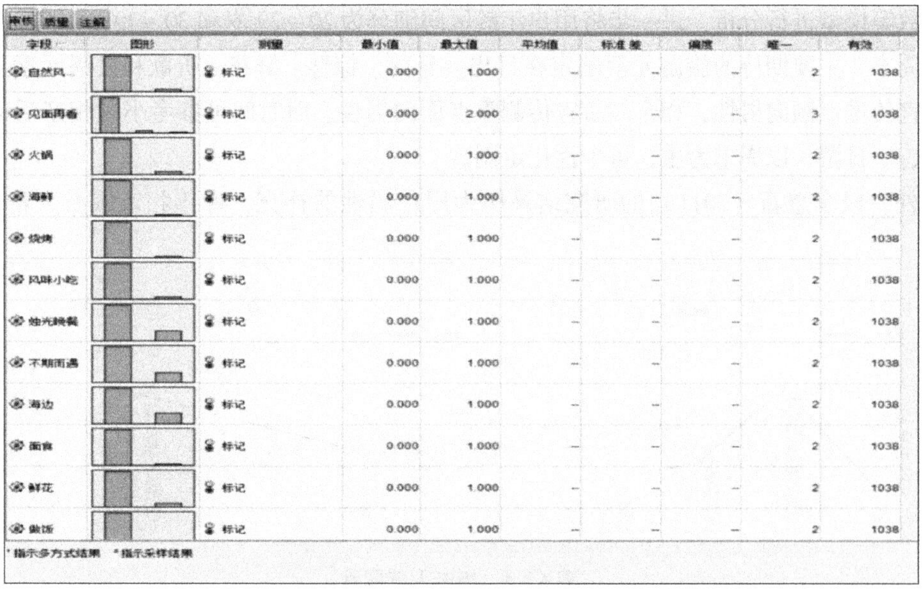

图 6 –6　数据质量审核（审核）

第6章 关联分析——提高相亲旅游成功率的分析

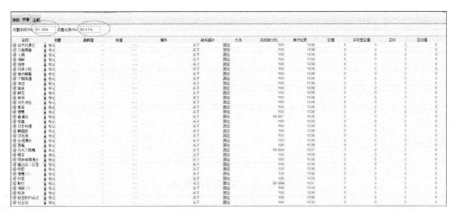

图6-7 数据质量审核（质量）

2. 关联分析

这部分为关联分析过程、关联分析结果及分析过程。具体详情如代码清单6-1、表6-5所示。

代码清单6-1 关联分析

```
# -*- coding: utf-8 -*-
import pandas as pd
from mlxtend.preprocessing import TransactionEncoder
from mlxtend.frequent_patterns import apriori
from mlxtend.frequent_patterns import association_rules

Path = 'D:\python数据分析\知己网数据.xls'
df = pd.read_excel(Path)
i,j = df.shape
dataset = []
data = []
datasets = []

for row in range(i):
    for col in range(j):
        if df.iloc[row,col] ==1:
            data.append(df.columns[col])
    dataset.append(data)
    data = []

for value in dataset :
    if value ! = []:
        datasets.append(value)
te = TransactionEncoder()
te_ary = te.fit(datasets).transform(datasets)
df = pd.DataFrame(te_ary, columns=te.columns_)
```

```
freq = apriori(df, min_support =0.06, use_colnames =True,max_len =5)
rules = association_rules(freq, metric = "lift", min_threshold =1)
rules = rules.sort_values(by = 'lift')[::-1]
rules = rules[( rules["lift"] > 4) & (rules["confidence"] > 0.8) &(rules['antecedent support'] >0.1)]
rules.to_excel('关联数据.xlsx')
```

表6-5 关联分析结果

antecedents	consequents	antecedent support
烛光晚餐、惊喜、不期而遇	听歌、乡间漫步	0.232186
听歌、乡间漫步	烛光晚餐、惊喜、不期而遇	0.243243
海边、惊喜、不期而遇	听歌、乡间漫步	0.238329
听歌、乡间漫步	海边、惊喜、不期而遇	0.243243
听歌、乡间漫步	海边、烛光晚餐、不期而遇	0.243243
海边、烛光晚餐、不期而遇	听歌、乡间漫步	0.235872
听歌、乡间漫步	看日出（日落）、烛光晚餐、不期而遇	0.243243
看日出（日落）、烛光晚餐、不期而遇	听歌、乡间漫步	0.238329

consequent support	support	confidence	lift	leverage	conviction
0.243243	0.228501	0.984126	4.045855	0.172023	47.675675
0.232186	0.228501	0.939393	4.045855	0.172023	12.668918
0.243243	0.233415	0.979381	4.026345	0.175443	36.702702
0.238329	0.233415	0.959595	4.026345	0.175443	18.851351
0.235872	0.230958	0.949494	4.025462	0.173583	15.129729
0.243243	0.230958	0.979166	4.025462	0.173583	36.324324
0.238329	0.232186	0.954545	4.005154	0.174214	16.756756
0.243243	0.232186	0.974226	4.005154	0.174214	29.362162

通过对意向景点的关联分析，可以发现以下六个关联组合：

（1）烛光晚餐、惊喜、不期而遇——听歌、乡间漫步

（2）听歌、乡间漫步——烛光晚餐、惊喜、不期而遇

（3）海边、惊喜、不期而遇——听歌、乡间漫步

（4）听歌、乡间漫步——海边、烛光晚餐、不期而遇

（5）海边、烛光晚餐、不期而遇——听歌、乡间漫步

（6）看日出（日落）、烛光晚餐、不期而遇——听歌、乡间漫步

因此，在进行旅游内容和路线规划时，可以参考上述搭配，再融入人群属性定位时所提取到的信息。从关联分析结果可以看出要注意"音乐"相关信息，并且烛光晚餐、海边、不期而遇、乡间漫步及听歌这几个元素的关联性最强，推荐以此作为旅游路线规划参考。在实际实施时，可根据用户喜好和游玩时间情况，采用不同的方案定制。商户在进行选址分析时，也可以参考这种搭配。（见表6-5 关联分析结果）

6.4.3 总结

通过关联分析我们可以发现听歌、海边、看日出日落和烛光晚餐的元素搭配分别可以产生不同的推荐。在进行路线规划时，可以以上述几种搭配作为景点内容和路线的选取参考，其中最推荐的是以烛光晚餐、海边、不期而遇、乡间漫步及听歌作为旅游路线的组合；而内容元素以自然景区为核心，配套娱乐元素可参考演出、舞蹈汇演和音乐会，结合前文得到的人群属性定位，在细节方面灵活补充日出、日落、鲜花和火锅元素。

6.5 拓展思考

6.5.1 理论意义

如果说旅游路线和人员配置是显性条件，那么管理学理论就是隐性条件。管理学理论的指导能使我们进一步提高旅游团的整体水平。下文尝试从非正式组织、法约尔的管理职能、梅奥的人际关系学说和双因素理论四种思想展开讨论。

1. 非正式组织

非正式组织是指以情感、兴趣、爱好和需要为基础，以满足个体的不同需要为纽带，没有正式文件规定的、自发形成的一种开放式的社会组织。如果说相亲旅游团的组织者们形成了正式组织，那么由组织者聚集起来的人群就形成了非正式组织。我们在组织相亲旅游团时也应当以情感、兴趣、爱好和需要为基础，根据数据分析结果将契合度高的人群分配在同一个旅游团，以满足个体的不同需要为纽带，提供不同时间、地点诸如半日游、自行游等的个性化旅游方案。

2. 法约尔的管理职能

法约尔将管理职能分为计划、组织、指挥、控制和协调。

首先，我们可以根据数据分析结果制定出合理的规划，如对旅游地点、旅游时间和不同年龄层的相亲人群策划不同的相亲内容等；然后发起相亲旅游团的活动，形成组织活动，再由导游进行组织控制；最后主持人根据旅游团活动进行中的实际情况，协调不同相亲人群互动促进相亲成功。

3. 梅奥的人际关系学说

（1）企业职工是"社会人"。

（2）满足职工的社会欲望，提高职工的士气，是提高生产效率的关键。

在进行旅游团的组织策划及全程跟团的过程中，要始终坚持以用户为中心，从用户的需要出发，尽可能提高用户满意度，这是提高旅游团相亲成功率的关键。

4. 双因素理论

影响职工工作积极性的因素可分为两类：保健因素和激励因素，这两种因素是彼此独立的并且以不同的方式影响着人们的工作行为。保健因素，就是那些造成职工不满的因素，它们的改善能够解除职工的不满；激励因素，就是那些使职工感到满意的因素。唯有这两种因素的改善才能让职工感到满意，给职工较高的激励，调动积极性，提高劳动生产效率。双因素理论认为，想要调动人的积极性，就要在"满意"上着手。

在相亲旅游团活动中，也要在"满意"上着手。保健因素相当于提供给用户的硬性条件,如旅游方案、时间规划、价格及景点的挑选等;激励因素相当于提供给用户的软性条件,如导游服务、活动策划、服务、旅游环境的舒适度及相亲对象的质量等。在得到用户的反馈时,可以将反馈分为硬性条件和软性条件,改善硬性条件能解决用户的不满,但不能增加用户忠诚度和黏性、难以取得客户推荐等,而改善了硬性条件后继续提高软性条件,则可以提高用户满意度、忠诚度和取得客户推荐等,提高配对成功率及促成旅游团活动的圆满完成。笔者认为在软性条件方面,还应当区分开希望自然相处和水到渠成的用户、喜欢有策划活动和高互动的用户。

6.5.2 实践意义

1. 选址规划

根据关联分析的结果进行相关店铺的选址规划,这部分灵活安排。例如,根据上述的海边、烛光晚餐、听歌组合可以看出,海景区可以安排音乐餐吧、法式餐厅等。

2. 广告宣传

由上文数据分析的结果可知,愿意"相亲"和"旅游"的人群,时间规划集中在下班和周末,男性群体相亲比重较高,年龄区间在20~29岁和30~39岁之间,并且主要是白领层。因此,在进行广告投放方面,可以集中在下班和周末时投放,根据当地20~29岁和30~39岁年龄区间的白领层的喜好投放不同的广告,细分人群,广告侧重于相亲和男性偏好,突出相亲旅游相较于传统旅游的特色和优势,推荐走高端相亲旅游团路线。

3. 旅游团的服务水平

相亲旅游团是复合旅游团,并且不管是走高端相亲旅游团路线还是大众相亲旅游团路线,相亲旅游团对服务水平的要求都比普通旅游团高。这种相亲方式在良好策划的基础上,加上松弛有度的服务,有助于互动和感情升温,提高相亲成功率。

6.5.3 优点

本案例能从人员匹配、旅游路线、旅游内容、管理和服务这几个角度对相亲旅游项目提供一些更加精准合适的建议,帮助提高相亲旅游团的成功率。

6.5.4 不足之处

本案例数据分析的结果局限在一定范围内,虽具有一定的普适性,但如果运用到现实实际中,还要根据本地目标人群的特性、参团人员的个性化要求、举办高端旅游团的成本和景点选择等方面综合考虑。

6.6 本章小结

在规划相亲旅游团时,建议走高端相亲旅游路线,提供参与性强、舒适、轻松、浪漫且硬件设施较好的环境。将旅游团分为20~29岁和30~39岁两个类别,以小时相亲活动策划、半日游和一日游为主,可个性化定制。旅游元素圈定在日出、日落、惊喜、鲜花、听歌和火锅元素,围绕烛光晚餐、海边、不期而遇、乡间漫步及听歌为主要的路线策划。以自然景区为核心,配套娱乐元素可参考演出、舞蹈汇演和音乐会,饮食方面可以考虑推荐烛光晚餐，再融合上述细节元素制定相亲活动内容策划。宣传重点倾向男性群体，广告投放倾向当地下班和周末时间。在管理旅游团上，建议以管理学的"非正式组织""法约尔的管理职能""梅奥的人际关系学说"和"双因素理论"作为理论指导。总体要注重人员分配、旅游路线景点规划、活动策划及管理，松弛有度的管理和服务等方面，对其合理搭配提供服务能够进一步提高相亲成功率。在实际应用时，还要注意根据对相亲对象的详细要求进行分配。

本章参考文献

［1］李慧新．基于旅游者行为的旅行社相亲旅游产品开发与设计［J］．旅游纵览（下半月），2011（05）：116－118.

［2］郭静静，徐大平．旅行社相亲旅游产品的开发［J］．企业导报，2011，000（002）：95－96.

［3］吴信东．数据挖掘十大算法［M］．北京：清华大学出版社，2013.

［4］韩家炜，坎佰，裴健等．数据挖掘概念与技术［M］．北京：机械工业出版，2012.

第 7 章 回归与分类
——二手房房价影响因素及预测分析

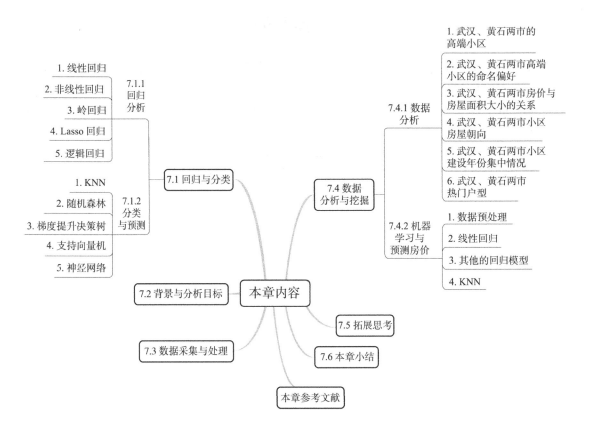

7.1 回归与分类

7.1.1 回归分析

回归分析（Regression Analysis）是指确定两种或两种以上变量间相互依赖的定量关系的一种统计分析方法。

1. 线性回归

线性回归可以简单定义为目标值预期是输入变量的线性组合，它是利用数理统计中的回归分析，来确定两种或两种以上变量间相互依赖的定量关系的一种统计分析方法，简单来说，就是选择一条线性函数来很好地拟合已知数据并预测未知数据。

使用线性回归分析法的基本条件有：

（1）自变量与因变量之间存在线性关系；

（2）各观测数据之间相互独立；

(3) 残差项服从正态分布 N $(0, \sigma^2)$。其方差 $\sigma^2 = \text{Var}\,\varepsilon$ 反映了回归模型的精度，σ 越小，用所得到回归模型预测 y 的精确度就越高；

(4) 残差项的大小不随所有变量取值水平的改变而改变，即方差齐性。

多元线性回归分析的一般步骤如下所示。

我们把回归问题分为两个过程：学习和预测。首先给定一个训练数据集：

$$T = \{(x_1, y_1), (x_2, y_2), \cdots, (x_m, y_m)\} \tag{7-1}$$

定义一个基于训练数据集的预测函数，$y = f(X)$，对新的数据 x_{m+1}，根据学习过的模型 $y = f(X)$ 确定相应的输出 y_{m+1}。此外约定：

m 为训练数据集中样本的数量；

x 为输入变量（自变量）；

y 为输出变量（因变量）；

(x_i, y_i) 为第 i 个训练样本。

房价预测问题实际是用大量的训练数据来训练模型的，最终得到预测函数 $y = f(X)$，通过学习预测函数得到输出变量。假设预测函数为：

$$f(X) = \alpha + \theta_1 x_1 + \theta_2 x_2 + \theta_3 x_3 + \cdots + \theta_n x_n + \varepsilon \tag{7-2}$$

其中，x_i 是输入变量，所以要得到预测函数必须求解 θ_i。

那么如何判定得到的参数 θ_i 是不是最合适的呢？因为通过预测函数 $y = f(X)$ 得到的预测值 $f(X)$ 和真实值 y 存在一定的误差，在此引用代价函数（Cost Function）衡量所有建模误差的平方和，假设代价函数为：

$$J(\theta_1, \theta_2, \theta_3, \cdots, \theta_n) = \frac{1}{2m} \sum_{i=1}^{m} [f(x_i) - y_i]^2 \tag{7-3}$$

所以，我们的目标是，找出使得代价函数最小的一系列参数变量 $\theta_1, \theta_2, \theta_3, \cdots, \theta_n$，代价函数返回的值越小，说明预测函数越拟合数据，当然也可能出现过拟合的情况，即目标为 minimize $J(\theta_1, \theta_2, \theta_3, \cdots, \theta_n)$。

2. 非线性回归

非线性回归是线性回归的延伸，线性就是每个变量的指数都是 1，而非线性就是至少有一个变量的指数不是 1。常用的曲线类型有幂函数、指数函数、抛物线函数、对数函数和 S 型函数。通过变量代换，可以将大多数非线性回归问题转换为线性回归问题，例如，目标函数为 $y = \alpha + \beta_1 x + \beta_2 x^2$，可以令 $t_1 = x, t_2 = x^2$，目标函数就变成了 $y = \alpha + \beta_1 t_1 + \beta_2 t_2$。

3. 岭回归

岭回归主要解决回归中的两大问题：排除多重共线性和进行变量的选择。它的主要思想是，既然多重共线性会导致参数估计值变得非常大，那么就在最小二乘目标函数的基础上加上一个对 β 的惩罚函数。但也要注意，在最小化新的目标函数时需要考虑 β 的大小，β 不能太大。

岭回归的本质也是一种线性回归，只是在建立回归方程时，加上了正则化的限制，才能达到解决过拟合的效果。

我们需要在惩罚函数上加上系数 k，随着 k 的增大，多重共线性的影响将逐渐变小，在不断增大惩罚系数 k 的过程中，作图画出估计参数 $\hat{\beta}(k)$ 的变化情况，即为岭迹。

岭回归的目标函数为：

$$\hat{\beta}^{\text{ridge}} = \text{argmin}\beta\{\sum_{i=1}^{N}(y_i - \beta_0 - \sum_{j=1}^{p}x_{ij}\beta_j)^2 + k\sum_{j=1}^{p}\beta_j^2\} \quad (7-4)$$

以二维空间为例，$\beta(\beta_1,\beta_2)$ 的几何图形如图 7-1、图 7-2 所示。

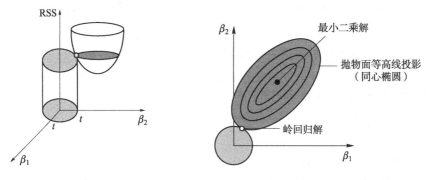

图 7-1 岭回归　　　　　　图 7-2 岭回归二维图

切点就是岭回归得出的解，是岭回归的几何意义。可以看出，岭回归的目的是控制 β^2 的范围，弱化共线性对 $\hat{\beta}$ 的影响。

4. Lasso 回归

Lasso 回归与岭回归不同的是，Lasso 回归构造的惩罚函数是一阶的，从而使得模型的一些变量的系数与岭回归一样，Lasso 回归是有偏估计。Lasso 回归是以缩小变量集（降阶）为思想的压缩估计方法。它通过构造一个惩罚函数，可以将变量的系数进行压缩并使某些回归系数变为 0，进而达到变量选择的目的。

Lasso 回归的目标函数为：

$$\hat{\beta}^{\text{Lasso}} = \text{argmin}\beta\{\sum_{i=1}^{N}(y_i - \beta_0 - \sum_{j=1}^{p}x_{ij}\beta_j)^2 + k\sum_{j=1}^{p}|\beta_j|\} \quad (7-5)$$

可以看出 Lasso 回归的惩罚函数是绝对值形式，它的二维图如图 7-3 所示。

5. 逻辑回归

逻辑回归（Logistic 回归）属于对数线性模型，它用来判别一个模型是否是线性的，可通过分界面是否是线性来判断。逻辑回归解决的是分类问题，它的因变量可以是二分类也可以是多分类，但其中二分类最为常用，它最终输出一个 0 到 1 之间的离散二值结果。简单来说，它的结果不是 1 就是 0。所以线性回归和逻辑回归最显著的区别就是，线性回归会得到一个连续的结果，而逻辑回归得到的是离散的结果。

逻辑回归的基本原理：逻辑回归使用其固有的 Logistic 函数估计概率来衡量因变量（我们想要预测的标签）与一个或多个自变量（特征）之间的关系。

然后我们必须将这些概率二值化才能真正进行预测，这就是 Logistic 函数的任务，可以用 Sigmoid 函数来解决。Sigmoid 函数是一个 S 形曲线，它可以将任意实数值映射到介于 0 和 1 之间的值，但并不会取到 0 或 1。然后，使用阈值分类器将 0 和 1 之间的值转换为 0 或 1。Sigmoid 函数的图像如图 7-4 所示。

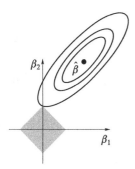

图 7-3 Lasso 回归二维图

Sigmoid 函数表达式为：$g(z) = \dfrac{1}{1+e^{-z}}$ (7-6)

其中，g 表示 Sigmoid 函数；$g(z)$ 表示将 Sigmoid 函数应用于数字 z。

我们可以用最大似然估计让随机数据点被正确分类的概率最大化，当然也可以使用其他方法（如牛顿法、梯度下降等）。

逻辑回归的适用条件：逻辑回归通过线性边界将输入的值分成两个区域（两类），因此当输入的数据是线性可分的时候，逻辑回归即适用。逻辑回归分类实例如图 7-5 所示。

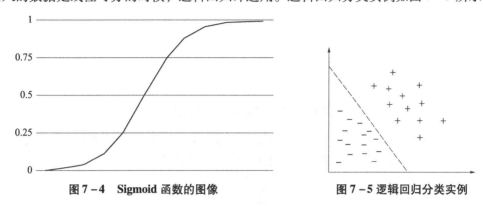

图 7-4　Sigmoid 函数的图像　　　　图 7-5　逻辑回归分类实例

需要注意的是，逻辑回归不能解决非线性问题，因为它的决策面是线性的。

7.1.2　分类与预测

1. KNN

KNN（K Nearest Neighbors）即最邻近节点算法，它通过距离对特征进行判断，并把要预测的数据分类到与其特征距离最近的数据类别中。一句话说就是：物以类聚，人以群分。KNN 算法属于有监督学习中的分类算法，基础的思想是：一个样本与数据集中的 k 个实例最相似，如果这 k 个实例中的大多数属于某一个类别，则该样本也属于这个类别。由此可见，KNN 算法的核心是 k 值的选择。

KNN 算法的三个决定要素分别是 k 值的选择、距离的度量方式和分类决策的规则。

（1）k 值的选择

如果 k 越大，则距离未来新加入样本的实例会越多，模型越欠拟合，此时模型比较简单；反之，如果 k 越小，模型越过拟合，此时模型比较复杂。例如，k 值和错误率之间的关系如图 7-6 所示，当增大 k 的时候，一般错误率会先降低，因为有周围更多的样本可以借鉴，分类效果会变好。但是当 k 值过大的时候，错误率较高，所以我们一般设置 $k < 20$。假设一个训练数据集 T 中有 m 个实例，即 $T = \{(x_1, y_1), (x_2, y_2), \cdots, (x_m, y_m)\}$，当 $k = m$，无论输入的新样本是什么，预测结果都将得到实例中最多的那个。

（2）距离的度量方式

欧式距离：假设 n 维空间中有两个点 $X(x_1, y_1)$ 和 $Y(x_2, y_2)$，则欧式距离为两点之间的直线距离，即：

$$d_{ab} = \sqrt{(x_1 - x_2)^2 + (y_1 - y_2)^2}$$ (7-7)

曼哈顿距离：在几何空间中使用较多，等于两个点在坐标系上的绝对轴距总和，即：

$$d_{ab} = |x_1 - x_2| + |y_1 - y_2|$$ (7-8)

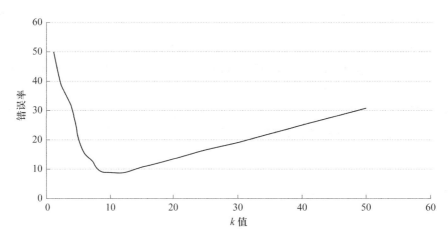

图 7-6　k 值和错误率之间的关系

闵可夫斯基距离：不是单个距离，而是一组距离。对于 n 维空间中的两个点 $X(x_1, x_2, \cdots, x_n)$ 和 $Y(y_1, y_2, \cdots, y_n)$，两点之间的闵可夫斯基距离为：

$$d = \sqrt[p]{\sum_{i=1}^{n} |x_i - y_i|^p} \tag{7-9}$$

其中，p 是空间维数。当 $p=1$，就是曼哈顿距离；当 $p=2$，就是欧式距离；当 $p\to\infty$，就是切比雪夫距离。

切比雪夫距离：这两个点坐标数值差的绝对值的最大值，用数学表示就是 $\max(|x_1-x_2|, |y_1-y_2|)$。

（3）分类决策的规则

多数表决：少数服从多数，即在训练集里和预测的样本特征最近的 k 个样本中，预测为里面有最多类别数的类别。

加权表决：根据各个邻居与测试对象距离的远近来分配相应的投票权重。最简单的就是取两者距离之间的倒数，距离越小越相似，权重越大，将权重累加，最后选择累加值最高类别属性作为该待测样本的类别，类似评审环节中将大众评审和专家评审的成绩综合得到总成绩。

2. 随机森林

随机森林（Random Forest，RF）是一种集成算法（Ensemble Learning），它属于 Bagging 类型，是 Bagging 思想和决策树的结合，通过组合多个弱分类器，它的最终结果通过投票或取均值，使得整体模型的结果具有较高的精确度和泛化性能。随机森林可以取得不错的成绩，主要归功于"随机"和"森林"，一个使它具有抗过拟合能力，一个使它更加精准。

什么是 Bagging 呢？Bagging 也叫自举汇聚法（Bootstrap Aggregating），是一种在原始数据集上通过有放回抽样重新选出 k 个新数据集来训练分类器的集成技术。它使用训练出来的分类器的集合来对新样本进行分类，然后用多数投票或对输出求均值的方法统计所有分类器的分类结果，结果最高的类别即为最终标签。此算法可以有效降低偏差，并降低差异。Bagging 结构图如图 7-7 所示。

随机森林是在 Bagging 的基础上进行了另外的规定和设计，主要在以下三个方面做出了规定。

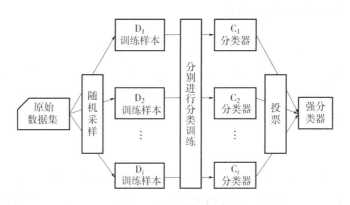

图 7-7 Bagging 结构图

（1）随机森林使用了分类回归树（CART 树）作为弱学习器。CART 树有以下特征：当数据集的因变量为连续性数值时，该树算法就是一个回归树，可以用叶节点观察的均值作为预测值；当数据集的因变量为离散型数值时，该树算法就是一个分类树，可以很好地解决分类问题。但需要注意的是，该算法是一个二叉树，即每一个非叶节点只能引申出两个分支，所以当某个非叶节点是多分支（两个以上）的离散变量时，该变量就有可能被多次使用。同时，若某个非叶节点是连续变量时，决策树也将把它当作离散变量来处理（即在有限的可能值中做划分）。

（2）随机性是指在生成每棵树的时候，每个数选取的特征都仅仅是随机选出的少数特征，一般默认选取特征总数 m 的开方。

（3）相对于一般的 Bagging 算法，RF 会选择采集与训练数据集样本数 N 相同个数的样本。

3. 梯度提升决策树

梯度提升决策树（Gradient Boosting Decision Tree，GBDT）是 Boosting 思想和决策树的结合，它在每一轮迭代中建立一个决策树，使当前模型的残差在梯度方向上减少；然后将该决策树与当前模型进行线性组合得到新模型；不断重复，直到决策树数目达到指定的值，得到最终的强学习器。

Boosting 表示一种集成模型的训练方法，它最大的特点就是会训练多个模型，通过不断地迭代来降低整体模型的偏差。通常会设置多个弱分类器，根据这些分类器的表现我们会给它们不同的权重。这种设计尽可能让效果好的分类器拥有高权重，从而保证模型的拟合能力。但 GBDT 的 Boosting 方法与众不同，它是一个由多棵 CART 分类回归树构成的加法模型。我们可以简单理解成最后整个模型的预测结果是所有回归树预测结果的和。

GBDT 的预测公式为：

$$f_M(x) = \sum_{i=1}^{M} T(x, \theta_i) \qquad (7-10)$$

其中，M 表示 CART 树的个数；$T(x, \theta_i)$ 表示第 i 棵树的预测结果；θ 表示每棵回归树的参数。

随机森林是 Bagging 思想和决策树的结合，而梯度提升决策树是 Boosting 思想和决策树的结合。两者的基本单元都是决策树，但随机森林的树可以是分类树也可以是回归树，而梯度提升决策树所产生的树只能是回归树。

4. 支持向量机

支持向量机（Support Vector Machine，SVM）是一种监督式学习的方法，可广泛地应用于统计分类及回归分析。它将向量映射到一个更高维的空间里，在这个空间里建立有一个最大间隔的超平面。在分开数据的超平面的两边建有两个互相平行的超平面，分隔超平面使两个平行超平面的距离最大化。平行超平面间的距离或差距越大，分类器的总误差越小。具体请见 10.1.2 节。

5. 神经网络

神经元（Neuron）是神经网络的基本计算单元，也被称作节点（Node）或单元（Unit）。它可以接收来自其他神经元的输入或是外部的数据，然后计算产生一个输出。每个输入值都有一个权重（Weight），权重的大小取决于这个输入值相比其他输入值的重要性。然后在神经元上执行一个特定的函数 f，函数定义如图 7-8 所示，这个函数会将该神经元的所有输入值及其权重进行一个操作。

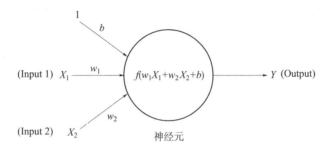

图 7-8 函数定义图

从函数定义图中可以看到，除了权重 w 外，还有一个输入值是 1 的偏置值 bias，这里的函数 f 就是一个被称为激活函数的非线性函数，常见的激活函数有 Sigmoid、TANH 和 ReLU。它的目的是给神经元的输出引入非线性。因为在现实世界中的数据都是非线性的，因此我们希望神经元都可以学习到这些非线性的表示。

神经网络是由大量的神经元互联形成的网络，神经网络根据神经元互联的方式主要分为三类：前馈神经网络、反馈神经网络和自组织神经网络。神经网络的运作过程又有学习和工作两种状态，处于学习状态时它使用学习算法来调整神经元间的连接权，使得网络输出更符合实际，学习算法常用的有监督学习（Supervised Learning）与无监督学习（Unsupervised Learning）两类；处于工作状态时神经元间的连接权不变，神经网络作为分类器、预测器等使用。

神经网络和支持向量机都是基于统计学的非线性分类模型。神经网络可以看作一个"黑盒"，基于经验风险最小化优化目标，易陷入局部最优，训练结果不太稳定，需要大样本；而支持向量机有严格的理论和数学基础，基于结构风险最小化原则，泛化能力优于前者，算法具有全局最优性，是针对小样本统计的理论。

7.2 背景与分析目标

房价问题一直是与居民生活息息相关的话题，一段时间来，由于种种原因，导致各地房价上涨，一手房购买难度增加。近几年武汉市政府逐步推进百万大学生落户政策，更是增加了一手房的购买难度，因此，二手房成为诸多购房者的首选。本案例以武汉市和黄石市的二手房房价为例，旨在分析二手房房价的影响因素，主要运用线性回归和 KNN 建立对武汉、黄石两市的二手房房价进行准确预测的模型，并根据预测结果对二手房市场发展提出合理性意见。

7.3 数据采集与处理

我们用 Python 编程，爬取了主流房源网站"链家"的武汉、黄石两市的二手房成交数据，根据网页特征提取了小区名称、房屋户型、所在楼层、建筑面积、户型结构、房屋朝向、建成年代、挂牌时间、成交额、单价及优势等 20 个特征作为备用数据（见代码清单 7-1）。最终我们确定了城市、楼盘、名字、房屋布局、面积、价格、总价、朝向、楼层、建成时间及优势共 11 个特征作为分析数据。通过查看数据各特征值的数据类型和缺失情况，进行数据清洗，处理缺失值和异常值（包括连续性标签和离散标签），去除离群值。最终得到可分析数据，武汉市各个特征值可分析数据 13408 条，黄石市各个特征值可分析数据 1737 条。

代码清单 7-1 武汉、黄石两市房价爬取

```
import requests
import re
import time
import pandas as pd
import json
import time
from bs4 import BeautifulSoup
#伪造设置浏览器请求头 user-agent
#修改 starturl_list 即可
head = {
    'User-Agent': 'Mozilla/5.0 (Windows NT 10.0; Win64; x64) AppleWebKit/537.36 (KHTML, like Gecko) Chrome/79.0.3945.117 Safari/537.36'
}
starturl_list = ['https://wh.lianjia.com/chengjiao/']

#获取县级市的 url
def get_cityurls(url):
    request = requests.get(url,headers=head)
    request.encoding = 'utf-8'
    soup = BeautifulSoup(request.text,'html.parser')
    cityurls = []
    prenews = soup.select('div.position > dl > dd > div > div > a')
    pre_news = ''.join([str(i) for i in prenews])
    nameslist = re.findall("/chengjiao/[a-zA-Z0-9]+/.t",pre_news)
    nameslistrip = [i.lstrip('/chengjiao/').rstrip('" t')  for i in nameslist]
```

```
        k = len(namesliststrip)
        i = 0
        for i in range(k):
            newcity = url + '{}'.format(namesliststrip[i])
            cityurls.append(newcity)
            i += 1
        return cityurls
#中间省略
#标签2 详情2
        if len(biaoqian_all) <= 1:
            data_all.append('None')
        else:
            data_all.append(biaoqian_all[1].text)
        if len(xiangqing_all) <= 1:
            data_all.append('None')
        else:
            data_all.append(xiangqing_all[1].text.lstrip('  \n                    ')
.rstrip('  \n                    '))

df = pd.DataFrame(alldata)
df.columns = ['城市','小区名字','房屋户型','所在楼层','建筑面积','户型结构',\
            '套内面积','建筑类型','房屋朝向','建成年代','装修情况',\
            '建筑结构','梯户比例','产权年限','配备电梯',\
            '交易权属','挂牌时间','房屋用途','房屋年限',\
            '产权所属','成交额(万元)','单价(元/平)','上次交易',\
            '挂牌价格','成交周期','调价次数','近30天带看次数','关注人次',\
            '浏览次数','标签1','详情1','标签2','详情2','标签3','详情3','标签4','详
情4','标签5','详情5','标签6','详情6','地铁']
df.to_csv('wuhan.csv')
```

7.4 数据分析与挖掘

通过分析武汉、黄石两市高端小区二手房房价特征和命名偏好,对比房价与房屋面积大小、朝向的关系,根据建设年份的集中情况和各个户型的热门程度研究二手房的需求导向。

7.4.1 数据分析

1. 武汉、黄石两市的高端小区

通过数据可视化生成词云图,对武汉、黄石两市的高端小区进行可视化展示,如图7-9、图7-10,代码清单7-2所示。

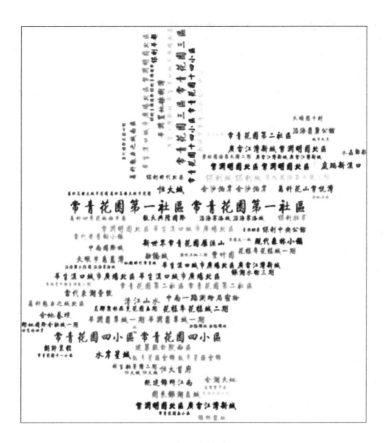

图7-9 武汉市的高端小区

图7-10 黄石市的高端小区

代码清单7-2　武汉、黄石两市的高端小区词云图生成

```python
import matplotlib.pyplot as plt #数据可视化
import wordcloud #分词
from wordcloud import WordCloud,ImageColorGenerator,STOPWORDS #词云,颜色生成器,停止词
import numpy as np #科学计算
from PIL import Image #处理图片

qu = data['name'].tolist()

backgroud = np.array(Image.open('./img/tu.png'))

wc = WordCloud(width =2500, height =2200,
      background_color ='white',
      mode ='RGB',
      mask =backgroud, #添加蒙版,生成指定形状的词云,并且词云图的颜色可从蒙版里提取
      max_words =500,
      stopwords = STOPWORDS.add('安装宿舍'), #内置的屏蔽词,并添加自己设置的词语
      font_path ='./img/maobi.TTF',
      max_font_size =150,
      min_font_size =5,
      relative_scaling =0.6, #设置字体大小与词频的关联程度为0.4
      random_state =50,
      scale =2
      ).generate(' '.join(qu))plt.figure(figsize =(16,8.5))
plt.imshow(wc) #显示词云
plt.axis('off') #关闭x,y轴
plt.show()#显示
```

2. 武汉、黄石两市高端小区的命名偏好

通过抽取关键词、获取固定词性,来进行词频统计,对武汉、黄石两市高端小区的命名偏好进行展示,如代码清单7-3,以及图7-11、图7-12所示。

代码清单7-3　武汉、黄石两市高端小区的命名偏好

```python
import jieba
import jieba.analyse
segments = []
qu = data['name'].tolist()
for q in qu:
    #TextRank 关键词抽取,只获取固定词性
    words = jieba.analyse.textrank(q, topK =50,withWeight =False,allowPOS =('ns', 'n', 'vn', 'v'))
    for word in words:
        #记录全局分词
```

```
        segments.append({'word':word, 'count':1})
dfSg = pd.DataFrame(segments)

#词频统计
dfWord = dfSg.groupby('word')['count'].sum()
dfWord.sort_values(ascending = False)[:30] #取前 30 输出
import jieba
import jieba.analyse
segments = []
qu = data['name'].tolist()
for q in qu:
    #TextRank 关键词抽取,只获取固定词性
    words = jieba.analyse.textrank(q, topK = 50,withWeight = False,allowPOS = ('ns', 'n', 'vn', 'v'))
    for word in words:
        #记录全局分词
        segments.append({'word':word, 'count':1})

dfSg = pd.DataFrame(segments)

#词频统计
dfWord = dfSg.groupby('word')['count'].sum()
dfWord.sort_values(ascending = False)[:30] #取前 30 输出
```

word		word	
花园	1397	小区	203
国际	734	花园	194
小区	677	江天	49
社区	486	宏维	47
城市	371	山庄	46
汉口	283	山水	43
保利	280	社区	40
广场	266	公馆	39
宿舍	210	国际	39
美联	179	广场	37
东湖	175	凤凰山	32
中央	169	湖景	32
北区	167	西南	32
江湾	163	金枣	30
公馆	152	月亮	28
复地	141	天方	28
新城	140	百花	28
生活区	140	琥珀	28
家园	124	杭州	26
中南	107	半山	26
三区	104	雅苑	25
半岛	96	家园	24
绿地	88	奥山	23
统建	86	上海	23
锦城	83	广厦	20
锦绣	83	金谷	20
时代	81	正阳	18
长江	77	颐阳	18
首义	74	都市	18
公园	73	雅兴	18
Name: count, dtype: int64		Name: count, dtype: int64	

图 7-11 武汉市高端小区的命名偏好   图 7-12 黄石市高端小区的命名偏好

3. 武汉、黄石两市房价与房屋面积大小的关系

通过线性回归对房价与房屋面积大小进行可视化分析，展现出武汉、黄石两市房价与房屋面积大小的关系，如图 7-13、图 7-14，代码清单 7-4 所示。

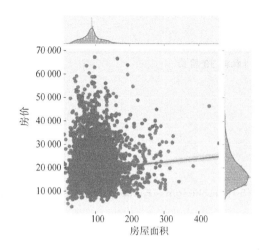 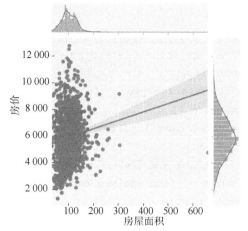

图 7-13　武汉市房价与房屋面积大小的关系　　图 7-14　黄石市房价与房屋面积大小的关系

观察武汉、黄石两市房价与房屋面积大小关系图可知，横轴代表房屋面积，纵轴代表房价。武汉市房屋面积大小较黄石市更为离散，而价格分布较为集中。黄石市房屋面积大小较武汉市更为集中，而价格分布较为离散。由图可得，房价与面积之间确实存在一定的正相关关系，而武汉市房价受房屋面积的影响更大。

代码清单 7-4　武汉、黄石两市房价与房屋面积大小的关系

```
def area_price_relation(data):
    data['area'] = data['area'].astype('float')
    data['price'] = data['price'].astype('float')
    g = sns.jointplot(x = 'area',
                y = 'price',
                data = data,
                kind = 'reg',
                stat_func = stats.pearsonr
                )
    g.fig.set_dpi(100)
    g.ax_joint.set_xlabel('area', fontweight = 'bold')
    g.ax_joint.set_ylabel('price', fontweight = 'bold')
    return g
```

4. 武汉、黄石两市小区房屋朝向

通过统计各个房屋朝向的百分比，以数据可视化的方式，用扇形图展现出武汉、黄石两市小区房屋朝向，如图 7-15、图 7-16，代码清单 7-5 所示。

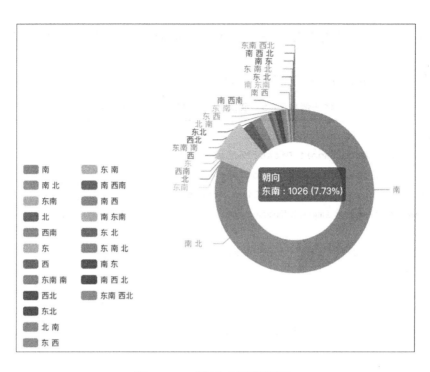

图 7-15 武汉市小区房屋朝向

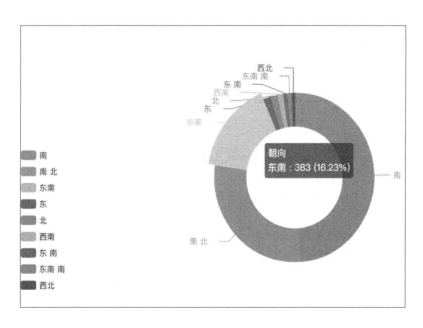

图 7-16 黄石市小区房屋朝向

从图 7-15、图 7-16 中能够明显地发现，武汉市及黄石市房屋朝向大致相同，而朝南的房屋占半数以上。因此，可以推测很多房地产商偏向建筑朝南的房屋，以吸引客户。

朝南的房屋的优点如下：

（1）由于我国位于北半球，大部分时间阳光从南方照射过来，而朝南的房屋采光

良好;

(2) 夏季时,下午强烈的阳光会偏向北方,朝南的房屋可以避免下午阳光造成的高温;

(3) 冬季时,朝南的房屋在寒冷中可以保持温暖。

代码清单 7-5 武汉、黄石两市小区房屋朝向

```python
from pyecharts import options as opts
from pyecharts.charts import PictorialBar,Pie
from pyecharts.globals import SymbolType
from pyecharts.charts import Grid,Line,Scatter
from pyecharts.globals import ThemeType

dire_dict = data['dire'].value_counts().to_dict()
dire_list = []
for k in dire_dict:
    if dire_dict[k] >10:
        dire_list.append([k,dire_dict[k]])

p = (
    Pie(init_opts = opts.InitOpts(theme = ThemeType.VINTAGE))
    .add(
        series_name = "人群类型",
        data_pair = dire_list,
        radius = ["30% ", "50% "],
        label_opts = opts.LabelOpts(is_show = True),
    )
    .set_global_opts(
        legend_opts = opts.LegendOpts(pos_left = "2% ",pos_top = "41% ", orient = "vertical"),
        title_opts = opts.TitleOpts(title = "房屋朝向分布图",pos_left = "43% "),
    )
    .set_series_opts(
        tooltip_opts = opts.TooltipOpts(
            trigger = "item", formatter = "{a} <br/ >{b}: {c} ({d}% )"
        ),
        # label_opts = opts.LabelOpts(formatter = "{b}: {c}")
    )
)

p.load_javascript()
p.render_notebook()
```

5. 武汉、黄石两市房屋建设年份集中情况

通过生成武汉、黄石两市房屋建设年份及该年房屋数量的条形图来展示武汉、黄石两市建设年份集中情况，如图7-17、图7-18，代码清单7-6所示。

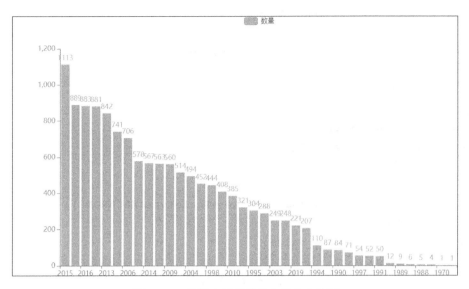

图7-17 武汉市房屋建设年份集中情况

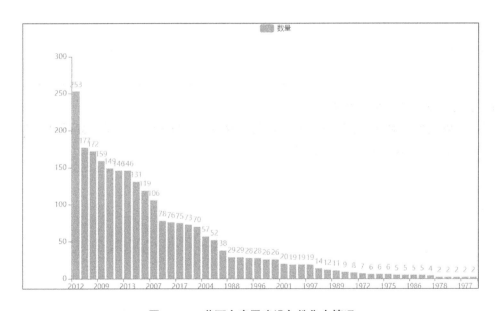

图7-18 黄石市房屋建设年份集中情况

从图7-17中可发现，武汉市房屋建设集中在2015—2017年，一定程度上说明这三年是房地产业迅猛发展的三年。同时也在一定程度上说明房屋商品化，二手房的交易市场较热。图中还可看出也有大量年代较远的房子在售，说明这些老房子有一定的市场。而从图7-18中可发现，黄石市的房屋建设集中在2012年左右，在一定程度上说明该年是该市房地产业迅猛发展的一年，而2006—2016年房地产业都在稳步发展。同时在一定程度上也说明房屋商品化，二手房的交易市场较热。与武汉市一样，也有部分年代较远的房子在售。

代码清单 7-6　武汉、黄石两市房屋建设年份集中情况

```
from pyecharts import options as opts
from pyecharts.charts import Scatter,Bar,Funnel
from pyecharts.globals import ThemeType

year = data["buildtime"].value_counts().to_dict()
year_score = []
year_value = []
for k in year:
    year_score.append(k)
    year_value.append(year[k])

b = (
    Bar(init_opts = opts.InitOpts(theme = ThemeType.MACARONS))
    .add_xaxis(year_score)
    .add_yaxis("数量", year_value)
    .set_global_opts(
        title_opts = {"text":"建设年份分布",}
    )
)

b.load_javascript()
b.render_notebook()
```

6. 武汉、黄石两市热门户型

通过生成武汉、黄石两市房屋户型及户型数量的条形图来展示武汉、黄石两市热门户型趋势，如图 7-19、图 7-20，代码清单 7-7 所示。

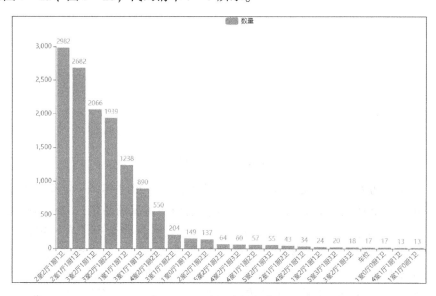

图 7-19　武汉市热门户型

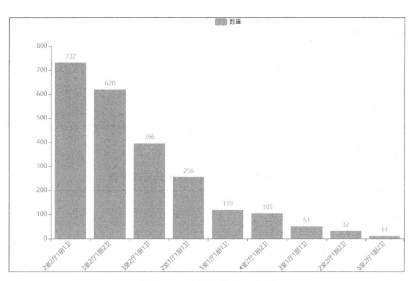

图7-20 黄石市热门户型

从武汉、黄石两市热门户型图可以看出,武汉市与黄石市最热门的户型都是二室二厅一厨一卫,热门户型较集中。但相比于黄石市,武汉市户型种类较多。

代码清单7-7 武汉、黄石两市房屋热门户型

```
from pyecharts import options as opts
from pyecharts.charts import Scatter,Bar,Funnel
from pyecharts.globals import ThemeType

size = data["size"].value_counts().to_dict()
size_score = []
size_value = []
for k in size:
    if size[k] >10:
        size_score.append(k)
        size_value.append(size[k])

b = (
    Bar(init_opts = opts.InitOpts(theme = ThemeType.MACARONS))
    .add_xaxis(size_score)
    .add_yaxis("数量", size_value)
    .set_global_opts(
        title_opts = {"text": "热门户型分布",},
        xaxis_opts = opts.AxisOpts(axislabel_opts = {"rotate":45})
    )
)

b.load_javascript()
b.render_notebook()
```

7.4.2 机器学习与预测房价

采用机器学习算法综合考虑多个因素对房价的影响,从而建立预测模型来预测房价。

1. 数据预处理

首先要将数据转换为可以作为模型输入的矩阵形式。

观察数据,发现房屋优势特征中"满二""满五""优质教育"的字段很多,因此单独转换为0和1,作为输入,如代码清单7-8所示。

代码清单7-8 转换房屋优势特征字段

```python
import jieba
def transform(data):
    for i in range(len(data)):
        words = list(jieba.cut(data.loc[i,'advantage']))
        if '满二' in words:
            data.loc[i,'exemption of business tax'] = 1
        else:
            data.loc[i,'exemption of business tax'] = 0
        if '满五' in words:
            data.loc[i,'exemption of double tax'] = 1
        else:
            data.loc[i,'exemption of double tax'] = 0
        if '教育' in words:
            data.loc[i,'quality education'] = 1
        else:
            data.loc[i,'quality education'] = 0
```

进一步处理数据,将楼层按照低、中、高分别赋值1、2、3作为输入。

再用正则表达式将房屋布局的数据拆分为房间数量和客厅数量两个特征输入。将各个不同朝向的数据转化为1~8作为输入,如代码清单7-9所示。

代码清单7-9 转换房间数量、客厅数量、朝向

```python
import re
def datatrans(data,dire_sum = list(data['dire'].unique())):
    
    for i in range(len(data)):
        s = re.findall('\d+',data.loc[i,'size'])
        if len(s) == 0:
            data.loc[i,'room_num'] = 0
            data.loc[i,'hall_num'] = 0
        else:
            data.loc[i,'room_num'] = float(s[0])
```

```
        data.loc[i,'hall_num']=float(s[1])
if '低楼层' in data.loc[i,'floor']:
    data.loc[i,'floor_type']=1
elif '中楼层' in data.loc[i,'floor']:
    data.loc[i,'floor_type']=2
elif '高楼层' in data.loc[i,'floor']:
    data.loc[i,'floor_type']=3

dire=data.loc[i,'dire']
idx=dire_sum.index(dire)+1
data.loc[i,'dire_type']=idx
```

2. 线性回归

当前我们选取的数据有 10 个特征（房屋面积、建成时间、房间数、客厅数、楼层、方向、是否满二、是否满五、是否优质教育和城市）和 1 个标记（房价）。因为预测目标——房价是一个连续变量，因此本案例中的价格预测是一个回归问题。

首先进行数据分割。随机采样 25% 作为测试样本，其余作为训练样本；再将数据进行标准化、归一化处理。训练数据后得到回归预测；最后使用 R^2 得分指标对模型预测结果进行评价。具体过程如代码清单 7-10 所示。

武汉市房价预测线性回归模型的 R^2 得分为 0.8635098540039261，如图 7-21 所示。

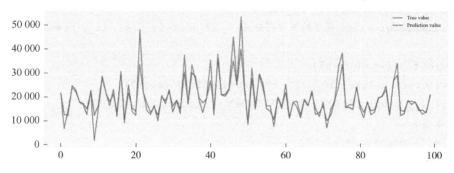

图 7-21　武汉市线性回归

黄石市房价预测线性回归模型的 R^2 得分为 0.9247475585699485，如图 7-22 所示。

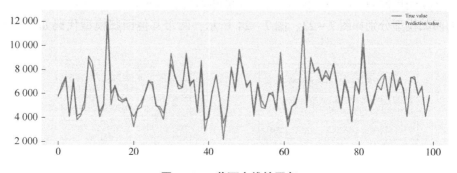

图 7-22　黄石市线性回归

代码清单 7-10　武汉、黄石两市线性回归

```python
data['floor_type'] = data['floor_type'].fillna(0)
use_feature = ['area','buildtime','price_sum','room_num','hall_num','floor_type',
    'dire_type','exemption of business tax','exemption of double tax',
    'quality education']

X = data[use_feature]
y = data['price']
#数据分割,随机采样25%作为测试样本,其余作为训练样本
from sklearn.model_selection import train_test_split
x_train, x_test, y_train, y_test = train_test_split(X, y, random_state=0, test_size=0.25)

#数据标准化处理 归一化
from sklearn.preprocessing import StandardScaler
ss_x = StandardScaler()
x_train = ss_x.fit_transform(x_train)
x_test = ss_x.transform(x_test)
from sklearn.linear_model import LinearRegression
lr = LinearRegression()          #初始化
lr.fit(x_train, y_train)         #训练数据
lr_y_predict = lr.predict(x_test)   #回归预测
#性能测评:使用R方得分指标对模型预测结果进行评价
from sklearn.metrics import r2_score
print("LinearRegression 模型的R方得分为:", r2_score(y_test, lr_y_predict))

plt.figure(figsize=(15,5))
plt.plot(y_test.values[:100], "-r", label="True value")
plt.plot(lr_y_predict[:100], "-g", label="Prediction value")
plt.legend()
plt.title("LinearRegression")
```

3. 其他的回归模型

建立岭回归、Lasso 回归、随机森林、梯度提升树、支持向量机、弹性网络、梯度下降回归、贝叶斯线性回归、L2 正则线性回归及极端随机森林回归等回归模型。武汉、黄石两市其他的回归模型分别如图 7-23、图 7-24 所示，两市其他回归模型代码如代码清单 7-11 所示。

```
邻回归: 0.863510, 7240887.3369
Lasso回归: 0.863510, 7240863.9000
随机森林: 0.996659, 177241.4066
梯度提升树: 0.991750, 437650.1876
支持向量机: -0.013549, 53769204.4169
弹性网络: 0.863506, 7241059.3034
梯度下降回归: 0.863749, 7228212.5394
贝叶斯线性回归: 0.863510, 7240881.3958
L2正则线性回归: 0.961824, 2025274.6012
极端随机森林回归: 0.998204, 95288.1794
```

```
邻回归: 0.924671, 219901.7795
Lasso回归: 0.924747, 219678.9779
随机森林: 0.984867, 44176.0501
梯度提升树: 0.985302, 42908.0355
支持向量机: 0.035977, 2814988.9452
弹性网络: 0.924678, 219881.2193
梯度下降回归: 0.924542, 220278.5657
贝叶斯线性回归: 0.924726, 219741.5532
L2正则线性回归: 0.985327, 42833.0487
极端随机森林回归: 0.980747, 56203.1415
```

图 7-23　武汉市-其他的回归模型　　　　图 7-24　黄石市-其他的回归模型

代码清单 7-11　武汉、黄石两市其他回归模型

```python
from sklearn.linear_model import Ridge,Lasso,ElasticNet,SGDRegressor,BayesianRidge
from sklearn.ensemble import GradientBoostingRegressor, ExtraTreesRegressor, RandomForestRegressor
from sklearn.svm import SVR
from sklearn.kernel_ridge import KernelRidge
# from xgboost.sklearn import XGBRegressor
from sklearn.metrics import mean_squared_error


models = [Ridge(),Lasso(alpha = 0.01,max_iter = 10000),RandomForestRegressor(),
GradientBoostingRegressor(),SVR(),ElasticNet(alpha = 0.001,max_iter = 10000),
SGDRegressor(max_iter = 1000,tol = 1e - 3),BayesianRidge(),KernelRidge(alpha = 0.6, kernel = 'polynomial', degree = 2, coef0 = 2.5),ExtraTreesRegressor(),
#XGBRegressor(max_depth = 5, learning_rate = 0.1, n_estimators = 160, silent = False, objective = 'reg:gamma')
          ]
names = [ "岭回归", "Lasso 回归", "随机森林", "梯度提升树", "支持向量机", "弹性网络", "梯度下降回归",
        "贝叶斯线性回归","L2 正则线性回归","极端随机森林回归"]
for name, model in zip(names, models):
    model.fit(x_train,y_train)
    predicted = model.predict(x_test)
print("{}: {:.6f}, {:.4f}".format(name,model.score(x_test,y_test),mean_squared_error(y_test, predicted)))
```

4. KNN

武汉、黄石两市的 KNN 如代码清单 7-12 所示。

武汉市的 KNN 模型的 R^2 得分为 0.5691825395039984，如图 7-25 所示。

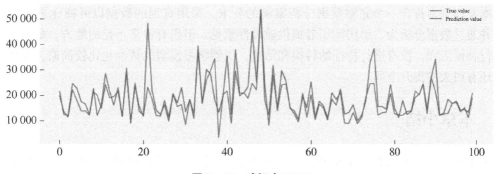

图 7-25　武汉市 KNN

黄石市的 KNN 模型的 R^2 得分为 0.25014328521795426，如图 7-26 所示。

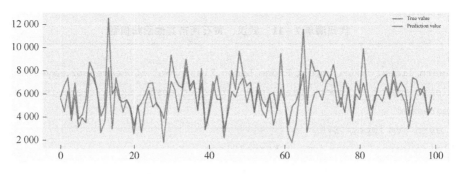

图 7–26　黄石市的 KNN

代码清单 7–12　武汉、黄石两市的 KNN

```
from sklearn.neighbors import KNeighborsClassifier
knn = KNeighborsClassifier(n_neighbors = 15)
knn.fit(x_train,y_train)
result = knn.predict(x_test)
print("knn 模型的 R 方得分为:", r2_score(y_test, result))
plt.figure(figsize = (15,5))
plt.plot(y_test.values[:100], "-r", label = "True value")
plt.plot(result[:100], "-g", label = "Prediction value")
plt.legend()
    plt.title("KNN")
```

7.5　拓展思考

随着社会经济的迅猛发展，房地产开发和建设的速度很快，二手房市场也快速发展，市场对二手房房产价格评估的需求也随之增大。因此，对二手房房价预测进行研究是很有必要的。本案例一方面对影响二手房房价的因素进行了深入研究，另一方面也对中国二手房市场房价预测的方法进行了研究和综合，进而得出较为合理科学的二手房市场预测模型，对二手房的购买、投资具有一定指导意义。

本案例基本符合一个完整数据分析案例的要求，采用直观的数据以可视化方式展示数据，并通过数据分析为二手房购买者提供建设性意见。但仍有许多不足的地方，如没有对数据进行特征工程，没有进行特征的转换和筛选，机器学习模型的调参也比较简略，因此预测能力还有很大的提升空间。

7.6　本章小结

本案例收集了湖北省二手房数据，着重分析武汉、黄石两市房价。爬取了主流房源网站——链家的武汉、黄石两市的二手房成交数据，分析高端小区二手房房价特征和命名偏好，对比房价与房屋面积大小、朝向的关系，根据建设年份的集中情况和各个户型的热门程度研究二手房的需求导向。随后对数据进行标准化、归一化等预处理，然后采用统计分析的方法对数据进行初步分析,得到房价分布及其影响因素。此案例主要利用线性回归模型和 KNN 模型对两市的二手房房价做预测,此外还简要分析了岭回归、随机森林、梯度提升决策树、支持向量机及贝叶斯等模型对二手房房价预测的效果。

本章参考文献

[1] 孙婷婷,丁硕权. 房价数据抓取与分析系统设计与实现 [J]. 电脑知识与技术,2020,16 (15):24-27.

[2] 高华. 武汉市三环线内二手房价空间分异及影响因素研究 [D]. 武汉:武汉大学,2020.

[3] 祝瑾,熊杨. 多方机制下二手房市场价格影响因素与发展趋势研究——基于成都市二手房市场交易数据 [J]. 大众投资指南,2020 (01):241-242+244.

[4] 代磊,李雪婷. 基于多元线性回归模型的二手房价格影响因素分析——以成都市某区为例 [J]. 河南建材,2019 (05):80-82.

[5] 黄明宇,夏典. 合肥市二手房价多元线性回归预测模型 [J]. 合作经济与科技,2019 (09):80-82.

[6] 孙浩桐. 河北省石家庄市二手房价格的影响因素分析 [D]. 天津:天津财经大学,2019.

[7] 袁文宜. 影响郑州市二手房价格的因素分析 [J]. 纳税,2018 (20):201.

[8] 王海泉. 武汉市二手房价格评估研究 [D]. 武汉:华中师范大学,2018.

第 8 章 分类——民宿价格和评分影响因素分析

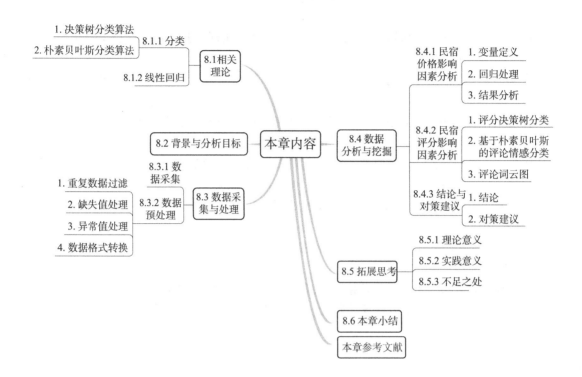

8.1 相关理论

8.1.1 分类

分类（Classification）算法是数据挖掘的关键技术。分类是一种数据分析形式，可以从预定的数据集或概念集中提取描述重要数据类的分类模型，该模型能把数据库中的数据映射到给定类别中的某一个。分类分为两步，第一步，建立一个分类模型。通常分类模型以分类规则、判定树或数学公式的形式提供。第二步，使用模型进行分类。将分类模型应用到测试数据集上，以评估模型的预测准确率。如果认为分类模型的准确率可以接受，就可以用它对类标号未知的数据集进行分类。

分类算法分为单一分类算法和集成学习分类算法两大类。单一分类算法又可以细分为基于距离的分类算法、决策树分类算法、贝叶斯分类算法和规则归纳算法。基于距离的分类算法主要是 KNN 算法；决策树分类算法包括 ID3、C4.5 和 CART 等；贝叶斯分类算法包括朴素贝叶斯分类算法和 EM 算法；规则归纳算法包括 AQ 算法、CN2 算法和 FOIL 算法。集成学习分类算法是通过综合多个分类器来进行决策的方法，由于综合了多个分类器，因此在泛化能力和准确度上比单分类器更加优越。集成学习分类算法有 Bagging 和 Boosting、随机森林（RF）算法、GBDT 和 xgboost。本案例运用的是决策树分类算法和朴素贝叶斯分类算法，下面是对这两种算法的详细描述。

1. 决策树分类算法

决策树（Decision Tree）是一个树的结构（可以是二叉树或非二叉树）。其每个非叶节点表示一个特征属性上的测试，每个分支代表这个特征属性在某个值域上的输出，而每个叶节点存放一个类别。使用决策树进行决策的过程就是从根节点开始，测试待分类项中相应的特征属性，并按照其值选择输出分支，直到到达叶子节点，将叶子节点存放的类别作为决策结果。

基于信息论的决策树分类算法有 ID3、C4.5 和 CART 等，其中 C4.5 和 CART 两种算法是从 ID3 算法中衍生而来的。

（1）ID3 算法

ID3 算法的核心思想：首先，根据样本子集属性取值的信息增益值的大小来选择决策属性（即决策树的非叶节点），并根据该属性的不同取值生成决策树的分支。然后，对子集进行递归调用该方法，当所有子集的数据都只包含于同一个类别时结束。最后，根据生成的决策树模型，对新的、未知类别的数据对象进行分类。假设 S 为数据样本的集合，且 $s \in S$，C_i 为类别集合，包含了 m 个不同的类别属性取值。假设类 C_i 中的样本数为 s_i，则对于一个给定的样本，其分类所需的信息熵值可由式（8-1）计算：

$$I(s_1, s_2, s_3, \cdots, s_m) = -\sum_{i=1}^{m} p_i \log_2(p_i) \quad (8-1)$$

其中，p_i 表示任意样本属于类别 C_i 的概率。

p_i 可由式（8-2）计算：

$$p_i = \frac{s_i}{s} \quad (8-2)$$

设属性 A 具有 v 个不同的值 $\{a_1, a_2, a_3, \cdots, a_v\}$，则可用属性 A 将 S 划分为 v 个不同的子集 $\{S_1, S_2, S_3, \cdots, S_v\}$，其中，$S_j$ 中的样本在 A 上具有对应的值 a_j。若把属性 A 作为测试属性，则这些子集就是从根集 S 的节点上生长出来的分支。设 s_{ij} 是子集 S_j 中属于类别 C_i 的样本总数，则根据属性 A 划分成的子集的期望信息可由式（8-3）求得：

$$E(A) = \sum_{i=1}^{v} \frac{s_{1j} + s_{2j} + \cdots + s_{mj}}{s} I(s_{1j}, s_{2j}, \cdots, s_{mj}) \quad (8-3)$$

式中，$\frac{s_{1j} + s_{2j} + \cdots + s_{mj}}{s}$ 代表第 j 个子集的权，等于所有子集中取值为 a_j 的样本数之和与 S 中样本总数之比。由式（8-4）可得：

$$I(s_{1j}, s_{2j}, s_{3j}, \cdots, s_{mj}) = -\sum_{i=1}^{m} p_{ij} \log_2(p_{ij}) \quad (8-4)$$

由式（8-2）可得：$p_{ij} = \frac{S_{ij}}{|S_j|}$，表示样本 S_j 中属于类 C_i 的样本的概率。

由式（8-1）和式（8-3）可得，属性 A 划分样本集 S 后，所得到的信息增益值的计算公式，如式（8-5）所示：

$$\text{Gain}(S, A) = I(s_1, s_2, s_3, \cdots, s_m) - E(A) \quad (8-5)$$

（2）C4.5 算法

C4.5 算法是采用信息增益率来选择测试属性的，其值等于信息增益对分割信息量的比

值,分割信息量的计算公式如式 (8-6) 所示:

$$\text{Split}(A) = -\sum_{i=1}^{m} p_i \log_2(p_i) \tag{8-6}$$

信息增益率的计算公式如式 (8-7) 所示:

$$\text{Gain}_{\text{Ratio}(A)} = \frac{\text{Gain}(A)}{\text{SplitI}(A)} \tag{8-7}$$

(3) CART 算法

CART 算法的基本思想是:对训练样本集进行递归划分自变量空间,并以此建立决策树模型,然后采用验证数据的方法进行树枝修剪,从而得到符合要求的决策树分类模型。

CART 算法是根据 gini 系数来选择测试属性,gini 系数的值越小,划分效果越好。设样本集合为 T,则 T 的 gini 系数值可由式 (8-8) 计算:

$$\text{gini}(T) = 1 - \sum p_j^2 \tag{8-8}$$

其中,p_j 是指类别 j 在样本集 T 中出现的概率。

若将 T 划分为 T_1、T_2 两个子集,则此次划分的 gini 系数的值可由式 (8-9) 计算:

$$\text{gini}_{\text{split}}(T) = \frac{s_1}{s} \text{gini}_{\text{split}}(T_1) + \frac{s_2}{s} \text{gini}_{\text{split}}(T_2) \tag{8-9}$$

其中,s 为样本集 T 中总样本的个数;s_1 为属于子集 T_1 的样本个数;s_2 为属于子集 T_2 的样本个数。

2. 朴素贝叶斯分类算法

朴素贝叶斯分类算法是基于贝叶斯定律与特征条件独立假设的分类方法,设输入空间 $X \in R_n$ 为 n 维向量的集合,输出空间为类标记集合,输入为特征向量,输出为类的标记,训练集合为:

$$T = \{(x_1, y_1), (x_2, y_2), \cdots, (x_N, y_N)\} \tag{8-10}$$

假设 $P(X, Y)$ 独立分布。朴素贝叶斯分类算法通过训练集合学习联合概率分布 $P(X, Y)$。

$$P(X, Y) = P(X \mid Y) P(Y) = P(Y \mid X) P(X) \tag{8-11}$$

由贝叶斯理论可得:

$$P(X, Y) = \frac{P(X = x \mid Y = C_k) P(Y = C_k)}{\sum_k P(X = x \mid Y = C_k) P(Y = C_k)} \tag{8-12}$$

朴素贝叶斯分类算法可表示为:

$$y = f(x) = \arg\max_{C_k} \frac{P(Y = C_k) \prod_j P(X^{(j)} = x^{(j)} \mid Y = C_k)}{\sum_k P(Y = C_k) \prod_j P(X^{(j)} = x^{(j)} \mid Y = C_k)} \tag{8-13}$$

朴素贝叶斯分类算法对条件概率分布做了条件独立性假设。式 (8-13) 中 $P(Y = C_k)$ 表示统计数据集中每个类别的数目。基于强假设和式 (8-12) 的基础上,$P(X = x \mid Y = C_k)$ 可写成不同特征之间的概率的连乘形式,即:

$P(X = x \mid Y = C_k) = P(X^{(1)} = x^{(1)}, \cdots, X^{(n)} = x^{(n)} \mid Y = C_k) = \prod_{j=1}^{n} P(X^{(j)} = x^{(j)} \mid Y = C_k)$。

对给定的输入 x,通过学习到的模型计算后验概率分布 $P(X = x \mid Y = C_k)$,比较不同特征计算出来的概率,将后验概率最大的类作为 x 的类输出。

式 (8-13) 中, 分母中所有的 C_k 都是相同的, 化简后为:

$$y = f(x) = \arg\max_{C_k} P(Y = C_k) \prod_j P(X^{(j)} = x^{(j)} | Y = C_k) \quad (8-14)$$

8.1.2 线性回归

在数理统计中, 回归分析是最基本、最重要的统计方法, 它通过回归建模来处理变量之间存在的相关关系问题, 并用数学模型将这种关系表达出来。回归模型又分为线性回归模型和非线性回归模型, 当变量之间的关系是线性的则称为线性回归模型, 否则就称为非线性回归模型。线性回归模型是整个回归分析中最重要的部分, 因为所有复杂的回归问题的研究都是从线性回归开始的。线性回归模型又分为一元线性回归模型和多元线性回归模型, 一元线性回归模型是线性回归模型的一个特例, 许多线性回归问题都可以先从一元线性回归开始研究来进行简化。

在测量数据处理中, 变量之间有确定性关系的, 称为函数相关; 而变量之间并不存在确定的函数关系, 而是存在所谓的相关关系的, 则称为统计相关, 由变量之间的相关性所建立的函数模型称为回归模型。

8.2 背景与分析目标

近年来, 在休闲游和自由行旅游的趋势中, 受旅游消费人数的增加及需求的拉动, 在线民宿房源数和房东数同比增加。随着中国在线短租房源数量的迅速增长, 市场竞争的激烈程度也在持续上升, 房东获利的空间受到挤压。面临激烈的市场竞争, 民宿房东应采取一定的措施来增加利润, 提高行业竞争力。本案例将从合理市场定价和提高客户评分两个角度, 为民宿房东最大化民宿利润和增强社会信任感提供对策建议。

8.3 数据采集与处理

8.3.1 数据采集

本案例使用"后羿"采集器爬取了携程网平台上的 3100 条武汉民宿房源数据和 1900 条评论数据。民宿房源数据包括民宿名称、总评分、总评论数、房间规格、可容纳人数、床数、是否靠近地铁、入住条件、基础设施、卫浴设施、房屋描述和地理位置; 评论数据包括用户号码、评论内容、评论时间和评价等级。

8.3.2 数据预处理

1. 重复数据过滤

用 Python 语言编程, 处理数据, 检测数据中存在的重复记录, 并用 drop_duplicates() 方法删除重复的行。

2. 缺失值处理

使用 isnull()、sum() 方法来检测并统计缺失值的数量, 删除缺失值所在的行。

3. 异常值处理

对评论时间、评论内容等字段中出现的异常数据进行诊断, 并确定异常值的处理方法。

4. 数据格式转换

为了方便后续分析，对是否靠近地铁、评价等级、入住条件等字段进行归一化处理。处理详情如代码清单 8 – 1 所示。

代码清单 8 – 1　对特征进行归一化处理

```
from sklearn import preprocessing
X['总评分'] = preprocessing.scale(X['总评分'])
X['可容纳人数'] = pd.get_dummies(X['可容纳人数'])
X['总评论数'] = preprocessing.scale(X['总评论数'])
X['价格'] = preprocessing.scale(X['价格'])
```

8.4　数据分析与挖掘

8.4.1　民宿价格影响因素分析

1. 变量定义

本案例的因变量为武汉地区 2021 年 4 月 16 日的房源价格。将解释变量分为七个自变量，分别为：超赞房东、免费停车、无接触入住、总评分、是否靠近地铁、可容纳人数和总评论数。

2. 回归处理

本小节使用 SPSS 21 进行线性回归分析。首先将处理好的数据导入 SPSS 中；依次选择"分析"—"回归"—"线性"；接着，选择因变量与自变量，如图 8 – 1 所示；在统计量中选择"估计""置信区间""模型拟合度""R 方变化"和"描述性"，如图 8 – 2 所示；最后单击"确定"按钮查看分析结果。

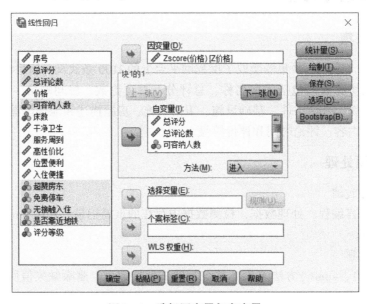

图 8 – 1　选择因变量与自变量

3. 结果分析

线性回归结果如表 8-1 所示，由回归结果可知，超赞房东、免费停车、是否靠近地铁、可容纳人数和总评论数的显著性都小于 0.05，其中免费停车、可容纳人数和超赞房东最为显著。靠近地铁的系数显著为负，说明房源离地铁越近，房价就越高。总评论数的系数显著为负，说明评论数量多的民宿价格反而较低。超赞房东、免费停车、可容纳人数和总评分系数显著为正，说明有超赞房东、提供免费停车、房间可容纳人数多的和总评论数多的房源的价格较高。

图 8-2 选择统计量

表 8-1 线性回归结果

模型	非标准化系数		标准系数	t	Sig.	B 的 95.0% 置信区间	
	B	标准误差	试用版			下限	上限
（常量）	-1.425	.256		-5.562	.000	-1.927	-.922
总评分	.076	.052	.031	1.445	.149	-.027	.179
总评论数	-.001	.000	-.053	-2.444	.015	-.002	.000
可容纳人数	.375	.013	.659	29.765	.000	.350	.400
超赞房东	.148	.047	.072	3.168	.002	.056	.239
免费停车	.304	.064	.106	4.757	.000	.178	.429
无接触入住	.003	.057	.001	.054	.957	-.108	.114
是否靠近地铁	-.114	.058	-.045	-1.973	.049	-.228	-.001

a. 因变量：Zscore（价格）

8.4.2 民宿评分影响因素分析

1. 评分决策树分类

携程平台通过评分机制来显示和增加消费者对平台及房东的信任度，从房客期望角度来看，对评价分数高的房源，房客预期也较高，更容易获得满足进而给出高评价。实际上超过 80% 的民宿房东获得了 4.5~5 星的评论分数，使得它们难以区分。民宿总评分是入住便捷、位置便利、服务周到、干净卫生四个指标的平均分，用决策树分类算法对各项评分指标进行分类，如代码清单 8-2 所示。

各项指标按重要程度的排序依次为：服务周到、干净卫生、位置便利、方便入住，决策树分类结果如图 8-3 所示。

2. 基于朴素贝叶斯的评论情感分类

运用朴素贝叶斯分类算法进行评论文本分类，将经过预处理的数据纳入朴素贝叶斯模型，如代码清单 8-3 所示。

代码清单 8-2　决策树分类

```
#生成并显示决策树图
featureName =['convenient','location','service','health']
className =['great','bad']
graph=Source(tree.export_graphviz(clf,out_file=None,feature_names=featureName,
class_names=className))
#保存到文件中并显示
png_bytes=graph.pipe(format='png')
with open('dectree12.png','wb') as f:
    f.write(png_bytes)
from IPython.display import Image
Image(png_bytes)
```

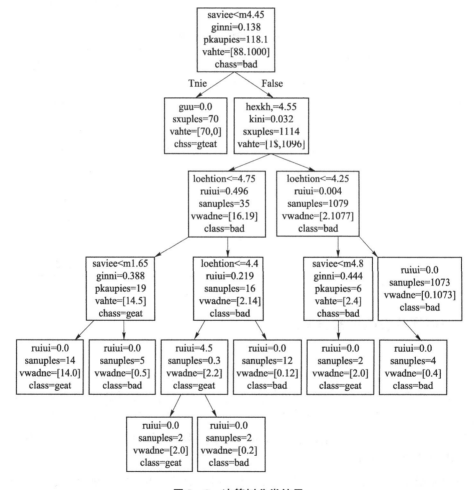

图 8-3　决策树分类结果

朴素贝叶斯模型的交叉验证的准确率达 95.56%，得到的朴素贝叶斯模型分类报告如图 8-4 所示。得到的混淆矩阵可视化图如图 8-5 所示。

代码清单8-3　朴素贝叶斯模型

```
#交叉验证的准确率
cross_result=cross_val_score(pipe,x_train.cutted_comment,y_train,cv=5,scoring='accuracy').mean()
print('交叉验证的准确率:'+str(cross_result))
pipe.fit(x_train.cutted_comment,y_train)   #进行预测
y_pred=pipe.predict(x_test.cutted_comment)
accuracy=metrics.accuracy_score(y_test,y_pred)   #准确率测试
print('混淆矩阵:'+str(metrics.confusion_matrix(y_test,y_pred)))
classificationreport=classification_report(y_test,y_pred)
print("朴素贝叶斯模型分类报告 \n ",classificationreport)
```

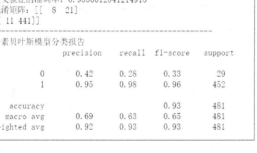

图8-4　朴素贝叶斯模型分类报告

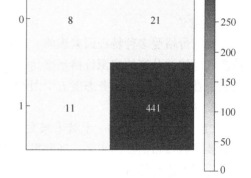

图8-5　混淆矩阵可视化图

3. 评论词云图

对民宿评论数据进行关键词词云可视化，首先删除评论重复的数据及无效评论，其次去除停用词后对文本进行分词，最后使用stylecloud做评论词云图。评论词云图如代码清单8-4所示。

代码清单8-4　评论词云图

```
import stylecloud
from IPython.display import Image  # 用于在jupyter lab中显示本地图片
stylecloud.gen_stylecloud(text=''.join('%s' % a for a in df['content']),
                    collocations=False,
                    font_path=r'C:\Windows\Fonts\msyh.ttc',
                    icon_name='fas fa-cloud',
                    size=768,
                    output_name='民宿评论好评词云图.png')
```

分别得到好评和差评的关键词评论词云图，如图8-6和图8-7所示。在评论词云图中，干净、交通、热情、整洁具有较高区分度，都为正面评价；环境、卫生在正面和负面的

词云图中都有，不具有区分度；位置、厕所、垃圾都为负面评价。综上，具有较高区分度的主要热词有：干净、交通、热情、整洁、位置。

图 8-6　好评词云图

图 8-7　差评词云图

8.4.3　结论与对策建议

1. 结论

民宿价格受多种特征因素影响，房东被认证为超赞房东、房源靠近地铁、房间可容纳人数多和总体评分高的房源价格稍微高一些。民宿评分主要受环境卫生、硬件条件设施、交通便利、性价比和房东服务态度五个因素影响。

2. 对策建议

（1）房东在选择某一个城市来发展民宿的时候，首先要做的就是对城市进行具体的了解，要了解城市的整体水平，还要根据民宿周边的交通、生活区间及各类服务型设施、甚至景区等因素进行综合考量。

（2）在经济水平高的城市，房东可以通过完善房屋硬件设施配备和提高服务水平来提高房价，从而获利。在旅游城市和综合城市，房东可以采取"薄利多销"以低价取胜的策略。

（3）点评量和点评分不仅影响房间排名，更直接影响房客的浏览顺序和选择，因此房东要时刻关注民宿的评论数量及评分。对房客来说能满足社交和信任要求是非常重要的。另外，房东要提供干净卫生的住宿环境，展现热情的服务态度，以便更好地满足房客的预期。

8.5　拓展思考

8.5.1　理论意义

本案例对民宿价格的影响因素进行了线性回归分析，评估了各变量对房源价格的不同作用，使用决策树分类算法来分析总评分的各项指标的影响程度，对评论进行情感分析，为民宿的定价策略和民宿评分的提高提供依据。

8.5.2　实践意义

价格和评分在房屋共享模式的发展中发挥着重要作用，不仅会影响旅行者的住宿选择，还会显著影响房东的利润。尤其是随着民宿行业的进一步发展和民宿房东供给的增加，目前民宿之间的竞争越来越激烈，更多的平台和个人将涌入民宿市场，如何合理定价成为民宿行业继续快速发展的重要问题。面临激烈的市场竞争，本案例从民宿价格和评分两个角度对房东如何准确定价和如何提高客户信任度两个方面提出对策建议，从而提高房东的市场竞争力。

8.5.3 不足之处

本案例存在的不足之处有以下两点：

（1）准确性

本案例获取的数据量不足，研究所选取的因变量价格是房源最低价格，而不是每个人每间房间的价格，这可能会导致计量结果在一定程度上的不准确。

（2）适用性

本案例是基于武汉一个城市的房源数据来进行分析的，所得的结论不一定适用于所有地区的民宿房源。

8.6 本章小结

本案例首先使用后羿采集器爬取了携程网上武汉市的民宿房源数据和评论数据，并对获取的数据进行预处理。随后，采取不同的方法分析价格和评分的影响因素。针对民宿价格的影响因素，将其决定因素分为：超赞房东、免费停车、无接触入住、总评分、是否靠近地铁、可容纳人数和总评论人数。对各种特征做描述性统计后，使用逻辑回归方法探究各种特征对民宿价格的影响，发现房东被认证为超赞房东、靠近地铁、可容纳人数多和总体评分高的房源价格稍微高一些。针对民宿评分的影响因素，第一是使用决策树分类算法对各项评分指标（入住便捷、位置便利、服务周到、干净卫生）进行分类，将各项指标按重要程度进行排序；第二是使用朴素贝叶斯分类算法对评论数据进行分类；第三是使用关键词词云图对评论数据进行分析，发现民宿评分受环境卫生、硬件条件设施、交通便利、性价比和房东服务态度五个因素的影响。最后，基于上述研究，本案例从民宿价格和评分两个角度对房东如何准确定价和如何提高客户信任度两个方面提出对策建议。为民宿选址时，首先应对城市进行具体的了解，包括城市的整体水平、民宿周边的交通和景区等因素；其次，在经济水平高的城市，房东可以通过提高服务水平及硬件设施配备水平来提高定价，在旅游城市和综合城市，房东可以"薄利多销"，以低价取胜；最后，房东也要时刻关注民宿的评论数量及评分高低，满足房客的社交和信任要求，以便更好地满足房客预期。

本章参考文献

[1] 吴晓隽，裘佳璐. Airbnb房源价格影响因素研究——基于中国36个城市的数据［J］. 旅游学刊，2019，34（04）：13-16.

[2] 牛阮霞，何砚. 基于特征价格模型的共享住宿平台房源价格影响因素研究［J］. 企业经济，2020（7）：27-36.

[3] 黄仿元. 利用机器学习算法实现对医院评价的情感分析［J］. 信息技术与信息化，2021

（02）：37-39.

[4] 王悠. 基于特征价格模型的杭州市共享住宿价格影响因素分析 [D]. 天津：天津师范大学，2020.

[5] 胡小芳，李小雅，赵红敏，等. 民宿价格的空间分异特征及影响因素——以湖北省恩施州为例 [J]. 自然资源学报，2020（10）.

[6] 汪奇生. 线性回归模型的总体最小二乘平差算法及其应用研究 [M]. 昆明：国土资源工程学院，2014.

[7] 张宇. 决策树分类及剪枝算法研究 [D]. 哈尔滨：哈尔滨理工大学，2009.

[8] 王煜. 基于决策树和K最近邻算法的文本分类研究 [D]. 天津：天津大学，2006.

第 9 章 聚类——新冠肺炎疫情分析及微博评论的数据挖掘

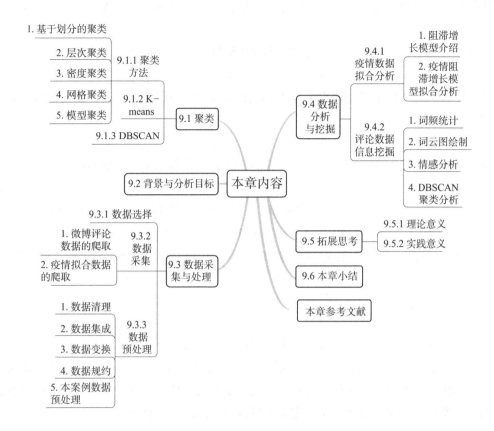

9.1 聚类

在机器学习中，要想理解清楚聚类问题的概念，首先要理解分类问题。分类问题是社会生活中常见的问题，这类问题的目标就是要确定一个物体的类别。以确定某个动物是什么类别的动物为例，要解决这类问题，首先要做的就是，针对不同类别动物的特征进行算法学习，然后根据学习得到的经验对一个动物的类别做出判定。该类算法一般是有监督的学习过程，分为训练阶段和预测阶段。在训练阶段，用大量的样本进行学习，得到一个判定动物类别的模型。最后，在预测阶段，给定一个动物，就可以用这个模型预测出它的类别。分类问题过程如图 9-1 所示。

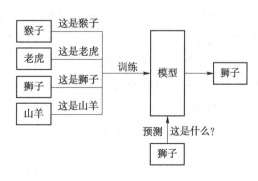

图 9-1 分类问题过程图

聚类问题与分类问题类似，也是确定一个物体的类别，但是与分类问题不同的是，聚类问题并没有事先规定类别，同样以确定一个动物的类别为例，样本中有各种各样的动物，聚类算法要做的就是将这些动物分成各种类别，同一类别的样本之间有相似特征，不同类别之间有差异。单个类别在分类问题中被称为"簇"。与分类算法有本质区别的是：聚类算法没有标注标签。它要根据规则，将相似的样本划分在一起，归为一类，将不相似的样本分成不同的类。

从数学角度来看，可将聚类问题看作集合的划分。假设有集合 M：

$$M = \{x_1, x_2, x_3, x_4, \cdots, x_n\} \quad (9-1)$$

聚类算法把这个样本集划分成 m 个不相交的子集 $M_1, M_2, \cdots, M_m$，这些子集的并集是整个样本集：

$$M_1 \cup M_2 \cup \cdots \cup M_m = M \quad (9-2)$$

每个样本只能属于这些子集中的一个，即任意两个子集之间没有交集：

$$M_i \cap M_j = \emptyset, \forall i,j \text{ 且 } i \neq j \quad (9-3)$$

对于子集的划分，并没有统一的标准，以上述将动物划分为不同的类别为例，如果按动物的生活环境划分，就可以分为陆生生物、水生生物和水陆两栖生物；如果按有无脊椎骨划分，就可以分为有脊椎生物和无脊椎生物。因此，聚类算法要做的就是规定这个标准。

9.1.1 聚类方法

簇是聚类问题的基础，因此在了解聚类方法之前，首先要给簇下定义。聚类本质上是集合的划分问题。因为没有人工定义的类别标准，所以算法要解决的核心问题就是如何定义簇，使得簇内的样本尽可能相似。通常的做法是根据簇内样本之间的距离，或是样本点在数据空间中的密度来确定。对簇的不同定义可以得到不同的聚类算法。

1. 基于划分的聚类

（1）定义

给定一个数据集 M，其包含有 n 个数据对象，用一个划分方法来构建数据的 k 个划分，每一个划分表示一个类，且 $k \leq n$。即它将数据对象划分为 k 个簇，并满足两点要求：①每一个簇至少包含一个数据对象；②每一个数据对象必须属于某一个簇。

假定要构建的划分其数目为 k，划分方法是：创建一个初始的划分，然后采用一种迭代的重定位的技术，通过将数据对象在划分间来回地移动来改进划分。

一个好的划分准则为：同一个簇中的数据对象之间要尽可能地"接近"，而不同的簇中的数据对象之间要尽可能地"远离"。

（2）特点

计算量大，很适合发现中小规模的数据库中的球状簇。

（3）常用算法

基于划分的聚类常用算法如表 9-1 所示。

第9章 聚类——新冠肺炎疫情分析及微博评论的数据挖掘

表 9-1 基于划分的聚类常用算法

算法	描述
K-means	一种典型的划分聚类算法,它用一个聚类的中心来代表一个簇,即在迭代过程中选择的聚点不一定是聚类中的一个点,该算法只能处理数值型数据
K-modes	K-means 算法的扩展,采用简单匹配方法来度量分类型数据的相似度
K-prototypes	结合了 K-means 和 K-modes 两种算法,能够处理混合型数据
K-medoids	在迭代过程中选择簇中的某点作为聚点,PAM 是典型的 K-medoids 算法
CLARA	CLARA 算法在 PAM 的基础上采用了抽样技术,能够处理大规模数据
CLARANS	CLARANS 算法融合了 PAM 和 CLARA 两者的优点,是第一个用于空间数据库的聚类算法
Focused CLARAN	采用了空间索引技术提高了 CLARANS 算法的效率
PCM	模糊集合理论引入聚类分析并提出了 PCM 模糊聚类算法

2. 层次聚类

(1) 定义

对给定的数据对象的集合进行层次的分解就是层次聚类的方法。依据层次分解的形成过程,该方法可分为凝聚的层次聚类和分裂的层次聚类两类,自底向上进行的层次分解为凝聚的(Agglomerative)层次聚类,自顶向下进行的层次分解为分裂的(Divisive)层次聚类。分裂的层次聚类先把全体对象放在一个类中,再将其渐渐地划分为越来越小的类,依此进行,一直到每一个对象都能够自成一类。而凝聚的层次聚类则是先将每一个对象作为一个类,再将这些类逐渐地合并起来形成相对较大的类,依此进行,一直到所有的对象都在同一个类中结束。

(2) 特点

一次性地得到了整个聚类。想要分多少个簇都可以直接根据结构来得到结果,改变簇数目不需要重新计算。

(3) 常用算法

层次聚类常用算法如表 9-2 所示。

表 9-2 层次聚类常用算法

算法	描述
CURE	采用抽样技术先对数据集 D 随机抽取样本,再采用分区技术对样本进行分区,然后对每个分区局部聚类,最后对局部聚类进行全局聚类
ROCK	采用了随机抽样技术,该算法在计算两个对象的相似度时,同时考虑了周围对象的影响
CHEMALOEN (变色龙算法)	首先由数据集构造成一个 K-最近邻图 G_k,再通过一个图的划分算法将图 G_k 划分成大量的子图,每个子图代表一个初始子簇,最后用一个凝聚的层次聚类算法反复合并子簇,找到真正的结果簇
SBAC	SBAC 算法则在计算对象间相似度时,考虑了属性特征对于体现对象本质的重要程度,对于更能体现对象本质的属性赋予较高的权值
BIRCH	BIRCH 算法利用树结构对数据集进行处理,叶节点存储一个聚类,用中心和半径表示,顺序处理每一个对象,并把它划分到距离最近的节点,该算法也可以作为其他聚类算法的预处理过程
BUBBLE	BUBBLE 算法则把 BIRCH 算法的中心和半径概念推广到普通的距离空间
BUBBLE-FM	BUBBLE-FM 算法通过减少距离的计算次数,提高了 BUBBLE 算法的效率

3. 密度聚类

（1）定义

大多数的聚类算法都是用距离来描述数据间的相似性的，这些方法只能发现球状的类，而在其他形状的类上，这些算法都无计可施。因此，就只能用密度（密度实际就是对象或数据点的数目）将其相似性予以取代，该方法就是基于密度的聚类算法。其思想是：一旦"领域"的密度超过某一个阈值，就将给定的簇继续增长。该算法还能有效地去除噪声。

（2）特点

能克服基于距离的算法只能发现"类圆形"的聚类的缺点。

（3）常用算法

密度聚类常用算法如表9-3所示。

表9-3 密度聚类常用算法

DBSCAN	DBSCAN算法是一种典型的基于密度的聚类算法，该算法采用空间索引技术来搜索对象的邻域，引入了"核心对象"和"密度可达"等概念，从核心对象出发，把所有密度可达的对象组成一个簇
GDBSCAN	算法通过泛化DBSCAN算法中邻域的概念，以适应空间对象的特点
OPTICS	OPTICS算法结合了聚类的自动性和交互性，先生成聚类的次序，可以对不同的聚类设置不同的参数，来得到用户满意的结果
FDC	FDC算法通过构造K-dtree把整个数据空间划分成若干个矩形空间，当空间维数较少时可以大大提高DBSCAN的效率

4. 网格聚类

（1）定义

先把对象空间量化成有限数目的单元，将其形成一个网格空间，再对该空间进行聚类，这就是网格的方法。

（2）特点

处理速度很快，通常这是与目标数据库中记录的个数无关的，只与把数据空间分为多少个单元有关。

（3）常用算法

网格聚类常用算法如表9-4所示。

表9-4 网格聚类常用算法

STING	利用网格单元保存数据统计信息，从而实现多分辨率的聚类
WaveCluster	在聚类分析中引入了小波变换的原理，主要应用于信号处理领域。小波算法在信号处理、图形图像和加密解密等领域有重要应用
CLIQUE	一种结合了网格和密度的聚类算法

5. 模型聚类

（1）定义

基于模型的方法就是，先给每个"类"假定一个模型，再去寻找能较好地满足该模型的数据的集合。此模型也许是数据点在空间中的密度分布的函数，也许是其他。其潜在的假定为：一系列概率的分布决定该目标数据的集合。统计方案、神经网络方案通常是其研究的两个方向。

(2) 特点

对"类"的划分以概率形式表现,每一类的特征也可以用参数来表达。

(3) 常用算法

模型聚类常用算法如表 9-5 所示。

表 9-5 模型聚类常用算法

高斯混合模型(GMM)	假设数据点是呈高斯分布的,相对应 K-means 假设数据点是圆形的,高斯分布(椭圆形)给出了更多的可能性
SOM	假设在输入对象中存在一些拓扑结构或顺序,可以实现从输入空间(n 维)到输出平面(2 维)的降维映射,其映射具有拓扑特征保持性质,与实际的大脑处理有很强的理论联系

9.1.2 K-means

(1) 算法思想

随机选 k 个点作为初始聚类的中心点,根据每个样本到聚类的中心点之间的距离,把样本归类到距它最近的聚类中心代表的类中,再计算样本均值,把该均值作为该类的新中心点。如若相邻的两个聚类中心无变化,调整立即结束,否则,该过程不断重复进行。其特点是:在每次迭代的时候,均要检查每一个样本分类,看该分类是否正确。如分类不正确,就要在全部的样本中进行调整,调整好后,对聚类的中心进行修改,再进行下一次迭代;如分类正确,聚类的中心就不再调整了,标准测度函数也就收敛了,算法也就结束了。

(2) 算法实现过程

该算法的实现主要有以下四步,具体的过程如图 9-2 所示。

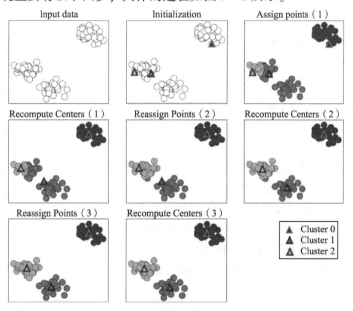

图 9-2 K-means 算法实现过程图

①从样本中所有的 n 个点中,随机选取其中的 k 个做中心点;
②将样本中剩余 n-k 个样本点分别划分到离它们最近的中心点上,划分完成后,就完成了一次聚类;
③计算每一个类的平均值,并将每一个平均值作为新的中心点;
④重复执行步骤2和3,直到中心点的位置不再发生变化。

(3)伪代码

K-means 算法伪代码如代码清单9-1所示。

代码清单9-1 K-means 算法伪代码

```
算法:
    k-means。用于划分的 k-means 算法,其中每个簇的中心都用簇中所有对象的均值来表示。
输入:
    k:簇的数目;
    D:包含 n 个对象的数据集。
输出:
    k 个簇的集合。
方法:
    从 D 中任意选择 k 个对象作为初始簇中心;
    repeat;
    根据簇中对象的均值,将每个对象分配到最相似的簇;
    更新簇均值,即重新计算每个簇中对象的均值;
    until 不再发生变化;
```

(4)算法流程图

K-means 算法流程图如图9-3所示。

(5)算法优缺点

K-means 算法的优点是:该算法能根据较少的已知聚类样本的类别对树进行剪枝以确定部分样本的分类;为克服少量样本聚类的不准确性,该算法本身具有优化迭代功能,在已经求得的聚类上再次进行迭代修正剪枝以确定部分样本的聚类,优化了初始监督学习样本分类不合理的地方;由于只是针对部分小样本,因此可以降低总的聚类复杂度。

K-means 算法的缺点是:在 K-means 算法中 k 是事先给定的,这个 k 值的选定是非常难以估计的。很多时候,事先并不知道给定的数据集应该分成多少个类别才最合适。在 K-means 算法中,首先需要根据初始聚类中心来确定一个初始划分,然后对初始划分进行优化。这个初始聚类中心的选择对聚类结果有较大的影响,一旦初始值选择的不好,可能无法得到有效的聚类结果。该算法需要不断地进行样本分类调整,不断地计算调整后的新的聚类中心,因此当数据量非常大时,算法的时间开销也是非常大的。

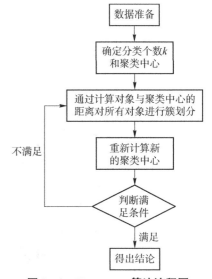

图9-3 K-means 算法流程图

9.1.3 DBSCAN

DBSCAN 是一个比较有代表性的基于密度聚类的聚类算法，它对簇的定义为密度相连的点的最大集合，能够把具有足够高密度的区域划分为簇，并可在有噪声的数据中发现任意形状的聚类。在介绍 DBSCAN 之前，首先给出 DBSCAN 的相关定义。

对象的 ε - 邻域：给定对象在半径 ε 内的区域。

核心对象：对于给定的数据 m，如果一个对象的 ε - 邻域至少包含有 m 个对象，则称其为该对象的核心对象。

直接密度可达：给定一个对象集合 D，如果 p 是在 q 的 ε - 邻域内，而 q 是一个核心对象，则对象 p 从对象 q 出发是直接密度可达的，如图 9 – 4 所示。

密度可达：如果存在一个对象链 $p_1 p_2 \cdots p_n$，$p_1 = q$，$p_n = p$，对 p_i 属于 D，p_{i+1} 是从 p_i 关于 ε 和 m 直接密度可达的，则对象 p 是从对象 q 关于 ε 和 m 密度可达的，如图 9 – 5 所示。

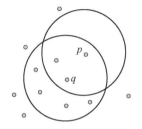

图 9 – 4　直接密度可达示例图

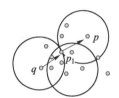

图 9 – 5　密度可达示例图

密度相连：如果对象集合 D 中存在一个对象 O，使得对象 p 和 q 是从 O 关于 ε 和 m 密度可达的，那么对象 p 和 q 是关于 ε 和 m 密度相连的，如图 9 – 6 所示。

噪声：不包含在任何簇中的对象称为噪声，如图 9 – 7 所示。

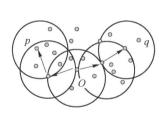

图 9 – 6　密度相连示例图

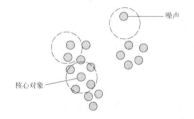

图 9 – 7　噪声示例图

（1）算法思想

DBSCAN 通过检查数据集中的每个对象的 ε - 邻域来寻找聚类，如果一个点 p 的 ε - 邻域包含 m 个对象，则创建一个 p 作为核心对象的新簇。然后，DBSCAN 反复地寻找这些核心对象直接密度可达的对象，这个过程可能涉及密度可达簇的合并。当没有新的点可以被添加到任何簇时，该过程结束。算法中的 ε 和 m 是根据先验知识给出的。

（2）算法过程

DBSCAN 算法过程图如图 9 – 8 所示。

①任意选取一个点，然后找到与这个点的距离小于等于 ε - 邻域的距离阈值的所有点。如果距起始点的距离在 ε - 邻域的距离阈值的所有数据点个数小于样本点要成为核心对象所

需要的 ε-邻域的样本数阈值，那么这个点被标记为噪声。如果距离在 ε-邻域的距离阈值的所有数据点个数大于样本点要成为核心对象所需要的 ε-邻域的样本数阈值，则这个点被标记为核心样本，并被分配一个新的簇标签。

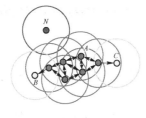

②访问该点的所有邻居（在距离 ε-邻域的距离阈值的所有的点以内）。如果它们还没有被分配一个簇，那么就将刚刚创建的新的簇标签分配给它们。如果它们是核心样本，那么就依次访问其邻居，以此类推。簇逐渐增大，直到在簇的 ε-邻域的距离阈值的所有的点距离内没有更多的核心样本为止。

图 9-8　DBSCAN 算法过程图

③选取另一个尚未被访问过的点，并重复相同的过程。

(3) 伪代码

DBSCAN 算法伪代码如代码清单 9-2 所示。

代码清单 9-2　DBSCAN 算法伪代码

```
算法：
    DBSCAN, 一种基于密度的聚类算法
输入：
    D:一个包含 n 个对象的数据集
    e:半径参数
    MinPts:领域密度阈值
输出：
    基于密度的簇的集合
方法：
    标记所有对象为 unvisited;
    do
    随机选择一个 unvisited 对象 p;
    标记 p 为 visited;
    if p 的 s-领域至少有 MinPts 个对象
    创建一个新簇 C,并把 p 添加到 C;
    令 N 为 p 的 s-领域中的对象集合
    for N 中每个点 p
      if p 是 unvisited;
        标记 p'为 visited;
          if p'的 s-领域至少有 MinPts 个对象,把这些对象添加到 N;
            如果 p'还不是任何簇的成员,把 p'添加到 C;
              end for;
        输出 C;
else 标记 p 为噪声;
until 没有标记为 unvisited 的对象;
```

(4) 算法流程图

DBSCAN 算法流程图如图 9-9 所示。

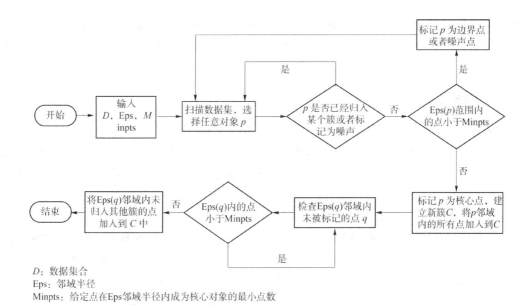

D：数据集合
Eps：邻域半径
Minpts：给定点在Eps邻域半径内成为核心对象的最小点数

图 9-9 DBSCAN 算法流程图

（5）优缺点

DBSCAN 算法的优点主要有以下四点：聚类速度快且能够有效处理噪声点和发现任意形状的空间聚类；与 K-means 比较起来，不需要输入要划分的聚类个数；聚类簇的形状没有偏移；可以在需要时输入过滤噪声的参数。

同样的，DBSCAN 算法的缺点主要有以下三点：当数据量增大时，要求较大的内存支持 I/O 消耗也很大；当空间聚类的密度不均匀、聚类间距差相差很大时，聚类质量较差，因为这种情况下参数 Minpts 和 Eps 选取困难；算法聚类效果依赖于距离公式的选取，实际应用中常用欧式距离，对于高维数据，存在"维数灾难"。

9.2 背景与分析目标

2020 年暴发的新冠肺炎疫情（为便于介绍，下均简称为疫情），不仅威胁着人民的身心健康，更对公共卫生系统、经济社会发展等各方面产生了巨大的影响。

本案例通过爬取疫情快速传播初期的微博评论数据及疫情数据，利用 DBSCAN 进行聚类分析，并采用回归模型对疫情走势拟合分析。在此基础上，研究网友对疫情的态度，建立疫情分析模型。

9.3 数据采集与处理

9.3.1 数据选择

本案例数据的选择主要有两个来源，采用 DBSCAN 进行聚类分析的数据来源于手机微博网页版，选择了"中国新闻网"官方微博下的关于疫情报道评论条数大于 500 条的微博，并对其评论进行逐一爬取（可根据需求自行设置爬取数量）；采用回归模型进行拟合分析的数据来源于万矿网，由于初期数据的差异性较大，分别爬取了武汉和全国（不含武汉）的数据进行拟合，数据时间跨度为 2020 年 2 月 1 日至 2020 年 3 月 20 日。

9.3.2 数据采集

数据是进行挖掘和分析的基础，也是后续所有操作的核心，因此本案例首先进行了数据采集。在数据采集过程中，数据源会影响数据质量的真实性、完整性、一致性、准确性和安全性。对于 Web 数据，多采用网络爬虫方式进行收集，本案例主要使用 Python 语言编写爬虫程序，实现数据的采集。

1. 微博评论数据的爬取

本案例选择微博手机网页端爬取部分数据，分析请求路径和返回数据的格式。再对返回的数据进行解析，拿到想要的数据。以本案例为例，由于是对"评论"的聚类分析，因此只需要返回特定的字段即可，将返回的数据保存为 CSV 格式的文件。

（1）导入相关的依赖包并设置 URL 和头部信息，如代码清单 9-3 所示。

代码清单 9-3　相关依赖包、URL 和头部信息

```
import requests
import time
import os
import csv
import sys
import json
from bs4 import BeautifulSoup
import importlib
importlib.reload(sys)
import jieba
from wordcloud import WordCloud
import  numpy as np
from snownlp import SnowNLP
import matplotlib.pyplot as plt
#要爬取热评的起始 url
url = 'https://m.weibo.cn/comments/hotflow? id=4488240855642124&mid=4488240855642124&max_id='    #id 和 mid 根据读者需求自行替换
headers = {
    'Cookie':'*****',   #将"*****"替换成自己浏览器的 Cookie
    'Referer':'https://m.weibo.cn/detail/4488240855642124',
    'User-Agent':'*****',  #将"*****"替换成自己浏览器的 User-Agent
    'X-Requested-With':'XMLHttpRequest'
}
```

```python
def get_page(max_id, id_type):
    params = {
        'max_id': max_id,
        'max_id_type': id_type
    }
    try:
        r = requests.get(url, params=params, headers=headers)
        if r.status_code == 200:
            return r.json()
    except requests.ConnectionError as e:
        print('error', e.args)
```

(2) 解析数据,如代码清单9-4所示。

代码清单9-4　解析数据函数

```python
def parse_page(jsondata):
    if jsondata:
        items = jsondata.get('data')
        item_max_id = {}
        item_max_id['max_id'] = items['max_id']
        item_max_id['max_id_type'] = items['max_id_type']
        return item_max_id
```

(3) 保存数据,如代码清单9-5所示。

代码清单9-5　保存数据函数

```python
def write_csv(jsondata):
    datas = jsondata.get('data').get('data')
    for data in datas:
        comment = data.get("text")
        comment = BeautifulSoup(comment, 'lxml').get_text()
        writer.writerow([json.dumps(comment, ensure_ascii=False)])
#存为csv
path = os.getcwd() + "评论数据.csv"#
csvfile = open(path, 'w', newline='', encoding='utf-8')
writer = csv.writer(csvfile)
maxpage = 50 #爬取的数量
m_id = 0
id_type = 0
for page in range(0, maxpage):
```

续

```
print(page)
jsondata=get_page(m_id, id_type)
write_csv(jsondata)
results=parse_page(jsondata)
time.sleep(2)
m_id=results['max_id']
id_type=results['max_id_type']
```

通过以上步骤，便可以完成数据爬取并保存到本地，爬取的评论数据如图 9-10、图 9-11 所示。

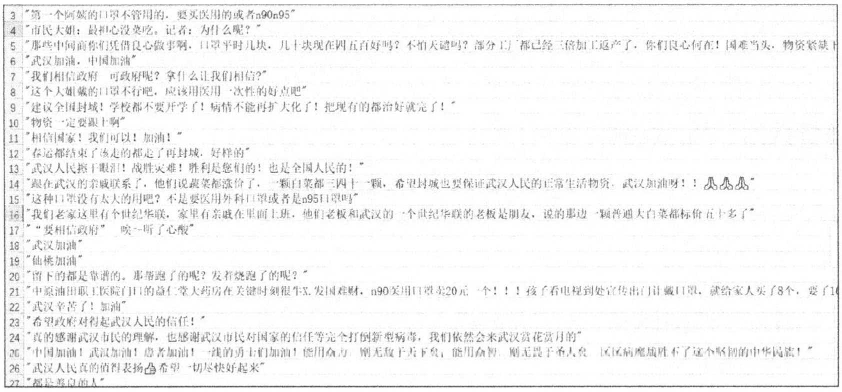

3 "第一个阿姨的口罩不管用的，要买医用的或者n90n95"
4 "市民大姐：最担心没菜吃。记者：为什么呢？"
5 "那些中间商你们凭借良心做事啊，口罩平时几块，几十块现在四五百好吗？不怕天谴吗？部分工厂都已经三倍加工返产了，你们良心何在！国难当头，物资紧缺
6 "武汉加油，中国加油"
7 "我们相信政府 可政府呢？拿什么让我们相信？"
8 "这个大姐戴的口罩不行吧，应该用医用一次性的好点吧"
9 "建议全国封城！学校都不要开学了！病情不能再扩大化了！把现有的都治好就完了！"
10 "物资一定要跟上啊"
11 "相信国家！我们可以！加油！"
12 "春运都结束了该走的都走了再封城，好样的"
13 "武汉人民擦干眼泪！战胜灾难！胜利是您们的！也是全国人民的！"
14 "跟在武汉的亲戚联系了，他们说蔬菜都涨价了，一颗白菜都三四十一颗，希望封城也要保证武汉人民的正常生活物资，武汉加油呀！！🙏🙏🙏"
15 "这种口罩没有太大的用吧？不是要医用外科口罩或者是n95口罩吗"
16 "我们老家这里有个世纪华联，家里有亲戚在里面上班，他们老板和武汉的一个世纪华联的老板是朋友，说的那边一颗普通大白菜都标价五十多了"
17 " "要相信政府" 唉一听了心酸"
18 "武汉加油"
19 "仙桃加油"
20 "留下的都是靠谱的。那帮跑了的呢？发着烧跑了的呢？"
21 "中原油田职工医院门口的益仁堂大药房在关键时刻很牛X，发国难财，n90医用口罩卖20元一个！！！孩子看电视到处宣传出门计戴口罩，就给家人买了8个，要了1
22 "武汉辛苦了！加油"
23 "希望政府对得起武汉人民的信任！"
24 "真的感谢武汉市民的理解，也感谢武汉市民对国家的信任等完全打倒新型病毒，我们依然会来武汉赏花赏月的"
26 "中国加油！武汉加油！患者加油！一线的勇士们加油！能用命力，则无敌于天下矣；能用命智，则无畏于圣人矣，区区病魔战胜不了这个坚韧的中华民族！"
26 "武汉人民真的值得表扬👍希望一切尽快好起来"
27 "都是善良的人"

图 9-10 评论数据图（1）

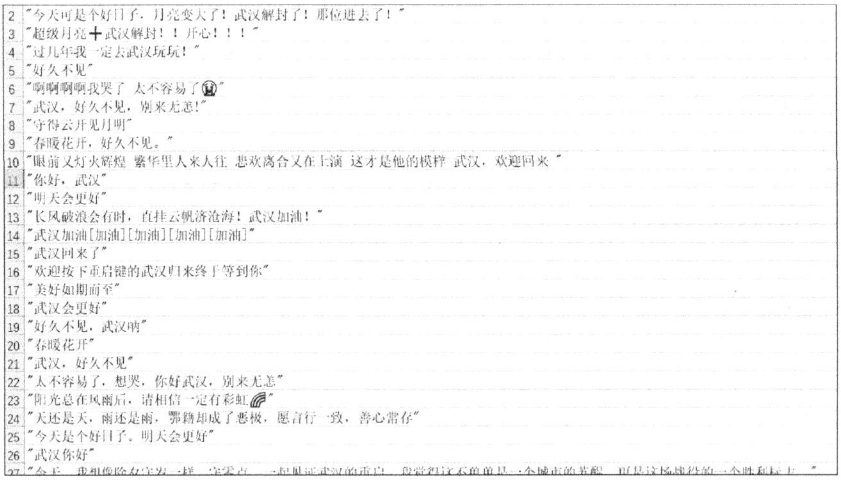

2 "今天可是个好日子，月亮变大了！武汉解封了！那位进去了！"
3 "超级月亮➕武汉解封！！开心！！！"
4 "过几年我一定去武汉玩玩！"
5 "好久不见"
6 "啊啊啊啊我哭了 太不容易了😭"
7 "武汉，好久不见，别来无恙！"
8 "守得云开见月明"
9 "春暖花开，好久不见。"
10 "眼前又灯火辉煌 繁华里人来人往 悲欢离合又在上演 这才是他的模样 武汉，欢迎回来"
11 "你好，武汉"
12 "明天会更好"
13 "长风破浪会有时，直挂云帆济沧海！武汉加油！"
14 "武汉加油[加油][加油][加油][加油]"
15 "武汉回来了"
16 "欢迎按下重启键的武汉归来终于等到你"
17 "美好如期而至"
18 "武汉会更好"
19 "好久不见，武汉呐"
20 "春暖花开"
21 "武汉，好久不见"
22 "太不容易了，想哭，你好武汉，别来无恙"
23 "阳光总在风雨后，请相信一定有彩虹🌈"
24 "天还是天，雨还是雨，鄂籍却成了悲极，愿言行一致，善心常存"
25 "今天是个好日子，明天会更好"
26 "武汉你好"

图 9-11 评论数据图（2）

2. 疫情拟合数据的爬取

与爬取评论数据类似，疫情数据的爬取相对简单，只需要按照官方提供的方法从接口获取数据并将数据保存下来即可。本案例主要获取了武汉市和全国（不含武汉市）的数据，具体数据采集参见以下步骤。

（1）导入相关依赖包，如代码清单 9-6 所示。

代码清单 9-6 相关依赖包

```
import numpy as np
import pandas as pd
import datetime as dt
import time
import requests
import json
```

(2)加载数据并保存,如代码清单 9-7 所示。

代码清单 9-7 加载并保存数据函数

```
def load_data():
    userid = "7ac9334d-1c4a-4da3-98de-52aeac7f3baf"
    indicators = "S6274770,S6275456"
    factors_name = ["全国","武汉市"]
    startdate = "2020-02-01"
    enddate = "2020-03-20"
    url = 'https://www.windquant.com/qntcloud/data/edb?userid={}&indicators={}&startdate={}&enddate={}'.format(
        userid,indicators,startdate,enddate)
    response = requests.get(url)
    data = json.loads(response.content.decode("utf-8"))
    print(data.keys())
    try:
        time_list = data["times"]
        value_list = data["data"]
        for i in range(len(time_list)):
            time_list[i] = time.strftime("%Y-%m-%d", time.localtime(time_list[i]/1000))
        result = pd.DataFrame(columns = factors_name, index = time_list)
        for i in range(len(factors_name)):
            result[factors_name[i]] = value_list[i]
        print(result)
        result.to_csv("拟合爬取数据.csv")
        return result
    except Exception as e:
        print("服务异常")
```

通过以上步骤,可获取原始数据,获取的部分疫情数据如图 9-12 所示。

9.3.3 数据预处理

在实际应用中,数据采集阶段得到的数据往往不能直接进行数据分析。非结构化数据大都是不完整、不一致的"脏数据",无法直接进行数据挖掘,或挖掘结果不尽人意。为了

Column1	全国	武汉市
2020/2/1	14376	4109
2020/2/2	17203	5142
2020/2/3	20437	6384
2020/2/4	24324	8351
2020/2/5	28018	10117
2020/2/6	31147	11618
2020/2/7	34542	13603
2020/2/8	37109	14981
2020/2/9	40158	16902
2020/2/10	42638	18454
2020/2/11	44653	19558
2020/2/12	58761	32081
2020/2/13	63851	35991
2020/2/14	66491	37914
2020/2/15	68500	39462
2020/2/16	70550	41152
2020/2/17	72436	42752
2020/2/18	74185	44412
2020/2/19	75002	45027
2020/2/20	75891	45346
2020/2/21	76288	45660
2020/2/22	76741	46006
2020/2/23	77150	46607
2020/2/24	77658	47071
2020/2/25	78064	47441
2020/2/26	78497	47824
2020/2/27	78824	48137
2020/2/28	79251	48557
2020/2/29	79824	49122

图 9-12 部分疫情数据

提高数据挖掘的质量，需要在数据挖掘之前进行数据预处理。数据预处理是指对所收集数据进行分类或分组前所做的审核、筛选、排序等必要的处理。

从预处理的功能来分，数据预处理主要包括数据清理、数据集成、数据变换与数据规约。实际的数据预处理过程中，这四个功能不一定都用得到，并且它们的使用也没有先后顺序，而且可能需要进行多次数据预处理。

从数据预处理所采用的技术和方法来分，预处理方法包括基于粗集理论的简约方法、复共线性数据预处理方法、基于 Hash 函数取样的数据预处理方法、基于遗传算法数据预处理方法、基于神经网络的数据预处理方法和 Web 挖掘的数据预处理方法等等。

在数据挖掘整个过程中，海量的原始数据中存在着大量复杂的、重复的和不完整的数据，严重影响到数据挖掘算法的执行效率，甚至可能导致结果的偏差。为此，在数据挖掘算法执行前，必须对收集到的原始数据进行预处理，以提高数据的质量，提高数据挖掘过程的效率、精度和性能。

1. 数据清理

数据清理要去除源数据集中的噪声数据和无关数据，处理遗漏数据和清洗脏数据、空缺值，识别删除孤立点等。

（1）噪声

噪声是测量变量中的随机错误和偏差，包括错误的值或偏离期望的孤立点值，对噪声数据的处理方法有三种：分箱法、聚类法识别孤立点和回归。

（2）空缺值的处理

目前最常用的方法是，使用最可能的值填充空缺值。例如，用一个全局常量替换空缺值，使用属性的平均值填充空缺值或将所有元组按照某些属性分类，然后用同一类中属性的平均值填充空缺值。例如，一个公司职员平均工资收入为 3000 元，则使用该值替换工资中"基本工资"属性中的空缺值。

（3）清洗脏数据

异构数据源数据库中的数据并不都是正确的，常常不可避免地存在着不完整、不一致、不精确和重复的数据，这些数据统称为"脏数据"，脏数据可能使挖掘过程陷入混乱，导致不可靠的输出。清洗"脏数据"可采用的方式有：手工实现方式、用专门编写的应用程序、采用概率统计学远离数值异常的记录及对重复记录检测和删除。

2. 数据集成

（1）实体识别问题

在数据集成时候，来自多个数据源的实体有时并不一定是匹配的。例如，数据分析者如何才能确信一个数据库中的 student_id 和另一个数据库中的 stu_id 值是同一个实体，通常可以根据数据库或数据仓库的元数据来区分模式集成中的错误。

（2）冗余问题

数据集成往往导致数据冗余，如同一属性多次出现、同一属性命名不一致等，对于属性间冗余可以用相关分析检测并删除。

（3）数据值冲突检测与处理

对于现实世界的同一实体，来自不同数据源的属性值可能不同，这可能是因为表示比例、编码、数据类型、单位不统一，字段长度不同等，因此需要对属性值进行统一。

3. 数据变换

数据变换主要是找到数据的特征表示，用维变换或转换方法减少有效变量的数目或找到数据的不变式，包括规格化、规约、转换、旋转和投影等操作。规格化是指将元组集按照规格化条件进行合并，也就是属性值量纲的归一化处理。规格化定义了属性的多个取值到给定虚拟值的对应关系，对于不同的数值属性特点，一般可以分为取值连续和取值分散两个数值属性规格化问题。

4. 数据规约

数据规约指将数据按语义层次结构合并，语义层次结构定义了元组属性值之间的语义关系，规约化和规约过程能大量减少元组个数，提高计算效率，同时，规约化和规约过程提高了知识发现的起点，使得一种算法能够发现多层次的知识，适应不同应用的需要。数据规约是将数据库中的海量数据进行规约，规约之后的数据仍接近于保持原数据的完整性，但数据量相对小得多，这样挖掘的性能和效率会得到很大的提高。数据规约的策略主要有维规约、数据压缩、数值规约和概念分层。

（1）维规约

通过删除不相关的属性（或维）减少数据量，不仅仅压缩了数据集，还减少了出现在发现模式上的属性数目，通常采用属性子集选择方法找出最小属性集，使数据类的概率分布尽可能地接近使用该属性的原分布。

（2）数据压缩

数据压缩分为无损压缩和有损压缩，比较流行和有效的有损数据压缩方法是小波变换和主成分分析，小波变换对于稀疏或倾斜数据及具有有序属性的数据有很好的压缩效果。

（3）数值规约

数值规约通过选择可替代的、较小的数据表示形式来减少数据量。数值规约技术可以是有参的，也可以是无参的。有参方法是使用一个模型来评估数据，只需存放参数，而不需要存放实际数据。有参的数值规约技术有两种：回归（包括线性回归和多元回归）和对数线性模型（近似离散属性集中的多维概率分布）。无参数的数值规约技术有三种：直方图、聚类和选样。

（4）概念分层

通过收集并用较高层的概念替换较低层的概念来定义数值属性。概念分层可以用来规约数据，通过这种概化尽管细节丢失了，但概化后的数据更有意义、更容易理解，并且所需的空间比原数据少。对于数值属性，由于数据的可能取值范围的多样性和数据值的更新频繁，说明概念分层是困难的。数值属性的概念分层可以根据数据的分布分析自动构造，如用分箱、直方图分析、聚类分析、基于熵的离散化和自然划分段等技术生成数值概念分层。由用户专家在模式级显示中说明属性的部分序或全序,从而获得概念的分层;只说明属性集,但不说明它们的偏序,由系统根据每个属性不同值的个数产生属性序,自动构造有意义的概念分层。

5. 本案例数据预处理

(1) 空缺值处理(疫情数据)

本案例经过接口采集返回的数据有可能存在空缺值,并且在后续数据分析中,要对采集到的数据进行计算,因此还要对原始数据的类型进行转换,处理过程如代码清单9-8所示。

代码清单9-8　去重及类型转换函数

```python
def data_abstract(result, area):
    y_data = result[area]
    y_data[y_data == 'NaN'] = np.NAN
    y_data = y_data.dropna()
    y_data = y_data.astype(float)
    global first_date    #后续数据可视化需要
    first_date = dt.datetime.strptime(y_data.index[0], '%Y-%m-%d')
    x_data = np.asarray(range(0, len(y_data)))
    return x_data, y_data
```

(2) 无效数据清理(评论数据)

在评论数据中,往往包含大量的特殊字符、表情符号和数字等"脏数据",这些数据对数据分析可能会产生实际影响,在数据预处理阶段就需要将这些数据删除掉,以保证进入数据分析阶段的数据是标准的。具体代码如代码清单9-9所示。

代码清单9-9　无效数据清理

```python
import codecs
import re
corpus = []
file = codecs.open("./Data/nlp.csv", "r", "utf-8")
for line in file.readlines():
    corpus.append(line.strip())
stripcorpus = corpus.copy()
for i in range(len(corpus)):
    stripcorpus[i] = re.sub("@([\s\S]* ?):","",corpus[i])      #去除@ ...:
    stripcorpus[i] = re.sub("\[([\S\s]* ?)\]","",stripcorpus[i])    # [...]:
    stripcorpus[i] = re.sub("@([\s\S]* ?)","",stripcorpus[i])      #去除@ ...
    stripcorpus[i] = re.sub("[\s+\.\!\/_,$%^*(+\"\'] +|[+——!,。?、~@#¥%……&*()]+","",stripcorpus[i])    #去除标点及特殊符号
```

续

```
stripcorpus[i] = re.sub("[^\u4e00 - \u9fa5]","",stripcorpus[i])    #去除所有非汉字
内容(英文数字)
    stripcorpus[i] = re.sub("客户端","",stripcorpus[i])
    stripcorpus[i] = re.sub("回复","",stripcorpus[i])
```

9.4 数据分析与挖掘

数据分析与挖掘，分为明确挖掘目标，进行数据采集、数据预处理、挖掘建模和模型评价等步骤。本案例在前述章节已经完成了数据采集和数据预处理的过程，以下部分主要通过明确挖掘目标并进行数据建模分析。

9.4.1 疫情数据拟合分析

在前述章节中对本案例的疫情拟合数据进行了空缺值的处理和数据类型的转换，本小节将在介绍阻滞增长模型的基础上，利用 Python 编程搭建分析模型并进行疫情数据的拟合分析。

1. 阻滞增长模型介绍

阻滞增长模型（Logistic 模型）是皮埃尔在 1844—1845 年研究该模型与人口增长的关系时命名的。阻滞增长模型是考虑到自然资源、环境条件等因素对人口增长的阻滞作用，对指数增长模型的基本假设进行修改后得到的。阻滞作用体现在对人口增长率 r 的影响上，使 r 随着人口数量 x 的增加而下降。其公式如式（9-4）所示：

$$P(t) = \frac{KP_0 e^{rt}}{K + P_0(e^{rt}) - 1} \tag{9-4}$$

其中，$P(t)$ 是 t 时刻的感染人数，r 是增长率，t 是时间，P_0 是初始感染人数，K 是最大感染人数。

在本案例中，使用 curve_fit 函数对 logistic 曲线进行非线性最小二乘拟合，对增长率 r 以 0.01 为单位遍历（0,1），对最大容量 K 以 1 为单位遍历（1000,100000），根据最小化均方误差准则，采用网格法的方式寻找最优参数 K、P_0、r。

2. 疫情阻滞增长模型拟合分析

使用 Python 进行拟合分析分为以下五步。

（1）阻滞增长模型函数定义，如代码清单 9-10 所示。

代码清单 9-10　函数定义实现

```
def logistic_increase_function(t, P0):
    r = hyperparameters_r
    K = hyperparameters_K
    exp_value = np.exp(r * (t))
    return (K * exp_value * P0) / (K + (exp_value - 1) * P0)
```

(2) 模型拟合实现,如代码清单 9-11 所示。

代码清单 9-11 拟合实现

```python
def fitting(logistic_increase_function, x_data, y_data):
    #传入要拟合的logistic函数以及数据集
    #返回拟合结果
    popt = None
    mse = float("inf")
    i = 0
    #网格搜索来优化r和K参数
    r = None
    k = None
    k_range = np.arange(10000, 100000, 1000)
    r_range = np.arange(0, 1, 0.01)
    for k_ in k_range:
        global hyperparameters_K
        hyperparameters_K = k_
        for r_ in r_range:
            global hyperparameters_r
            hyperparameters_r = r_
            #用非线性最小二乘法拟合
            popt_, pcov_ = curve_fit(
                logistic_increase_function, x_data, y_data, maxfev=4000)
            #采用均方误差准则选择最优参数
            mse_ = mean_squared_error(
                y_data, logistic_increase_function(x_data, *popt_))
            if mse_ <= mse:
                mse = mse_
                popt = popt_
                r = r_
                k = k_
            i = i + 1
            print('\r 当前进度:{0}{1}% '.format('█' * int(i * 10/len(k_range) /
                len(r_range)), int(i * 100/len(k_range)/len(r_range))), end='')
    print('拟合完成')
    hyperparameters_K = k
    hyperparameters_r = r
    popt, pcov = curve_fit(logistic_increase_function, x_data, y_data)
    print("K:capacity  P0:initial_value  r:increase_rate")
    print(hyperparameters_K, popt, hyperparameters_r)
    return hyperparameters_K, hyperparameters_r, popt
```

(3) 模型分析, 如代码清单 9-12 所示。

代码清单 9-12 模型分析实现

```python
def predict(logistic_increase_function, popt):
    #根据最优参数进行分析
    future = np.linspace(0, 52, 52)
    future = np.array(future)
    future_predict = logistic_increase_function(future, popt)
    diff = np.diff(future_predict)
    diff = np.insert(diff, 0, np.nan)
    return future, future_predict, diff
```

(4) 结果可视化, 如代码清单 9-13 所示。

代码清单 9-13 可视化实现

```python
def visualize(area, future, future_predict, x_data, y_data, diff):
    #绘图
    x_show_data_all = [(first_date + (dt.timedelta(days = i))
                        ).strftime("%m-%d") for i in future]
    x_show_data = x_show_data_all[:len(x_data)]
    plt.figure(figsize = (12, 6), dpi = 300)
    #plt.scatter(x_show_data, y_data, s =35, marker = '*', c = "dimgray", label = "确诊人数")
    plt.plot(x_show_data, y_data, 'r', linewidth = 2, label = '确诊曲线')
    plt.plot(x_show_data_all, future_predict, 'g', linewidth = 2, label = '分析曲线')
    #plt.plot(x_show_data_all, diff, "r", c = 'darkorange', linewidth = 1.5, label = '一阶差分')
    plt.tick_params(labelsize = 10)
    plt.xticks(x_show_data_all)
    # plt.grid()    #显示网格
    plt.legend()    #指定 legend 的位置右下角
    ax = plt.gca()
    for label in ax.xaxis.get_ticklabels():
        label.set_rotation(45)
    if area == "全国(不含武汉市)":
        plt.ylabel('全国(不含武汉市)累计确诊人数')
        plt.savefig("./全国(不含武汉市)数据拟合图.png", dpi = 500)
    elif area == "武汉市":
        plt.ylabel('武汉市累计确诊人数')
        plt.savefig("./武汉市数据拟合图.png", dpi = 500)
    plt.show()
```

（5）入口函数实现，如代码清单9-14所示。

代码清单9-14　入口函数实现

```
if __name__ == '__main__':
    #载入数据
    result = load_data()
    for area in ["全国(不含武汉市)", "武汉市"]:
        #从原始数据中提取对应数据
        x_data, y_data = data_abstract(result, area)
        #拟合并通过网格调参寻找最优参数
        K, r, popt = fitting(logistic_increase_function, x_data, y_data)
        #模型分析
        future, future_predict, diff = predict(
            logistic_increase_function, popt)
        #绘制图像
        visualize(area, future, future_predict, x_data, y_data, diff)
```

经过上述程序处理后，最终会输出分析图，在控制台也打印出了阻滞增长模型的相关参数，武汉市疫情数据拟合图如图9-13所示，全国（不含武汉市）疫情数据拟合图如图9-14所示，拟合过程如图9-15所示。

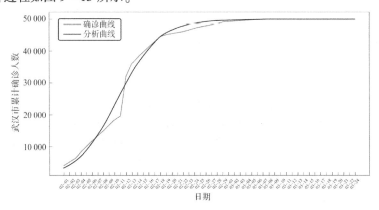

图9-13　武汉市疫情数据拟合图

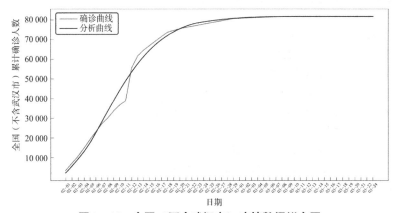

图9-14　全国（不含武汉市）疫情数据拟合图

```
当前进度: ■■■■■■■■00%拟合完成
K:capacity   P0:initial_value   r:increase_rate
87000  [14240.90621247]  0.2
```

图 9-15 拟合过程图

从疫情数据拟合图中可以看出，全国（不含武汉市）的疫情拐点出现在 2 月 27 日左右，此时增长率基本降为 0，在 2 月 7 日到 2 月 15 日拟合效果最差。2 月 29 日以后拟合效果较好。

武汉市的疫情数据在 2 月 6 日到 2 月 13 日拟合效果较差，疫情拐点出现在 3 月 1 日左右。

9.4.2 评论数据信息挖掘

本案例在 9.3 节数据预处理的基础上，得到了微博评论的标准化数据，本小节将对其标准化数据进行信息的挖掘，主要包括词频统计、词云图绘制、情感分析和 DBSCAN 聚类分析。

1. 词频统计

首先针对处理后的关于疫情的微博评论数据进行分词，然后进行词频统计。对于中文的词频统计，使用了 Python 的第三方库 Jieba，本案例主要使用精确模式进行词性划分并统计词频，以采集到的 2020 年 4 月 8 日的评论数据为例，将统计好的词语按照降序排列。词频统计实现如代码清单 9-15 所示。

代码清单 9-15 词频统计实现

```
import jieba
txt = open("./评论数据.csv", "r", encoding = 'utf-8').read()
words = jieba.lcut(txt)        #使用精确模式对文本进行分词
counts = {}
for word in words:
    if len(word) == 1:         #单个词语不计算在内
        continue
    else:
        counts[word] = counts.get(word, 0) +1
items = list(counts.items())
items.sort(key = lambda x: x[1], reverse = True)
for i in range(10):
    word, count = items[i]
    print("{0:<5}{1:>5}".format(word, count))
```

在完成词频统计后，将结果打印输出前 10 个高频词，如图 9-16 所示，从图中可以得知，网友在评论区发表最多的词语就是"武汉""好久不见""加油"，由此可见，在 2020 年 4 月 8 日武汉市解封这一天，网民关注度最高的信息就是庆祝武汉市解封。

2. 词云图绘制

在词频统计的基础上，绘制词云图更能直观地展示出词频统计

```
武汉      232
好久不见    81
加油      54
你好      49
解封      32
欢迎      24
终于      20
回来      19
更好      14
热干面     14
```

图 9-16 词频统计图

的结果。

本案例使用 Python 的第三方库 WordCloud，以 2020 年 4 月 8 日微博评论数据为例，生成词云图。词云图实现如代码清单 9-16 所示。

代码清单 9-16　词云图实现

```
import matplotlib.pyplot as plt
import jieba
from wordcloud import WordCloud
#对结果可视化
path_txt = './评论数据.csv'
f = open(path_txt,'r',encoding = 'UTF-8').read()
cut_text = "".join(jieba.cut(f))
wordcould = WordCloud(
    font_path = "C:\\Windows\\Fonts\\msyh.ttc",
    background_color = 'white',width = 3000,height = 2500).generate(cut_text)
plt.imshow(wordcould,interpolation = "bilinear")
plt.axis("off")
plt.savefig('./微博评论数据可视化云图')
plt.show()
```

词云图分析结果如图 9-17 所示。在词云图中，出现频率越高的词语使用的字号越大。可以明显看出，词云图结果与词频统计结果一致。

3. 情感分析

情感分析主要针对微博评论数据，数据源同样是 2020 年 4 月 8 日的微博评论数据。使用 Python 的第三方库 SnowNLP 即可实现简单的情感分析。情感分析实现如代码清单 9-17 所示。

图 9-17　词云图

第9章 聚类——新冠肺炎疫情分析及微博评论的数据挖掘

代码清单9-17 情感分析实现

```python
# -*- coding: utf-8 -*-
from snownlp import SnowNLP
import codecs
import os
#可视化画图
import matplotlib.pyplot as plt
import numpy as np
#获取情感分数
source = open("./评论数据.csv","r",encoding='utf-8')
line = source.readlines()
sentimentslist = []
for i in line:
    s = SnowNLP(i)
    print(s.sentiments)
    sentimentslist.append(s.sentiments)

#区间转换为[-0.5,0.5]
results = []
i = 0
while i < len(sentimentslist):
    results.append(sentimentslist[i]-0.5)
    i = i + 1
plt.plot(np.arange(0,373,1), results, 'k-')
plt.xlabel('分词数量')
plt.ylabel('情绪指数')
plt.title('情感分析图')
plt.rcParams['font.sans-serif'] = ['SimHei'] #显示中文标签
plt.rcParams['axes.unicode_minus'] = False  # 用来正常显示负号
plt.savefig('./情感分析图');
plt.show()
```

需要注意的是，在本案例中，为了形成对比，将词性分数从默认的 [0, 1] 区间转换成 [-0.5, 0.5] 区间。

经过情感分析后，在控制台可以看到，SnowNLP 根据自带的字典对每一条评论进行评分的情况，部分评分图如图9-18所示，同时也生成了经过转换区间后的情感分析图，如图9-19所示。从情感分析图中可以明显观察到，悲观情绪和乐观情绪在数据样本较大时基本上处于平衡状态，也从侧面反映了网民对武汉市解封事件的态度处于中性水平。

```
0.248414593846236
0.18212150242891723
0.33168953733266804
0.22284217596516598
0.7785065906186925
0.012158716741386244
0.8447306618502627
0.6076756251723942
0.9584317924026838
0.127358307169777603
0.5066950961766012
0.7748859364856316
0.999790710394549
0.1000380677579652
0.15504789915781503
0.6694211224280282
0.29089155536801314
```

图9-18 SnowNLP 部分评分图

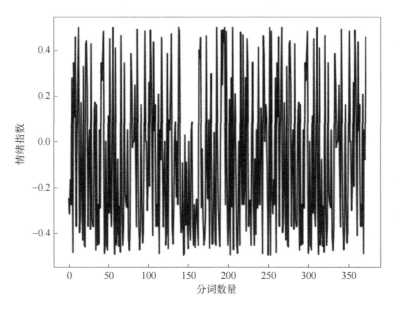

图 9-19 情感分析图

4. DBSCAN 聚类分析

在聚类之前,首先通过自行构建词袋来对每个单词进行词性的划分,然后在此基础上,统计每个词语的 TF-IDF 权值,分词获取 TF-IDF 权值实现如代码清单 9-18 所示。最后使用 DBSCAN 算法进行聚类分析并可视化,DBSCAN 实现如代码清单 9-19 所示。本案例采用的数据是 2020 年 4 月 8 日的微博评论数据。

代码清单 9-18　分词获取 TF-IDF 权值实现

```
import codecs
import re
import jieba.posseg as pseg
from sklearn import feature_extraction
from sklearn.feature_extraction.text import TfidfTransformer
from sklearn.feature_extraction.text import CountVectorizer
import numpy as np
import matplotlib.pyplot as plt
from sklearn.decomposition import PCA
from sklearn.manifold import TSNE
from sklearn.cluster import DBSCAN
corpus = []
file = codecs.open("./评论数据.csv", "r", "utf-8")
for line in file.readlines():
    corpus.append(line.strip())
stripcorpus = corpus.copy()
for i in range(len(corpus)):
    stripcorpus[i] = re.sub("@([\s\S]*?):","",corpus[i])    #去除@ ...:
```

续

```
        stripcorpus[i] = re.sub("\[([\S\s]*?)\]","",stripcorpus[i])   #[...]:
        stripcorpus[i] = re.sub("@([\s\S]*?)","",stripcorpus[i])   #去除@...
        stripcorpus[i] = re.sub("[\s+\.\!\/_,$%^*(+\"\']+|[+——!,。?、~@#¥%……&
*()]+","",stripcorpus[i])   #去除标点及特殊符号
        stripcorpus[i] = re.sub("[^\u4e00-\u9fa5]","",stripcorpus[i])   #去除所有非汉字内
容(英文数字)
        stripcorpus[i] = re.sub("客户端","",stripcorpus[i])
        stripcorpus[i] = re.sub("回复","",stripcorpus[i])
onlycorpus = []
for string in stripcorpus:
    if(string == ''):
        continue
    else:
        if(len(string)<5):
            continue
        else:
            onlycorpus.append(string)
cutcorpusiter = onlycorpus.copy()
cutcorpus = onlycorpus.copy()
cixingofword = []
wordtocixing = []
for i in range(len(onlycorpus)):
    cutcorpusiter[i] = pseg.cut(onlycorpus[i])
    cutcorpus[i] = ""
    for every in cutcorpusiter[i]:
        cutcorpus[i] = (cutcorpus[i] +" "+str(every.word)).strip()
        cixingofword.append(every.flag)
        wordtocixing.append(every.word)
word2flagdict = {wordtocixing[i]:cixingofword[i] for i in range(len(wordtocixing))}
vectorizer = CountVectorizer()
transformer = TfidfTransformer()
tfidf = transformer.fit_transform(vectorizer.fit_transform(cutcorpus))
word = vectorizer.get_feature_names()
weight = tfidf.toarray()
wordflagweight = [1 for i in range(len(word))]
for i in range(len(word)):
    if(word2flagdict[word[i]] == "n"):
        wordflagweight[i] = 1.9
    elif(word2flagdict[word[i]] == "vn"):
        wordflagweight[i] = 1.1
    elif(word2flagdict[word[i]] == "m"):
        wordflagweight[i] = 0
```

```
        else:
            continue
wordflagweight = np.array(wordflagweight)
newweight = weight.copy()
for i in range(len(weight)):
    for j in range(len(word)):
        newweight[i][j] = weight[i][j] * wordflagweight[j]
DBS_clf = DBSCAN(eps = 1, min_samples = 6)
DBS_clf.fit(newweight)
```

代码清单 9-19 DBSCAN 实现

```
def DBS_Visualization(epsnumber, min_samplesnumber, X_weight):
    DBS_clf = DBSCAN(eps = epsnumber, min_samples = min_samplesnumber)
    DBS_clf.fit(X_weight)
    labels_ = DBS_clf.labels_
    X_reduction = PCA(n_components = (max(labels_) + 1)).fit_transform(X_weight)    #这个 weight 是不需要改变的
    X_reduction = TSNE(2).fit_transform(X_reduction)
    signal = 0
    noise = 0
    xyclfweight = [[[],[]] for k in range(max(labels_) + 2)]
    for i in range(len(labels_)):
        if(labels_[i] == -1):
            noise += 1
            xyclfweight[-1][0].append(X_reduction[i][0])
            xyclfweight[-1][1].append(X_reduction[i][1])
        else:
            for j in range(max(labels_) + 1):
                if(labels_[i] == j):
                    signal += 1
                    xyclfweight[j][0].append(X_reduction[i][0])
                    xyclfweight[j][1].append(X_reduction[i][1])
    colors = ['red','blue'] * 5
    for i in range(len(xyclfweight) - 1):
        plt.plot(xyclfweight[i][0], xyclfweight[i][1], color = colors[i])
    plt.plot(xyclfweight[-1][0], xyclfweight[-1][1], color = 'black')
    plt.axis([min(X_reduction[:,0]), max(X_reduction[:,0]), min(X_reduction[:,1]), max(X_reduction[:,1])])
    plt.xlabel("x1")
    plt.ylabel("x2")
    plt.show()
```

```
print("分类数量(含噪声-1,粉色) = " + str(max(labels_) +2)," " + "信噪比 = " + str
(signal/noise))    #包括噪声一共有多少类
print("eps = " + str(epsnumber) + "  ", "min_sample = " + str(min_samplesnumber))DBS_
Visualization(0.95,6,newweight)
```

经过上述处理后,DBSCAN 聚类图如图 9-20 所示。从图中可以得知,经过聚类之后,文本的评论数据被分成了五类,其中两类的数量较大,为红色和黑色,另外,在控制台可以看出 DBSCAN 算法最重要的两个参数 ε-邻域的距离阈值 eps 和给定点在 eps 邻域半径内成为核心对象的最小点数 min_sample 分别为 0.95 和 6,参数图如图 9-21 所示。

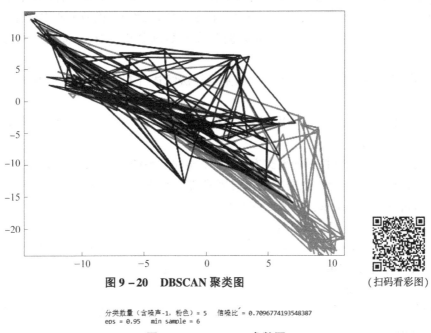

图 9-20　DBSCAN 聚类图　　　　　　(扫码看彩图)

图 9-21　DBSCAN 参数图

9.5　拓展思考

9.5.1　理论意义

本案例在数据挖掘和信息提取的过程中,使用了 Python 的第三方库处理数据;在数据拟合过程中,使用网格法寻找最优参数;在对微博评论的聚类分析中,使用了 DBCSAN 算法,并将聚类结果以可视化的形式展示。

9.5.2　实践意义

本案例严格按照数据挖掘与分析的流程,从获取数据到抽取信息,均使用 Python 和相关算法,完成了疫情分析的阻滞增长模型的建模及拟合分析,对爬取的微博评论数据进行了词频统计、词云图绘制、情感分析和 DBSCAN 聚类分析,具有一定的实践意义。

9.6　本章小结

本案例主要向读者展示了如何进行数据挖掘的全流程分析，采集了微博评论和第三方网站提供的接口数据，并对数据进行了清洗、分析和信息的提取。重点阐述了聚类相关的知识和算法，并使用 DBSCAN 的算法，将评论数据进行了聚类分析。

本章参考文献

[1] 吴相钰，陈守良，葛明德. 陈阅增普通生物学［M］. 北京：高等教育出版社，2009.

[2] 韩家炜，坎佰，裴健等. 数据挖掘概念与技术［M］. 北京：机械工业出版社，2012.

[3] 李涛. 数据挖掘的应用与实践：大数据时代的案例分析［M］. 厦门：厦门大学出版社，2013.

[4] 贺玲，吴玲达，蔡益朝. 数据挖掘中的聚类算法综述［J］. 计算机应用研究，2007，24（1）：10 – 13.

[5] 姜园，张朝阳，仇佩亮，等. 用于数据挖掘的聚类算法［J］. 电子与信息学报，2005，27（004）：655 – 662.

[6] 行小帅，焦李成. 数据挖掘的聚类方法［J］. 电路与系统学报，2003，8（001）：59 – 67.

[7] IanH. Witten, EibeFrank. 数据挖掘：实用机器学习技术：practical machine learning tools and tecniques［M］. 北京：机械工业出版社，2007.

[8] 史莱昌. 矩阵分析［M］. 北京：北京理工大学出版社，1996.

[9] Luz S. Mining of massive datasets［J］. Computing Reviews, 2012, 53(12):721 – 722.

[10] 冯少荣，肖文俊. DBSCAN 聚类算法的研究与改进［J］. 中国矿业大学学报，2008，37（1）：105 – 105.

[11] 施聪莺，徐朝军，杨晓江. TFIDF 算法研究综述［J］. 计算机应用，2009，29（B06）：167 – 170.

[12] 崔丹丹. K – Means 聚类算法的研究与改进［D］. 安徽：安徽大学，2012.

第 10 章　序列挖掘——景区日客流量影响因素分析与预测

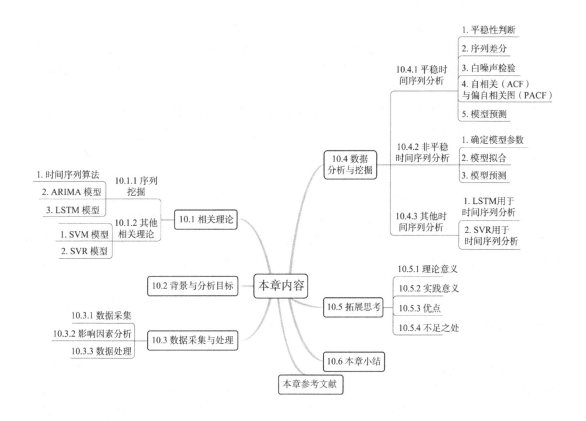

10.1　相关理论

10.1.1　序列挖掘

序列挖掘是数据挖掘里关联分析算法的一种，是指从序列数据库中寻找频繁子序列作为模式的知识发现过程。即输入一个序列数据库，输出所有不小于最小支持度的序列的过程。直白地讲，序列挖掘就是从大量的序列数据中，挖掘出频繁出现的"子序列"。跟关联规则挖掘不一样，序列挖掘的对象及结果都是有序的，即数据集中的每个序列的条目在时间或空间上是有序排列的，输出的结果也是有序的。考虑时间上的因素，能够得到一些比关联规则挖掘更有价值的规律，如关联挖掘经常能挖掘出如啤酒和尿布的搭配规律，而序列挖掘则能挖掘出诸如《育儿指南》和婴儿车这样带有一定因果性质的规律。所以，序列挖掘比关联挖掘能得到更深刻的知识。

1．时间序列算法

时间序列算法就是利用过去一段时间内某事件时间的特征来预测未来一段时间内该事件的

特征。这是一类相对复杂的预测建模问题，和回归分析模型的预测不同，时间序列模型是依赖事件发生的先后顺序的，同样大小的值改变顺序后输入模型产生的结果是不同的。

时间序列数据被看作一种独特的数据来处理，其具有以下三个特点。

①时间序列数据与其他类型的数据的最大区别在于当前时刻的数据值与之前时刻的数据值存在着联系，该特点表明过去的数据已经暗示了现在或将来数据发展变化的规律，这种规律主要包括了趋势性、周期性和不规则性。趋势性反映的是时间序列在一个较长时间内的发展方向，它可以在一个相当长的时间内表现为一种近似直线地持续向上或持续向下或平稳的趋势。周期性反映的是时间序列受各种周期因素影响所形成的一种长度和幅度固定的周期波动。不规则性反映的是时间序列受各种突发事件、偶然因素的影响所形成的非趋势性和非周期性的不规则变动。

②时间序列的平稳性和非平稳性。时间序列的平稳性表明了时间序列的均值和方差在不同时间上没有系统的变化，而非平稳性意味着均值和方差随着时间推移会发生变化。也就是说，时间序列的平稳性保证了时间序列的本质特征不仅仅存在于当前时刻，还会延伸到未来。

③时间序列数据的规模不断变大。一方面，随着各方面硬件技术的不断发展，实际应用中数据的采样频率不断提高，因此时间序列的长度也不断变大，仅仅把时间序列看作单纯的一维向量数据来处理不可避免地会带来维数灾难等问题；另一方面，很多实际应用中的时间序列数据不仅仅是单纯的一维数据，往往也包含了一组数值，这一组数值之间也存在着联系，多维时间序列对时间序列预测提出了新的要求。

实际上，在具体研究时间序列预测方法的过程中，时间序列数据的这些特点是需要首先考虑的，这是完成预测工作的难点和关键。结合这些特点进行时间序列预测，才能针对实际问题给出满意的答案。

基于统计的时间序列数据建模方法分为两类，一种是比较传统的时间序列建模方法，如移动平均法、指数平滑法、AR、MA 和 ARMA 等；一种是基于机器学习方法，如随机森林、Xgboost 和 LightGBM 等。其中，本案例使用了传统时间序列建模中的 AR、MA、ARMA、ARIMA 和基于机器学习方法中的 SVR 算法。此外，本案例还采用了基于深度学习的时序数据建模方法——长短期记忆（Long Short-Term Memory，LSTM）递归神经网络方法。

2. ARIMA 模型

ARIMA 模型描述当前值与历史值之间的关系，用变量自身的历史时间数据对自身进行预测。

（1）模型原理

①平稳性要求。

ARIMA 模型最重要的地方在于时序数据的平稳性。平稳性是要求经由样本时间序列得到的拟合曲线在未来的短时间内能够顺着现有的形态惯性地延续下去，即数据的均值、方差理论上不应有过大的变化。平稳性可以分为严平稳与弱平稳两类。严平稳指的是数据的分布不随着时间的改变而改变；而弱平稳指的是数据的期望与相关系数（即依赖性）不发生改变。在实际应用的过程中，严平稳过于理想化与理论化，绝大多数的情况都是属于弱平稳的。对于不平稳的数据，应当对数据进行平稳化处理。最常用的手段便是差分法，计算时间序列中 t 时刻与 $t-1$ 时刻的差值，从而得到一个新的、更平稳的时间序列。

②AR。

自回归模型 AR 首先需要确定一个阶数 p，表示用几期的历史值来预测当前值。p 阶自回归模型的公式定义为：

$$y_t = \mu + \sum_{i=1}^{p} \gamma_i y_{t-i} + \epsilon_t \qquad (10-1)$$

其中，y_t 是当前值；μ 是常数项；p 是阶数；γ_i 是自相关系数；ϵ_t 是误差。

自回归模型有很多限制：自回归模型是用自身的数据进行预测的、时间序列数据必须具有平稳性、自回归只适用于预测与自身前期相关的现象。

③MA。

移动平均模型 MA 关注的是自回归模型中的误差项的累加，q 阶自回归过程的公式定义为：

$$y_t = \mu + \epsilon_t + \sum_{i=1}^{q} \theta_i \epsilon_{t-1} \qquad (10-2)$$

其中，y_t 是当前值；μ 是常数项；ϵ_t 是误差项；q 是阶数；θ_i 是权重系数。

移动平均模型能有效地消除预测中的随机波动。

④ARMA。

将自回归模型 AR 和移动平均模型 MA 模型相结合，就得到了自回归移动平均模型 ARMA（p，q），计算公式为：

$$y_t = \mu + \sum_{i=1}^{p} \gamma_i y_{t-i} + \epsilon_t + \sum_{i=1}^{q} \theta_i \epsilon_{t-i} \qquad (10-3)$$

⑤ARIMA。

如果原始数据不满足平稳性要求而进行了差分，那么将自回归模型、移动平均模型和差分法结合，就得到了差分自回归移动平均模型 ARIMA（p，d，q），其中 d 是需要对数据进行差分的阶数。差分之后就和 ARMA 模型完全相同了。

（2）建模过程

一般来说，建立 ARIMA 模型一般有四个阶段，分别是序列平稳化、模型识别、模型检验和模型预测。

①序列平稳化。

因为 ARIMA 模型有平稳性的要求，所以第一步就需要看是否平稳，如果平稳就可以进行后续的模型识别与模型检验，如果不平稳就要看是否需要进行差分、是否有季节性因素等，最终得到平稳化的序列。

②模型识别。

模型的识别问题，主要是确定 p，d，q 三个参数，差分的阶数 d 一般通过观察图示来确定，一阶或二阶即可。

自相关函数（Auto Correlation Function，ACF）描述的是时间序列观测值与其过去的观测值之间的线性相关性。其计算公式为：

$$\text{ACF}(k) = \rho_k = \frac{\text{Cov}(y_t, y_{t-k})}{\text{Var}(y_t)} \qquad (10-4)$$

其中，k 代表滞后期数，如果 $k=2$，则代表 y_t 和 y_{t-2}。

偏自相关函数（Partial Auto Correlation Function，PACF）描述的是在给定中间观测值的

条件下,时间序列观测值预期过去的观测值之间的线性相关性。

举个简单的例子,假设 $k=3$,那么描述的是 y_t 和 y_{t-3} 之间的相关性,但是这个相关性还受到 y_{t-1} 和 y_{t-2} 的影响。PACF 剔除了这个影响,而 ACF 包含这个影响。

平衡预测误差和参数个数,可以根据信息准则函数法,来确定模型的阶数。预测误差通常用平方误差即残差平方和来表示。

常用的信息准则函数法有以下两种。

一是,最小化信息量准则(Akaike Information Criterion,AIC),其计算公式为:

$$AIC = 2 \times (模型中参数的个数) - 2\ln(模型的极大似然函数值) \quad (10-5)$$

二是,贝叶斯信息准则(Bayesian Information Criterion,BIC)。AIC 存在一定的不足之处,当样本容量很大时,在 AIC 中拟合误差提供的信息就要受到样本容量的放大,而参数个数的惩罚因子却和样本容量没关系(一直是2),因此当样本容量很大时,使用 AIC 准则选择的模型不收敛于真实模型,它通常比真实模型所含的未知参数个数要多。而 BIC 弥补了 AIC 的不足,BIC 计算公式为:

$$BIC = \ln(n) \times (模型中参数的个数) - 2\ln(模型的极大似然函数值) \quad (10-6)$$

其中,n 是样本容量。

一般来说,BIC 得到的 ARIMA 模型的阶数较 AIC 的低。

③模型检验。

这里的模型检验主要有两个:检验参数估计的显著性(t 检验)和检验残差序列的随机性,即残差之间是独立的。

残差序列的随机性可以通过自相关函数法来检验,即做残差的自相关函数图,如果稳定在 0 值附近,则证明通过了残差检验。

④模型预测。

模型预测主要有两个函数,一个是 predict 函数,一个是 forecast 函数,predict 函数中进行预测的时间段必须在训练 ARIMA 模型的数据中,forecast 函数则是对训练数据集末尾下一个时间段的值进行预估。

3. LSTM 模型

LSTM 模型几乎可以完美地模拟多个输入变量的问题。这在时间序列预测中是一个很大的好处,经典的线性方法很难适应多元或多输入预测问题。

LSTM 模型是一种 RNN 的变形,经典的 LSTM 模型结构如图 10-1 所示。

LSTM 模型的特点就是在 RNN 结构外添加了各层的阀值节点。阀门有三类:遗忘阀门(Forget Gate)、输入阀门(Input Gate)和输出阀门(Output Gate)。这些阀门可以打开或关闭,将用于判断模型网络的记忆态(之前网络的状态)在该层输出的结果是否达到阈值从而加入当前该层的计算中。如图 10-1 所示,阀门节点利用 Sigmoid 函数将网络的记忆态作为输入计算;如果输出结果达到阈值,则将该阀门输出与当前层的计算结果相乘作为下一层的输入(这里的相乘是在指矩阵中的逐个元素相乘);如果输出结果没有达到阈值,则将该输出结果遗忘掉。每一层包括阀门节点的权重都会在每一次模型反向传播训练过程中更新。

LSTM 模型的记忆功能就是由这些阀门节点实现的。当阀门打开的时候,前面模型的训练结果就会关联到当前的模型计算中,而当阀门关闭的时候,之前的计算结果就不再影响当前的计算。因此,通过调节阀门的开关就可以实现早期序列对最终结果的影响。如果不希望之前的结果对之后产生影响,如自然语言处理中的开始分析新段落或新章节,那么把阀门关掉即可。

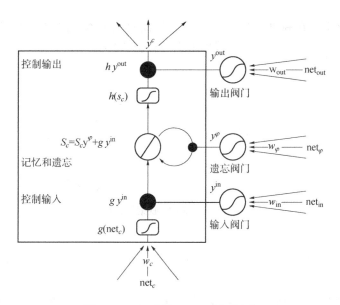

图 10-1 经典的 LSTM 模型结构

图 10-2 具体演示了阀门工作流程：通过阀门控制使序列第 1 的输入变量影响到了序列第 4、第 6 的变量计算结果。

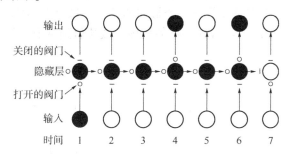

图 10-2 LSTM 模型阀门工作流程图

黑色实心圆代表对该节点的计算结果输出到下一层或下一次计算；空心圆则表示该节点的计算结果没有输入到网络或没有从上一次收到信号。

10.1.2 其他相关理论

1. SVM 模型

SVM（Support Vector Machine）模型是一种二类分类模型，其基本模型定义为特征空间上间隔最大的线性分类器，其学习策略便是间隔（Gap）最大化，最终可转化为一个凸二次规划问题的求解，如图 10-3 所示。对于一个数据集，有两类分别使用×和○来表示。想要找到一条最优曲线来区分这两类，即要找到间隔最大的那一条曲线，这条曲线便被称为超平面。图中加粗的×与○，被称为支持向量。

有时候，数据无法通过直线来分类，就需要将

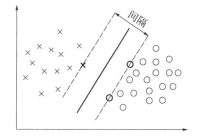

图 10-3 SVM 原理

数据映射到更高维上，在高维上构造超平面，从而完成分类。SVM 映射到高维如图 10 - 4 所示。对于非线性的模型需要使用非线性映射将数据投影到特征空间上，在特征空间使用线性分类器。

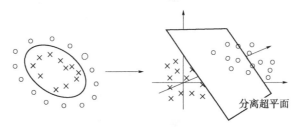

图 10 - 4　SVM 映射到高维

2. SVR 模型

SVR（Support Vector Regression）模型要找出一个超平面，使得所有数据到这个超平面的距离最小。

SVR 是 SVM 的一种运用，二者的基本思路是一致的，除了一些细微的区别。使用 SVR 做回归分析也需要找到一个超平面，不同的是：在 SVM 中要找出一个间隔最大的超平面，而在 SVR 中需要定义一个 ε，如图 10 - 5 所示，定义虚线内区域的数据点的残差为 0，而虚线区域外的数据点（支持向量）到虚线边界的距离为残差（ζ）。与线性模型类似，这些残差（ζ）要尽可能小。SVR 就是要找出一个最佳的条状区域（2ε 宽度），再对区域外的点进行回归。对于非线性的模型，与 SVM 一样使用核函数映射到特征空间上，然后再进行回归，原理如图 10 - 6 所示。

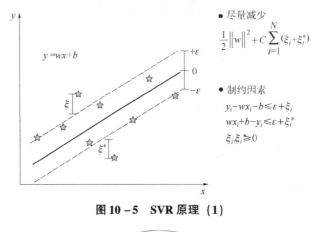

图 10 - 5　SVR 原理（1）

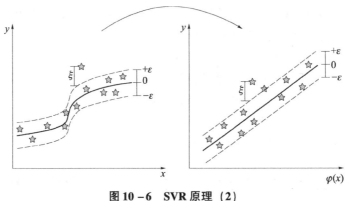

图 10 - 6　SVR 原理（2）

10.2 背景与分析目标

随着人民生活水平的日益提高，旅游成为越来越多人在空闲时间享受生活的选择。根据中国旅游研究院发布的《2020年旅游经济运行分析与2021年发展预测》研究报告，预计2021年国内旅游人数将达到41亿人次，国内旅游收入达到3.3万亿元，分别比2020年增长42%和48%。这说明我国的旅游休闲产业已经进入了大众旅游新时代，旅游逐渐发展成人们日常生活中的一个重要组成部分。

在旅游业高速发展的同时，景区管理的难度也在逐渐增大。而对景区客流量的预测可以帮助景区更科学、有效地进行管理，从而提高景区的经济收益，并为游客提供更加舒适的旅游体验。其中短期客流量的预测是景区对资源进行科学管理与合理调度的基本依据，本案例将以四姑娘山景区为例，分析探究天气状况、气温、空气质量及节假日等因素对景区日客流量的影响并建立模型对客流量进行预测，以此作为游客未来出行计划的建议与参考；同时，景区也可以根据预测的客流量提前安排相关工作，实现景区效益最大化。

10.3 数据采集与处理

10.3.1 数据采集

本案例的基础数据包括两部分，一是四姑娘山景区的客流量数据，二是客流量的影响因素数据。

（1）客流量数据

本案例从四姑娘山景区官方网站的每日客流量发布模块爬取了景区2016—2019年的客流量数据，如图10-7所示。

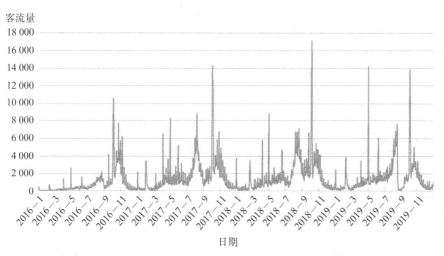

图10-7　四姑娘山景区2016—2019年景区日客流量数据

（2）客流量的影响因素数据

已有研究表明，短期客流量的影响因素主要有天气、星期、节假日和实践活动等。本案例结合现有文献中的分析，同时考虑到相关影响因素的强相关性与可操作性，探讨了天气状况、气温、空气质量与节假日四类因素对景区日客流量的影响。利用爬虫工具搜集了以上影响因素的相关数据,其中天气状况与气温数据来源于天气网站 lishi.tianqi.com;空气质量数据来源于天气后报网站 www.tianqihoubao.com;节假日数据则是根据日期,结合当年的日历进行处理后得到的。

10.3.2 影响因素分析

(1) 天气状况

天气状况是指距地表较近的大气层状态,是出游者选择出游日期的重要因素。恶劣的天气状况会影响人们的出行计划,进而影响景区的客流量,如在大雪或大雨天,选择出行的人会减少。由此可见,景区日客流量与天气状况之间有较大的相关性。本案例将爬取到的数据进行处理后得到了十种天气状况,分别是:大雨、多云、晴、小雪、中雪、雨夹雪、阵雨、中雨、小雨和阴。

(2) 气温

气温是一种表示景区境内空气温度和冷热变化程度的物理量。气温过低或过高都会影响人们的旅行计划,同时,气温变化也会影响游客出行过程中的舒适度。因此本案例将气温视为景区日客流量的影响因素之一,并选取了最高温、最低温与平均气温三个指标进行分析。

(3) 空气质量

随着人们生活水平与环保意识的提高,人们对空气质量也越来越重视,近几年国内游的人气和客流量排行榜就体现了旅游业中"避霾"的产业特点。空气清新、环境好的景区更容易受到人们的喜爱,而空气质量差、环境恶劣的景区自然会更容易受到人们的冷落。因此,本案例将空气质量纳入景区日客流量的影响因素,并选取了空气质量等级、AQI 指数及 $PM2.5$、$PM10$、SO_2、NO_2、CO、O_3 这六种污染物的浓度作为相关指标。

(4) 节假日

节假日是客流量快速激增的时候,四姑娘山景区 2019 年中 28 天节假日的客流量总计达 12.71 万人,约占其整个年度客流量的 22.86%,但节假日时间在全年的占比仅有 7.78%;据统计,节假日平均日客流量达到 4542 人,而非节假日的平均日客流量是 1292 人。从图10-7 中也可以看出,景区的日客流量在劳动节、国庆节等节假日期间出现了明显的高峰,因此,节假日也是景区日客流量的重要影响因素。

10.3.3 数据处理

(1) 客流量

本案例利用四姑娘山景区 2016—2019 年的景区日客流量统计了每月的客流量。

(2) 天气状况

本案例将十种天气状况映射为三类,分别是 0:小雪、中雪、雨夹雪;1:小雨、中雨、阵雨、大雨;2:阴、晴、多云,以便不同模型的取值和测量。

(3) 气温

本案例使用 Python 将气温字段中的 "°" 符号去除,并将该字段转换为数值类型,再使用式(10-7)计算得到平均气温:

$$平均气温 = (最高温 + 最低温) \div 2 \qquad (10-7)$$

(4) 空气质量

2016—2019 年的空气质量等级包括优、良、轻度污染三种,本案例将其映射为两类,分别是:0 为良、轻度污染;1 为优。

(5)节假日

本案例根据日期与每年日历上的节假日安排,构建了说明某日是否为节假日的字段,该字段 0 代表非节假日,1 代表节假日。

10.4 数据分析与挖掘

10.4.1 平稳时间序列分析

1. 平稳性判断

正如 10.1.1 节所提到的平稳性要求,序列的平稳性是建立时间序列模型的一大前提。因此,在建立模型前首先需要对数据进行平稳性检验。

将爬取到的客流量数据导入到 Excel 中,并以月为单位分类处理。利用导入的数据绘制时间序列图,如图 10-8 所示。

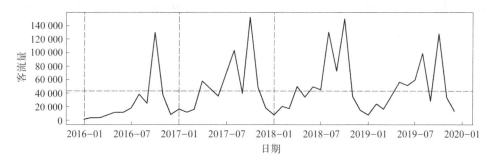

图 10-8 时间序列图

观察到时间序列呈明显周期性,不能满足时间序列分析的平稳化要求,由此本案例需要对该序列进行差分操作,使其转化为平稳的时间序列。

2. 序列差分

对该序列进行一阶差分(见代码清单 10-1)后序列图基本达到平稳,一阶差分后的时序图如图 10-9 所示。

代码清单 10-1 一阶差分处理

```
#差分处理
data_diff = data.diff()[1:]
plt.figure(figsize = (15,4))
plt.plot(data_diff['2016-01-01':'2019-12-01'])
for year in range(2016,2019):
    plt.axvline(pd.to_datetime(str(year) + '-01-01'),linestyle = '--',alpha = 0.3)
plt.axhline(data_diff['2016-01-01':'2019-12-01'].mean(),alpha = 0.3,linestyle = '--')
plt.show()
#可以看到时间序列在 0 均值上下移动,可认为平稳
```

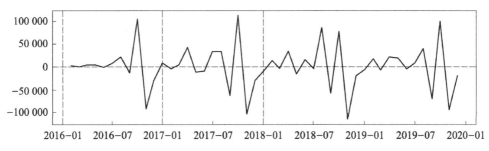

图 10-9　一阶差分后的时序图

3. 白噪声检验

平稳序列值之间没有任何相关性的序列称为纯随机序列,也称为白噪声序列,该序列过去的行为对将来的发展没有任何影响。从统计分析的角度而言,白噪声序列没有分析的价值,因此在得到了平稳的时间序列后还需要进行白噪声检验。

对数据进行白噪声检验,如代码清单10-2所示,发现 LB 检验和 Q 检验的 P 值都远小于 0.05,可以认为此序列不是白噪声序列。

代码清单10-2　白噪声检验

```
#白噪声检验
from statsmodels.stats.diagnostic import acorr_ljungbox
dt = acorr_ljungbox(data_diff,lags = [6,12,18],boxpierce = True)
```

4. 自相关(ACF)与偏自相关图(PACF)

在 10.1.1 节中,我们已经对自相关(ACF)与偏自相关(PACF)进行了简单的说明,接下来绘制数据的自相关图和偏自相关图,分别如图 10-10 和图 10-11 所示,发现自相关图 ACF 呈 1 阶截尾,而偏自相关图 PACF 呈拖尾。

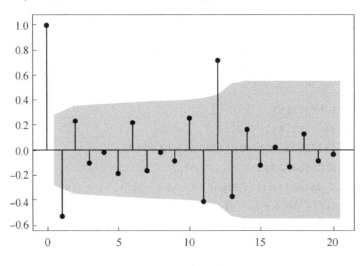

图 10-10　自相关图

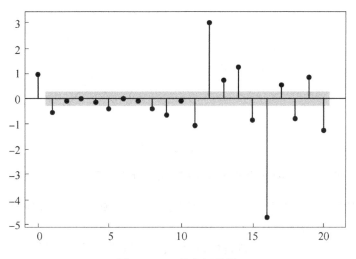

图 10-11 偏自相关图

5. 模型预测

首先选用 AR 模型进行数据预测，将划分好的训练集和测试集带入 AR 模型中，绘制预测值和实际值的时序图，处理过程如代码清单 10-3 所示。

代码清单 10-3　AR 模型预测

```
#AR 模型
from statsmodels.tsa.ar_model import AR
import time
model1 = AR(train_data,freq = 'MS')
start = time.time()
model1_fit = model1.fit(max_lag = 1)
end = time.time()
print('Model Fitting Time:', end - start)
#起始点、终止点
pred_start_date = test_data.index[0]pred_end_date = test_data.index[-1]

#预测值和残差
predictions = model1_fit.predict(start = pred_start_date,end = pred_end_date)
residuals = test_data - predictions
plt.figure(figsize = (10,4))
plt.plot(test_data,label = 'y',color = 'green')
plt.plot(predictions,label = 'y_pred',color = 'purple')
plt.legend()
plt.show()
```

模型预测值与实际值的对比时序图如图 10-12 所示。

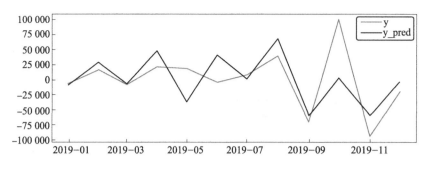

图 10-12　AR 模型预测值和实际值的对比时序图　　（扫码看彩图）

图 10-12 中的绿色线条表示实际值，紫色线条表示预测值。可以看出，预测结果与实际值存在差异，但其趋势大致相似。

然后，用 ARMA（1，0）模型进行模型拟合，并查看模型参数结果，处理过程如代码清单 10-4 所示。

代码清单 10-4　ARMA 模型拟合

```
#ARMA 模型
from statsmodels.tsa.arima_model import ARMA

model2 = ARMA(train_data,freq = 'MS',order = (1,0))
start = time.time()
model2_fit = model2.fit()
end = time.time()
print('Model Fitting Time:', end - start)
model2_fit.summary()
```

ARMA 模型拟合结果如表 10-1 所示。

表 10-1　ARMA 模型拟合结果

Dep. Variable:		people	No. Observations		35	
Model:		ARMA (1, 0)	Log Likelihood		-422.976	
Method:		css - mle	S. D. of innovations		42710.197	
Date:		Tue, 25, May 2021	AIC		851.952	
Time:		00:28:26	BIC		856.618	
Sample:		02-01-2016	HQIC		854.562	
		-12-01-2018				
		coef	std err	z	P>|z|	[0.025　0.975]
	const	376.4572	4897.106	0.077	0.939	-9221.695　9974.609
Ar. L1.	people	-0.4884	0.143	-3.404	0.002	-0.770　-0.207
Roots						
		Real	Imaginary	Modulus	Frequency	
AR.1		-2.0473	+0.0000j	2.0473	0.5000	

最后，利用 ARMA 模型进行数据预测，并绘制出预测值和实际值的对比时序图，如图 10-13 所示。

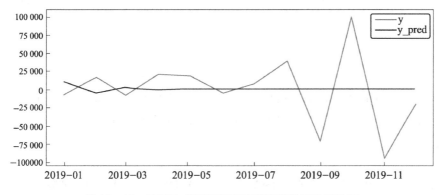

图 10-13 ARMA 模型预测值和实际值的对比时序图　　　　　（扫码看彩图）

从图 10-13 中可以看出，预测结果与实际值偏差很大，模型拟合效果很差。因此最终选用 AR 模型预测结果作为本模型预测的最终结果。

10.4.2 非平稳时间序列分析

建模前需要进行的平稳性判断、差分等操作与 10.4.1 节相似，本节不再重复，接下来进行模型识别与预测。

1. 确定模型参数

通过观察景区客流量的时间序列图，我们发现该时间序列呈现以年为单位的周期性，因此在构建模型时，需要考虑季节性因素，构建季节性 ARIMA 模型 $(p, d, q)(P, D, Q)s$，其中 p 是非季节性 AR 阶数，d 是非季节性差分，q 是非季节性 MA 阶数，P 是季节性 AR 阶数，D 是季节性差分，Q 是季节性 MA 阶数，s 是重复季节模式的时间跨度。

为了确定 ARIMA $(p, d, q)(P, D, Q)s$ 时间序列模型的最优参数值，使用"网格搜索"迭代地探索参数的不同组合，并使用 statsmodels 模块的 SARIMAX( ) 函数拟合新的季节性 ARIMA 模型，评估其整体质量，参数选择如代码清单 10-5 所示。

代码清单 10-5　参数选择

```
# 最优参数选择
p = d = q = range(0, 2)
pdq = list(itertools.product(p, d, q))
seasonal_pdq = [(x[0], x[1], x[2], 12) for x in list(itertools.product(p, d, q))]
for param in pdq:
    for param_seasonal in seasonal_pdq:
        try:
            mod = sm.tsa.statespace.SARIMAX(data['people'],
                                    order = param,
                    seasonal_order = param_seasonal, enforce_stationarity = False,
enforce_invertibility = False)
            results = mod.fit()
```

续

```
            print('ARIMA{}x{}12 - AIC:{}'.format(param, param_seasonal, results.
aic))
        except:
            continue
```

选择 10.1.1 节提到的 AIC 准则作为模型的衡量标准，当模型为 ARIMA（0, 1, 1）（0, 1, 1, 12）12 时，AIC 最小，为 478.175。因此，选择 p、d、q 分别为 0、1、1，P、D、Q 的值分别为 0、1、1。

2. 模型拟合

使用代码（见代码清单 10 - 6）建立 ARIMA（0, 1, 1）（0, 1, 1, 12）12 模型。

代码清单 10 - 6　模型构建

```
#模型构建
mod = sm.tsa.statespace.SARIMAX(data['people'],
                                order = (0, 1, 1),
                                seasonal_order = (0, 1, 1, 12),
                                enforce_stationarity = False,
                                enforce_invertibility = False)
results = mod.fit()
```

该模型的计算参数表如表 10 - 2 所示。

表 10 - 2　ARIMA 模型计算参数表

	coef	std err	z	$P>|z|$	[0.025	0.975]
ma. L1	-0.7197	0.217	-3.319	0.001	-1.145	-0.295
ma. S. L12	-0.3379	0.162	-2.091	0.037	-0.655	-0.021
sigma2	4.163e+08	6.27e-11	6.64e+18	0.000	4.16e+08	4.16e+08

计算参数表中的"coef"列显示每个特征的重要性，"$P>|z|$"列说明每个特征重要性的意义，其值都小于或接近 0.05，说明在模型中保留所有权重是合理的。

3. 模型预测

使用该模型对四姑娘山景区 2019 年的客流量进行预测，并将预测值与实际值进行比较并绘制图像，处理过程如代码清单 10 - 7 所示。

代码清单 10 - 7　模型预测（1）

```
#模型预测
pred = results.get_prediction(start = pd.to_datetime('2019 - 01 - 01'), dynamic = False)   #预测值
pred_ci = pred.conf_int()    #置信区间
ax = data['people']['2016':].plot(label = 'observed')
pred.predicted_mean.plot(ax = ax, label = 'forecast', alpha = .7)
ax.fill_between(pred_ci.index,
```

```
                pred_ci.iloc[:, 0],
                pred_ci.iloc[:, 1], color = 'k', alpha = .2)
ax.set_xlabel('Date')
ax.set_ylabel('People')
plt.legend()
plt.show()
```

得到的结果如图 10 - 14 所示。

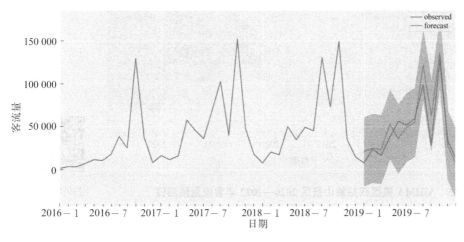

图 10 - 14　ARIMA 模型四姑娘山景区 2019 年客流量预测值与实际值对比图　　　（扫码看彩图）

图 10 - 14 中的红色线条表示实际值，蓝色线条表示预测值，灰色阴影区域代表预测值的置信区间。可以看出，预测结果与实际值存在差异，但轮廓大致相似，且图像在 2019 年后三个月几乎重合。

使用模型预测客流量在 2020—2022 年三年间的变化，处理过程如代码清单 10 - 8 所示。

代码清单 10 - 8　模型预测（2）

```
# 模型预测
pred_uc = results.get_forecast(steps = 36)
pred_ci = pred_uc.conf_int()

ax = data['people'].plot(label = 'observed', figsize = (20, 15))
pred_uc.predicted_mean.plot(ax = ax, label = 'Forecast')
ax.fill_between(pred_ci.index,
                pred_ci.iloc[:, 0],
                pred_ci.iloc[:, 1], color = 'k', alpha = .25)
ax.set_xlabel('Date')
ax.set_ylabel('People')
```

```
plt.legend()
plt.show()
```

客流量预测值可视化结果如图 10-15 所示。

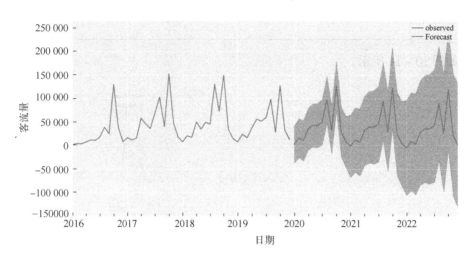

图 10-15　ARIMA 模型四姑娘山景区 2020—2022 年客流量预测值　　（扫码看彩图）

预测结果显示,时间序列将有小幅度地下降,但其上升空间也在逐年增大。

10.4.3　其他时间序列分析

1. LSTM 用于时间序列分析

LSTM 模型原理如 10.1.1 节所述。

（1）首先对 2016—2019 年的四姑娘山景区月客流量数据进行预处理,将数据中 na 的数据去掉,然后将数据标准化到 0~1 之间,数据预处理如代码清单 10-9 所示。

代码清单 10-9　数据预处理代码

```
#读取客流量数据
data_csv = pd.read_csv('./travel.csv', usecols=[1])
# 数据预处理
data_csv = data_csv.dropna()
dataset = data_csv.values
dataset = dataset.astype('float32')
max_value = np.max(dataset)
min_value = np.min(dataset)
scalar = max_value - min_value
dataset = list(map(lambda x: x / scalar, dataset))
```

（2）接着进行数据集的创建,通过前面两个月的流量来预测当月的流量。将前两个月的流量当做输入,当月的流量当做输出,如代码清单 10-10 所示。

代码清单10-10　创建数据集和输入输出

```
#创建数据集
def create_dataset(dataset, look_back = 2):
    dataX, dataY = [], []
    for i in range(len(dataset) - look_back):
        a = dataset[i:(i + look_back)]
        dataX.append(a)
        dataY.append(dataset[i + look_back])
    return np.array(dataX), np.array(dataY)
# 创建好输入输出
data_X, data_Y = create_dataset(dataset)
```

同时,需要将数据集分为训练集(70%)和测试集(30%),通过测试集的效果来测试模型的性能。

(3) 因为 RNN 读入的数据维度是 (seq, batch, feature),所以要重新改变一下数据的维度,这里只有一个序列,所以 batch 是 1,而输入的 feature 就是我们希望依据的几个月份,这里我们定的是两个月份,所以 feature 就是 2。改变数据维度如代码清单 10-11 所示。

代码清单10-11　改变数据维度

```
#改变数据维度
import torch
train_X = train_X.reshape( -1, 1, 2)
train_Y = train_Y.reshape( -1, 1, 1)
test_X = test_X.reshape( -1, 1, 2)

train_x = torch.from_numpy(train_X)
train_y = torch.from_numpy(train_Y)
test_x = torch.from_numpy(test_X)
```

(4) 定义好模型及网络结构。模型的第一部分是一个两层的 RNN,每一步模型接收两个月的输入作为特征,得到一个输出特征。接着通过一个线性层将 RNN 的输出回归到流量的具体数值,这里需要用 view 来重新排列,因为 nn. Linear 不接收三维的输入,所以先将前两维合并在一起,然后经过线性层之后再将其分开,最后输出结果。定义模型如代码清单 10-12 所示。

代码清单10-12　定义模型

```
# 定义模型
class lstm_reg(nn.Module):
    def __init__(self, input_size, hidden_size, output_size = 1, num_layers = 2):
        super(lstm_reg, self).__init__()

        self.rnn = nn.LSTM(input_size, hidden_size, num_layers) # rnn
        self.reg = nn.Linear(hidden_size, output_size) # 回归
```

```
def forward(self, x):
    x, _ = self.rnn(x)   # (seq, batch, hidden)
    s, b, h = x.shape
    x = x.view(s*b, h)   # 转换成线性层的输入格式
    x = self.reg(x)
    x = x.view(s, b, -1)
    return x

net = lstm_reg(2, 4)
criterion = nn.MSELoss()
optimizer = torch.optim.Adam(net.parameters(), lr=1e-2)
```

(5) 训练模型,如代码清单 10-13 所示。

代码清单 10-13　训练模型

```
# 开始训练
for e in range(1000):
    var_x = Variable(train_x)
    var_y = Variable(train_y)
    # 前向传播
    out = net(var_x)
    loss = criterion(out, var_y)
    # 反向传播
    optimizer.zero_grad()
    loss.backward()
    optimizer.step()
if (e+1) % 100 == 0: # 每100次输出结果
print('Epoch: {}, Loss: {:.5f}'.format(e+1, loss.item()))  #loss.item() loss.data[0]
```

(6) 训练完成之后,用训练好的模型去预测后面的结果,对比图如图 10-16 所示。

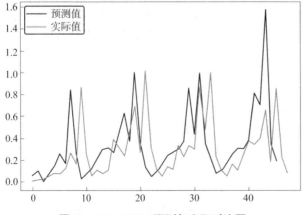

图 10-16　LSTM 预测与实际对比图

(扫码看彩图)

图10-16中蓝色代表实际值,红色代表预测值,可以看到使用 LSTM 模型能够得到比较相近的结果,预测的趋势也与实际的数据集是相同的,因为其能够记忆之前的信息,而单纯使用线性回归并不能得到较好的结果,从这个例子也说明了 LSTM 模型对序列有着非常好的性能。

2. SVR 用于时间序列分析

SVR 模型原理如 10.1.1 节所示。

(1) 进行参数设定,用 SVR 方法即 SVM = SVR(),如代码清单 10-14 所示。

代码清单 10-14　参数设定

```
svm = SVR(kernel = 'linear', C = 10, gamma = 1, epsilon = 0.1, shrinking = True)
{'shrinking': True, 'kernel': 'linear', 'gamma': 1, 'epsilon': 0.1, 'C': 10}
kernel = ['linear','poly','sigmoid','rbf']
c = [0.01,0.1,1,10]
gamma = [0.01,0.1,1]
epsilon = [0.01,0.1,1]
shrinking = [True,False]
    svm_grid = {'kernel':kernel,'C':c,'gamma':gamma,'epsilon':epsilon,'shrinking':shrinking}   #svm_grid,放入参数搜索范围
```

(2) 随机搜索 RandomizedSearchCV 进行超参数优化后训练出 SVR 模型,如代码清单 10-15 所示。

代码清单 10-15　超参数优化

```
#随机搜索 RandomizedSearchCV 进行超参数优化
from sklearn.model_selection import RandomizedSearchCV
grid = RandomizedSearchCV(svm,svm_grid,scoring = 'neg_mean_squared_error',cv = 3,return_train_score = True,n_jobs = -1,n_iter = 20,verbose = 1)

#fit 模型
grid.fit(x_train, y_train)
```

(3) 预测并且对比测试数据集,计算预测精度,对比图如图 10-17 所示。

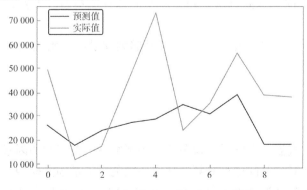

图 10-17　SVR 模型预测与实际对比图　　　　　(扫码看彩图)

10.5 拓展思考

10.5.1 理论意义

（1）目前关于景区客流量预测的理论大部分针对景区长期客流量，如年客流量的预测，关于景区短期客流量预测问题的研究较少。而本案例在研究景区月客流量预测的基础上，还研究了景区的日客流量预测，为进行时间维度进一步细化研究提供了思路。

（2）经过观察景区客流量的序列图后，发现景区客流量的变化呈现以年为周期的规律，因此使用一般的 ARIMA 模型并不能达到很好的效果，对此，本案例构建了季节性 ARIMA 模型，并采用网格搜索的方式来探索模型中参数的不同组合，这提高了模型的准确性与预测的有效性。

10.5.2 实践意义

（1）对景区来说，预测客流量可以帮助景区更科学、高效地进行管理，如根据预测的客流量调整景区运营时间、安排景区的工作人员等，为游客带来了更加舒适的旅游体验，也提高了景区的经济收益。

（2）对游客来说，可以在制定旅行计划时根据查询到的景区实时客流量与未来一段时间内的预测客流量，选择合适的时间和景点进行游览，避开高峰期，获得更加舒适的旅行体验。

（3）对政府及相关部门来说，景区客流量预测可为其提供直接有效的决策依据，提高旅游资源配置的效率。

10.5.3 优点

（1）针对景区客流量多元时间序列的特点，本案例首先对它的分布特征与相关影响因素进行了分析，考虑到了景区客流量是受许多不同层面因素影响的现实状况。

（2）本案例采用了多个模型对景区客流量进行分析与预测，能够进行不同模型的效果比较，为进一步研究提供了方向。

10.5.4 不足之处

（1）在模型选取及模型优化方面有所欠缺，模型的拟合度不够，误差也比较大，还需要进一步改进。

（2）本案例选取的影响因素还不够全面，没有考虑到如景区的营销活动、突发事件等对景区客流量影响较大的因素。

10.6 本章小结

本案例选取天气状况、气温、空气质量及节假日为影响景区客流量的因素。运用平稳时间序列、非平稳时间序列和其他时间序列等算法建立不同的客流量预测模型，对比发现此项目中 ARIMA、LSTM 模型预测情况较好。部分模型（如 SVR）预测误差较大，还需进一步改进。

本案例的研究对景区客流量预测有一定的参考意义，可以帮助景区根据预测客流量进行更科学的管理，同时帮助游客更好地制定出行计划，避开高峰期出行。

本章参考文献

[1] 倪田. 基于机器学习的旅游景区日客流量预测方法研究 [D]. 西安：西安理工大学, 2020.

[2] 杨海民，潘志松，白玮. 时间序列预测方法综述 [J]. 计算机科学, 2019, 46 (01)：21-28.

[3] 李莹. 基于时间序列与多元线性回归综合模型的农村卷烟销量预测 [D]. 云南：云南大学, 2015.

[4] 冯玉香. ARMA 模型在景区客流量预测中的应用 [J]. 浙江统计, 2008 (10)：8-10.

[5] 廖星宇. 深度学习入门之 PyTorch [M]. 北京：机械工业出版社, 2017.

[6] CHU F L. Forecasting tourism demand with ARMA-based methods[J]. Tourism management, 2009, 30(5)：740-751.

[7] CHRISTINE L, MICHAEL M. A seasonal analysis of Asian tourist arrivals to Australia[J]. Applied Economics, 2000, 32(4)：499-509.

[8] TEA B, MAJA M. Tourism statistics in Croatia：Present status and future challenges[J]. Procedia Social & Behavioral Sciences, 2012, 44：53-61.

[9] GERS F A, SCHMIDHUBER J, CUMMINS F. Learning to Forget：Continual Prediction with LSTM. [J]. Neural Computation, 2000.

第 3 篇

提高实践篇

第 11 章 文本分析——政府工作报告分析

11.1 文本分析相关理论

11.1.1 概念和方法

1. 概念

文本分析是指对文本的表示及其特征项的选取。从技术上讲，文本分析是数据挖掘和信息检索两门学科的交叉，它通过把从文本中抽取出的特征词进行量化来表示文本信息。

2. 方法

文本分析的方法主要分为从原始文本库到数据矩阵的结构化转换和数据矩阵的信息提取的方法。从原始文本库到数据矩阵的结构化转换技术有分词技术和词转换为向量的技术。分词技术主要应用在中文环境中。在英文中，单词被空格分隔开以实现分词。

在中文环境中，由于中文中汉字为连续序列，分析文本就需要按照一定的规范将汉字序列切分成词或词组，即中文分词。根据分割原理，可将现有的分词方法归纳为基于字符串匹配法、基于理解法和基于统计法这三类。基于字符串匹配法将汉字字符串与词典中的词进行匹配，如果在词典中找到某个字符串，则识别出一个词。基于理解法通常包括分词（用来获得有关词）、句法语义（利用句法和语义信息来对分词歧义进行判断）和总控三个部分。基于统计法对语料中相邻共现的各个字的组合的频度进行统计，将概率最大的分词结果作为最终结果。常见的模型有 HMM 和 CRF。

词转换为向量的技术是在分词之后进行的。这一技术主要挑战的是如何对由词语构成的高维矩阵实现降维的问题，可以运用独热（One Hot）表示法解决。独热表示法是用一个很长的向量来表示一个词，向量的长度为词典的大小 N，向量的分量只有一个 1，其他全为 0，1 的位置对应该词在词典中的索引。独热表示法操作简单，但数据量大时转换后的矩阵往往是高维稀疏数据矩阵。解决文本数据是高维稀疏矩阵的策略有两种，一种是采取多种措施对数字化文本矩阵实现降维，另一种是采用词语嵌入技术。

数据矩阵信息提取的方法有无监督学习方法和有监督学习方法。

（1）无监督学习方法主要分为词典法和主题分类模型法。

词典法是一种传统的文本数据分析方法。该方法从预先设定的词典出发，通过统计文本数据中不同类别词语出现的次数，结合不同的加权方法来提取文本信息。常用的加权方法有权重、词频－逆文档（TF－IDF）加权和对应变量加权这三种。

主题分类模型法是以无监督学习的方式对文集的隐含语义结构进行聚类统计的方法，主要被用于自然语言处理中的语义分析和文本挖掘问题，如按主题对文本进行收集、分类和降维。隐含狄利克雷分布是常见的主题分类模型。

（2）有监督学习方法分为经典的有监督机器学习方法和深度学习法。

经典的有监督机器学习方法包括朴素贝叶斯、支持向量机、决策树、K近邻算法和AdaBoost等。朴素贝叶斯是一种基于贝叶斯理论的有监督学习算法，在处理文本分类问题时常见步骤为：首先，根据训练集学习文本中词语与所属类别的关系，得到朴素贝叶斯分类器的先验分布（文本属于不同类别的先验概率），以及条件概率分布（给定分类类别下某个词语出现的概率）；其次，使用这些概率，根据文本中的词语特征，结合贝叶斯条件概率公式，计算该文档属于不同类别的条件概率；最后，按照最大后验假设将文本分类为具有最大后验概率的一类。

深度学习法的常用模型包括深度神经网络（DNN）、卷积神经网络（CNN）和循环神经网络（RNN）等。DNN可以通过增加网络层数、减少每层网络节点数，以及使用不同的传输函数克服训练过程中的梯度消失现象等方法，处理文本分类、翻译和语义分析等复杂的自然语言处理任务。利用CNN进行文本分类时，不仅限制了参数个数，还通过考虑词语在文本中的上下结构来挖掘文本内的局部结构。处理文本分类问题的思想是借用RNN模型的递归结构来捕捉上下文信息。

11.1.2 工具

文本分析常用工具有HanLP、结巴分词、盘古分词、庖丁解牛、SCWS中文分词、FudanNLP、LTP、THULAC和NLPIR等，还有一些商业分词工具如BosonNLP、百度NLP、搜狗分词、腾讯文智、阿里云NLP和新浪云分词等。这里主要介绍结巴分词。

1. 结巴分词

结巴分词结合了基于规则和基于统计这两类方法。首先基于前缀词典进行词图扫描，前缀词典是指词典中的词按照前缀包含的顺序排列。如果将词看作节点，词和词之间的分词符看作边，那么一种分词方案则对应着从第一个字到最后一个字的一条分词路径。因此，基于前缀词典实现快速构建包含全部可能分词结果的有向无环图。这个有向无环图中包含多条分词路径，有向是指全部的路径都始于第一个字、止于最后一个字，无环是指节点之间不构成闭环。它基于标注语料，使用动态规划查找最大概率路径，找出基于词频的最大切分组合。对于未登录词，采用了基于汉字成词的HMM模型，又使用了Viterbi算法进行推导。

结巴分词提供了三种分词模式。

（1）精确模式：试图将句子最精确地切开，适合文本分析。

（2）全模式：把句子中所有可以成词的词语都扫描出来，速度非常快，但是不能解决歧义。

（3）搜索引擎模式：在精确模式的基础上，对长词再次切分，以提高召回率，适合用于搜索引擎分词。

2. 其他工具

HanLP 是由一系列模型与算法组成的 Java 工具包，目标是普及自然语言处理在生产环境中的应用。HanLP 具备功能完善、性能高效、架构清晰、语料时新和可自定义的特点。HanLP 主要功能包括分词、词性标注、关键词提取、自动摘要、依存句法分析、命名实体识别、短语提取、拼音转换及简繁转换等。

盘古分词是一个基于 .net framework 的中英文分词组件，提供 lucene（.net 版本）和 HubbleDotNet 的接口。盘古分词可以提供中文人名识别、简繁混合分词、多元分词、英文词根化、强制一元分词、词频优先分词、停用词过滤和英文专名提取等一系列功能。

11.2 背景与分析目标

每年全国"两会"期间，最受关注的莫过于国务院政府工作报告❶。政府工作报告的主要内容是一年内工作回顾、当年工作任务、政府自身建设和其他包括外交和国际形势方面的内容。作为全年工作纲领，它几乎囊括了当年所有的热点话题，并为全国工作划重点、拎干货、指路线，其重要性不言而喻。这份报告如同成绩单和计划书，中央政府用这种方式向人民报告并接受人民的监督。政府工作报告通常自上一年年底开始起草，汇集各方智慧、听取各方意见。中共中央会提出明确要求和指导意见，人大代表分组审议，政协委员分组讨论，并将意见反馈给政府。报告内容和社会诉求高度吻合，力求让百姓听得懂、有感受。最终表决通过的报告是共识的凝聚，反映了国家意志和人民意愿。政府工作报告有很重要的实际意义和作用：有利于建设和谐、有威信的政府；有利于政府取信于民；有利于建设廉洁政府；有利于对政府工作形成有力监督；通过对政府工作的总结，方便政府进一步开展以后的工作；有利于充分发挥政府职能。我们用词云图对政府工作报告进行分析，找出报告中的关键词。

11.3 数据采集与处理

政府工作报告从 1954—2021 年基本每年发布一份，百度百科有较详细的收录，如图 11-1 所示。

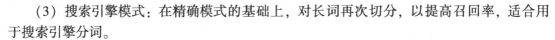

图 11-1 历年国务院政府工作报告

---

❶ 以下所提及的政府工作报告均为国务院政府工作报告。

爬取历年的政府工作报告，将每年的政府工作报告分别存放在 txt 文件中。例如，路径为 C:\Users\LENOVO\Desktop\zf。详细过程如代码清单 11-1，以及图 11-2、图 11-3 所示。

代码清单 11-1　爬取政府工作报告

```
import urllib.request
import urllib.parse
import re
from bs4 import BeautifulSoup

def query(content):
    url = 'http://baike.baidu.com/item/' + urllib.parse.quote(content)
    headers = {'user-Agent':'Mozilla/5.0 (Windows NT 10.0; WOW64) AppleWebKit/537.36 (KHTML, like Gecko) Chrome/87.0.4280.88 Safari/537.36'}#替换成自己的浏览器 Cookie
    req = urllib.request.Request(url = url, headers = headers, method = 'GET')
    response = urllib.request.urlopen(req)
    text = response.read().decode('utf-8')
    return text

if __name__ == '__main__':
    content = '政府工作报告'
    result = query(content)
    rr = re.compile('data-lemmaid.{10,30}</a></div>')
    all = rr.findall(result)
    info = {}
    for i in all:
        name = i.split(">")[1].split("<")[0]
        info[name] = 0
    print(info)
    for key in info.keys():
        print(key)
        newre = query(key)
        soup = BeautifulSoup(newre)
        print(newre)
        r2 = soup.find_all('div', class_ = 'para')
        path = r"C:\Users\LENOVO\Desktop\zf\{}.txt".format(key)
        with open(path, 'a', encoding = 'utf-8') as f:
            for i in range(2, len(r2)):
                f.write(r2[J].text)
```

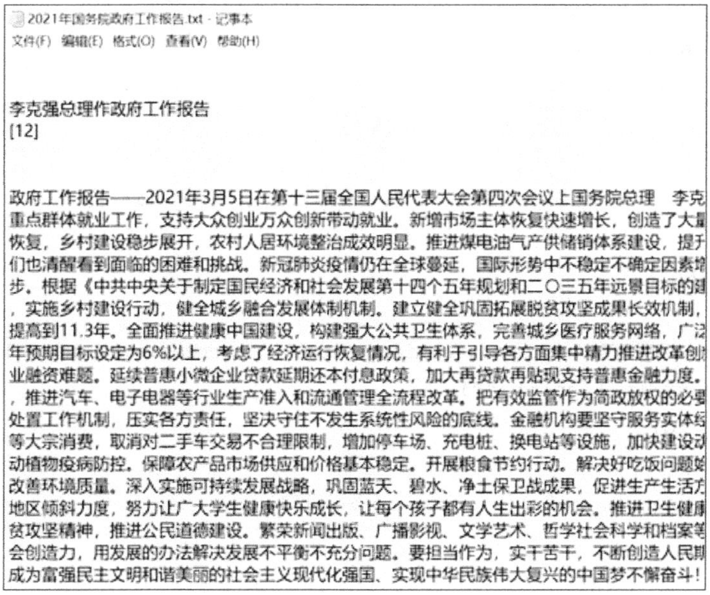
2021年国务院政府工作报告.txt - 记事本
文件(F) 编辑(E) 格式(O) 查看(V) 帮助(H)

李克强总理作政府工作报告
[12]

政府工作报告——2021年3月5日在第十三届全国人民代表大会第四次会议上国务院总理　李克
重点群体就业工作，支持大众创业万众创新带动就业。新增市场主体恢复快速增长，创造了大量
恢复，乡村建设稳步展开，农村人居环境整治成效明显。推进煤电油气产供储销体系建设，提升
们也清醒看到面临的困难和挑战。新冠肺炎疫情仍在全球蔓延，国际形势中不稳定不确定因素增
步。根据《中共中央关于制定国民经济和社会发展第十四个五年规划和二〇三五年远景目标的建
，实施乡村建设行动，健全城乡融合发展体制机制。建立健全巩固拓展脱贫攻坚成果长效机制，
提高到11.3年。全面推进健康中国建设，构建强大公共卫生体系，完善城乡医疗服务网络，广泛
年预期目标设定为6%以上，考虑了经济运行恢复情况，有利于引导各方面集中精力推进改革创新
业融资难题。延续普惠小微企业贷款延期还本付息政策，加大再贷款再贴现支持普惠金融力度。
，推进汽车、电子电器等行业生产准入和流通管理全流程改革。把有效监管作为简政放权的必要
处置工作机制，压实各方责任，坚决守住不发生系统性风险的底线。金融机构要坚守服务实体经
等大宗消费，取消对二手车交易不合理限制，增加停车场、充电桩、换电站等设施，加快建设动
动植物疫病防控。保障农产品市场供应和价格基本稳定。开展粮食节约行动。解决好吃饭问题始
改善环境质量。深入实施可持续发展战略，巩固蓝天、碧水、净土保卫战成果，促进生产生活方
地区倾斜力度，努力让广大学生健康快乐成长，让每个孩子都有人生出彩的机会。推进卫生健康
贫攻坚精神，推进公民道德建设。繁荣新闻出版、广播影视、文学艺术、哲学社会科学和档案等
会创造力，用发展的办法解决发展不平衡不充分问题。要担当作为，实干苦干，不断创造人民期
成为富强民主文明和谐美丽的社会主义现代化强国、实现中华民族伟大复兴的中国梦不懈奋斗！

图 11－2　提取的报告

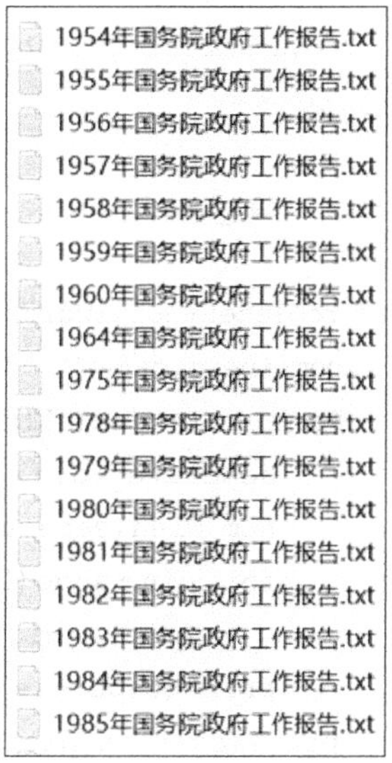
1954年国务院政府工作报告.txt
1955年国务院政府工作报告.txt
1956年国务院政府工作报告.txt
1957年国务院政府工作报告.txt
1958年国务院政府工作报告.txt
1959年国务院政府工作报告.txt
1960年国务院政府工作报告.txt
1964年国务院政府工作报告.txt
1975年国务院政府工作报告.txt
1978年国务院政府工作报告.txt
1979年国务院政府工作报告.txt
1980年国务院政府工作报告.txt
1981年国务院政府工作报告.txt
1982年国务院政府工作报告.txt
1983年国务院政府工作报告.txt
1984年国务院政府工作报告.txt
1985年国务院政府工作报告.txt

图 11－3　提取目录

11.4　数据分析与挖掘

数据分析与挖掘主要分为五个步骤。

（1）读取数据。

（2）自定义两会热词词典。自定义词典存放在 reci. txt 中，如图 11－4 所示。

（3）分词。

（4）去除停用词和合并同义词。停用词表：cn_stopwords. txt。自定义同义词表：xiangsi. txt。

（5）TF－IDF 加权。其中，词频（Term Frequency，TF）表示词语 t 在文档中的频率。逆文本频率指数（Inverse Document Frequency，IDF）表示总文档与包含指定词语 t 的文档的比值求对数。最终，TF－IDF 值，也就是词语 t 的权重值为：

$$\text{TF}-\text{IDF}=\text{词频(TF)}\times\text{逆文本频率指数(IDF)} \tag{11-1}$$

部分代码如代码清单 11－2 所示。

环境保护
乡村振兴
依法治国
全面深化改革
供给侧改革
简政放权
收入分配
环境治理
反腐斗争
房地产调控
民法总则
延迟退休
绿色发展
创新
新型政商关系
简政放权
强军兴军
民族团结
供给侧结构性改革
两岸关系
农业现代化

图 11－4　自定义词典

代码清单 11－2　数据清洗和分析

```
import jieba
import jieba.analyse
import pandas as pd
```

续

```python
from pyecharts.charts import WordCloud
from pyecharts import options as opts
import os

jieba.load_userdict(os.path.join(r'C:\Users\LENOVO\Desktop\zf1', "reci.txt"))

def replaceSynonymWords(content):
    combine_dict = {}
    for line in open(r'C:\Users\LENOVO\Desktop\zf1\xiangsi.txt',"r", encoding='utf-8'):
        seperate_word = line.strip().split("")
        num = len(seperate_word)
        for i in range(1, num):
            combine_dict[seperate_word[i]] = seperate_word[0]
        print(seperate_word)
    print(combine_dict)
    seg_list = jieba.cut(content, cut_all=False)

    f = "/".join(seg_list).encode("utf-8")
    f = f.decode("utf-8")
    print(f)
    final_sentence = ""
    for word in f.split('/'):
        if word in combine_dict:
            word = combine_dict[word]
            final_sentence += word
        else:
            final_sentence += word
    return final_sentence

with open('C:/Users/LENOVO/Desktop/zf/1979年国务院政府工作报告.txt','r',encoding='utf-8') as f:
    content = f.read()
with open('C:/Users/LENOVO/Desktop/zf/1979年国务院政府工作报告.txt','w',encoding='utf-8') as t:
    t.write(replaceSynonymWords(content))

wordlist = []
f = open('C:/Users/LENOVO/Desktop/zf/1979年国务院政府工作报告.txt',"r",encoding="utf-8")
t = f.read()
f.close()
```

续

```
jieba.analyse.set_stop_words(r'C:\Users\LENOVO\Desktop\zf1\cn_stopwords.txt')

words = jieba.analyse.textrank(t, topK = 100, withWeight = True)
for w,c in words:
    wordlist.append({"word": w, "count": str(c)})
print(wordlist)

df = pd.DataFrame(wordlist)
dfword = df.groupby('word')['count'].sum()
dfword_sort = dfword.sort_values(ascending = False)
dfword_top100 = pd.DataFrame(dfword_sort.head(100))
dfword_top100['word'] = dfword_top100.index
print(dfword_top100)

word = dfword_top100['word'].tolist()
count = dfword_top100['count'].tolist()
a = [list(z) for z in zip(word,count)]
w = (
    WordCloud(
    )
    .add("", a, word_size_range = [20, 100],shape = 'circular')
    .set_global_opts(title_opts = opts.TitleOpts(title = "1979 年政府工作报告词云
    图"))
)
w.render(r'C:\Users\LENOVO\PycharmProjects\pythonProject\venv\Scripts\zf\img\
1979.html')
```

我们用词云图对改革开放以来（1978—2021 年）的政府工作报告进行分析，得出词云图，从中可以清楚地看出政府工作报告的关键词，如图 11 - 5 所示。

图 11 - 5　1978—2021 年政府工作报告词云图

从词云图中可知，发展、推动、实现、经济、改革、建设、农村等都是关键词，这一时期最鲜明的特点是"改革开放"。改革开放从十一届三中全会起步，十二大以后全面展开，经历了从农村改革到城市改革，从经济体制的改革到各方面体制的改革，从对内搞活到对外开放的波澜壮阔的历史进程。改革从农村开始，这是符合中国国情的战略决策。此后中国共产党团结和领导全国各族人民，克服种种困难，实现了社会稳定、政治稳定和经济发展。

11.5 本章小结

政府工作报告包含了社会的方方面面，反映了国家过去一年的发展和下一年的方针政策。政府工作报告反映出中国共产党心系人民群众，惠民爱民，真正为人民群众着想。

本章参考文献

[1] 高扬. 白话大数据与机器学习 [M]. 北京：机械工业出版社，2016.

[2] 马长峰，陈志娟，张顺明. 基于文本大数据分析的会计和金融研究综述 [J]. 管理科学学报，2020，23（09）：19-30.

[3] 沈艳，陈赟，黄卓. 文本大数据分析在经济学和金融学中的应用：一个文献综述[J]. 经济学（季刊），2019，18（04）：1153-1186.

[4] 薛为民，陆玉昌. 文本挖掘技术研究 [J]. 北京联合大学学报（自然科学版），2005，19（004）：59-63.

第 12 章 主题模型——生育价值观变化分析

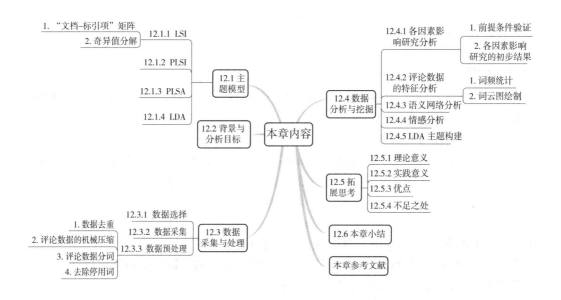

12.1 主题模型

主题发现又称主题识别、主题抽取和主题挖掘，源于 1996 年美国国防高级研究计划局的话题检测与追踪技术任务（Topic Detection and Tracking，TDT），该任务研究如何利用发现算法和技术在海量的文本数据中发现对用户有效的主题信息。经过几十年的不断发展，包括聚类算法、主题模型构建法在内的相关方法和技术被广泛地应用于主题发现研究领域中，已成为自然语言处理的热门研究方向之一。

主题模型构建法是通过建模来挖掘语料中隐含主题的一种方法，其本质是构建以无监督学习的方式对文集的隐含语义结构进行聚类的统计模型。主题模型构建法利用文本中的隐含语义结构，通过参数估计从文本集合中提取一个低维的多项式分布集合，以用于捕获词之间的相关信息，即主题，之后按建模挖掘出的主题对文本进行收集、分类和降维。该方法能够在一定程度上解决基于传统聚类算法的主题发现研究中的一词多义或歧义等问题，同时也被证明基于主题模型的聚类方法通常比仅应用传统聚类算法可更好地发现文本中潜在的主题信息。

主题模型最初来自 Papadimitriou 等提出的潜在语义索引（Latent Semantic Indexing，LSI），有的文章中也称之为潜在语义分析（Latent Semantic Analysis，LSA），其基本思想是将向量空间模型的词频矩阵转化为奇异矩阵，运用统计的方法挖掘潜在语义。但该方法缺乏严谨的数理统计基础，且计算复杂度高，难以处理大规模数据。为此，Thomas 提出了概率性潜在语义索引 PLSI（Probabilistic Latent Semantic Indexing，PLSI），这是在 LSI 的基础上提出的概率分布的概念。PLSI 将一篇文本用不同主题的概率分布表示。虽然 PLSI

在一定程度上提升了主题模型的效果，但它没有针对文档层次，无法生成未知的文档，且模型中的参数会随着语料库的规模线性增长，容易出现过度拟合的问题。在此基础上，隐含狄利克雷分布（Latent Dirichlet Allocation，LDA）于 2003 年应运而生，它是一个包含"文档 – 主题 – 词"的三层贝叶斯概率生成模型，其基本思想是每个文本都可表示为一系列主题的多项分布，而每个主题则被表示为一系列词汇表中单词的多项分布，LDA 主题模型因其大规模语料的处理能力、良好的降维能力和模型的扩展性成为近年来主题发现研究领域中的热门方向之一。

12.1.1 LSI

潜在语义索引（LSI）是一种简单实用的主题模型。LSI 是基于奇异值分解（SVD）的方法来得到文本主题的。

1. "文档 – 标引项"矩阵

在 LSI 模型中，将文档集表示为一个 $m \times n$ 的文档标引项矩阵 A。其中，m 表示文档集中包含的所有不同的关键词个数，n 表示文档集的文档数量，即每一个词对应矩阵 A 的一行，每一篇文档则对应矩阵 A 的一列。A 表示为：

$$A = [a_{ij}] m \times n \tag{12-1}$$

其中，a_{ij} 为非负值，表示第 j 个文档中第 i 个关键词的权重值。

由于关键词和文本的数量都很大，而单个文本中出现的关键词数量有限，故 A 一般为高维稀疏矩阵。a_{ij} 采用 TF – IDF 方法进行计算，其计算公式为：

$$\text{TF – IDF}: j = \frac{N_{i,j}}{N_{*,j}} \times \lg\left(\frac{D}{D_i}\right) \tag{12-2}$$

其中，$N_{i,j}$ 为第 j 个文档中第 i 个关键词出现的频率，即经过 N 元切分后统计所得的词频；$N_{*,j}$ 为第 j 个文档包含的关键词数量，即矩阵第 j 列中非零元素的个数；D 为文档集的文本总数，即矩阵的列数；D_i 为包含第 i 个关键词的文本个数，即矩阵第 i 行中非零元素的个数。

2. 奇异值分解

"文档 – 标引项"矩阵 A 建立后，利用奇异值分解计算矩阵 A 的 r 秩近似矩阵 A_r [$r <= \min(m, n)$]，奇异值分解矩阵 A 可以表示为三个矩阵的乘积，即：

$$A = U \times W \times V^T \tag{12-3}$$

其中，U 和 V 分别是与矩阵 A 的奇异值对应的左、右奇异向量矩阵，矩阵 A 的奇异值按递减顺序排列构成对角矩阵 W。取 W 最前面的 r 个奇异值构成对角阵 W_r，取 U 最前面的 r 列元素构建 U_r，取 V 最前面的 r 行元素构建 V_r，并以此构建 A 的 r 秩近似矩阵 A_r，即：

$$A_r = U_r \times W_r \times V_r^T \tag{12-4}$$

其中，U_r 的列向量为关键词向量，每一行表示意思相关的一类词，其中的非零元素表示这一类词中每个词的相关性，数值越大就越相关；V_r 的行向量为文本向量，每一列表示同一主题的一类文章，其中的每个元素表示这类文章中每篇文章的相关性；W_r 中的每个奇异值表示类词和文章类之间的相关性，奇异值的个数代表了概念（类别）空间的维度，也可以将 U_r、V_r 中的元素看作词和文章在概念空间中的坐标。因此，可以直接应用 V_r 的列向量来计算文本之间的相似度。

LSI 模型通过奇异值分解和取 k 秩近似矩阵，一方面消减了原文档标引项矩阵中包含的

"噪声"因素,从而更加突出了词和文本之间的语义关系;另一方面,使得词和文本向量空间大大缩减,提高了文本聚类的效率。因此,应用 LSI 理论处理后的文本集向量空间具有两个优点:①向量空间中每一维的含义发生了很大的变化,它反映的不再是词条的简单出现频度和分布关系,而是强化的语义关系;②向量空间的维数大大降低,可以有效提高文本集的聚类速度。

12.1.2 PLSI

概率性潜在语义分析(PLSI)模型是 Hofmann 于 1999 年提出的,该模型从概率统计的角度对潜在语义索引(LSI)进行了全新的诠释。PLSI 模型的变量包括给定 m 个标签的模型 $D = \{d_1, d_2, \cdots, d_m\}$,$n$ 个页面 $T = \{t_1, \cdots, t_n\}$ 和 k 个潜在语义变量 $Z = \{z_1, \cdots, z_k\}$。对于给定的页面 t_i 和标签 d_j,使用联合概率来表示页面与标签之间的潜在关系。

PLSI 的优势如下。

(1)定义了概率模型,而且每个变量及其相应的概率分布和条件概率分布都有明确的物理解释;(2)相比于 LSA,PLSI 隐含了高斯分布假设,PLSI 隐含的 Multinomial 分布假设更符合文本特性;(3)PLSI 的优化目标是是 KL – divergence 最小,而不是依赖于最小均方误差等准则;(4)可以利用各种 model selection 和 complexity control 准则来确定 topic 的维数。

PLSI 的不足如下。

(1)概率模型不够完备:在 document 层面上没有提供合适的概率模型,使得 PLSI 并不是完备的生成式模型,而必须在确定 document i 的情况下才能对模型进行随机抽样;(2)随着 document 和 term 个数的增加,PLSI 模型也线性增加,变得越来越庞大;(3)EM 算法需要反复迭代,需要很大计算量。针对 PLSI 的不足,研究者们又提出了各种各样的基于主题的模型(Topic Based Model),如 Latent Dirichlet Allocation(LDA)。

12.1.3 PLSA

基于概率的潜在语义分析(Probabilitistic Latent Semantic Analysis,PLSA)模型是一种生成的模型,该模型假设一篇文档由多个主题混合组成,而每个主题都是词汇上的概率分布,文档中的每个词都是由某个主题生成的。图 12 – 1 表示了 PLSA 模型中文档、主题和词三者之间的关系。

其中,d 表示文档,z 表示隐含主题,w 表示词,图中 d、w 为可观测变量,z 为

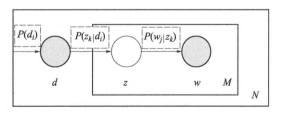

图 12 – 1 PLSA 模型示意

未知的隐变量,方框表示变量重复,内部方框表示的是一篇文档中总共有 M 个单词,外部方框表示的是文档集共有 N 篇文档。$P(d_i)(i = 1, \cdots, N)$ 表示选到文档 d_i 的概率,$P(z_k | d_i)(k = 1, \cdots, K,K$ 为主题个数)表示隐含主题变量 z_k 在文档 d_i 上的条件概率分布,$P(w_j | z_k)(j = 1, \cdots, M)$ 表示词 w_j 在隐含主题变量 z_k 上的条件概率分布。

整个文档的生成过程为:(1)按照一定概率 $P(d_i)$ 选择一篇文档 d_i;(2)选定文档后,从主题分布中按照一定概率 $P(z_k | d_i)$ 选择一个隐含主题 z_k;(3)选定主题后,从词分

布 $P(w_j|z_k)$ 中按照一定概率选择一个词 w_j。

对于一个可观察变量 (d_i, w_j)，即第 i 文档中的第 j 个词，其生成过程可用式（12-5）表示：

$$P(d_i, w_j) = P(d_i)P(w_j|d_i) = P(d_i)\sum_{k=1}^{K}P(z_k|d_i)P(w_j|d_i) \qquad (12-5)$$

由式（12-5）可知，该模型的 $P(w_j|z_k)$ 和 $P(z_k|d_i)$，可以通过构建极大化似然函数，利用 EM 算法求解得到，从而可以发现文档中隐含的主题，达到文档主题提取的目的。

12.1.4 LDA

隐含狄利克雷分布（Latent Dirichlet Allocation，LDA），是一种典型的"词袋"模型。该模型通过构建"文档(Document) - 主题(Topic) - 词（Word）"的三层贝叶斯概率模型，将文档集中每一篇文档的主题按照概率分布的形式给出，属于无监督机器学习技术，能够用来识别文档集中或语料库中潜藏的主题信息。一篇文档中的每一个词语出现的条件概率公式为：

$$P(词语|文档) = \sum_{主题}P(词语|主题) \times P(主题|文档) \qquad (12-6)$$

LDA 模型目的是发现主题，可以根据公式左边进行矩阵运算，从而得出公式右边 P（词语|主题）、P（主题|文档），进而得到主题。给定多个文档，对其进行分词，能计算出公式左边 P（词语|文档）。而假设共有 M 篇文档，共涉及 K 个主题，每篇文档都有各自的主题分布，主题分布是多项分布，其参数 α 服从 Dirichlet 分布。θ 是每一篇文章的主题分布，对于第 i 篇文档的主题分布是 θ_i，θ 是长度为 K 的主题向量。每个主题都有各自的词语分布，词语分布为多项分布，它的 β 参数服从 Dirichlet 分布。

对于某篇文档（单词总数为 N）中的第 n 个词，首先从该文档的主题分布中提取一个主题，然后在这个主题对应的词语分布中提取一个词。不断重复这个随机过程，直到 m 篇文档全部完成上述过程。其模型如图12-2所示。

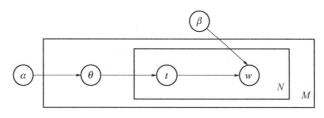

图 12-2　LDA 模型

其中，t 是主题；w 是文档中的词；α、β 是根据经验给定的先验参数；θ、t 是隐含变量。

LDA 主题模型基于词袋（Base - Of - Word，BOW）假设和统计思想，依据文本中词与词之间的共现概率来挖掘语料库中潜在的语义结构，它常常被应用于特征性比较强、有主题挖掘需求和价值的文本语料，如科学文献或刊物领域、教育领域、微信数据等。研究者们主要利用爬虫技术收集目标语料并整理成数据集，利用 LDA 主题模型方法发现样本数据集中的关键词，并将关键词作为核心数据进行主题信息的挖掘，以进一步通过知识图谱或可视化工具展现出来，或者在此基础上研究主题的强度、热度等特征在某个长度的时间段上的演化规律，以此获得对用户有价值的信息。

LDA 模型可以利用概率分布方法模拟文本和主题的生成过程，可以量化文本中存在的非结构化和非文本信息特征，适用于处理微博这种文本特征稀疏、逻辑性组织较差的文本信息。唐晓波等针对文本聚类和 LDA 主题模型的互补特征，将这两种方法相结合来进行主题发现；史剑虹等利用 LDA 主题模型对中文微博话题进行隐主题挖掘……此类应用主要是利用 LDA 主题模型自身概率性分布的优势，解决社交网络中短文本相似性度量的问题，从而有效获取主题信息。

随着研究的深入，传统的 LDA 模型在不同领域和语料库上进行主题发现时也暴露了一些问题。(1) LDA 模型在处理数据稀疏性语料时仍然存在局限性，特别是应对大量社交网络文本中的高维度、文本短小和数据稀疏的问题时尤为突出。(2) 传统的 LDA 方法主要针对长文本数据设计，因此在处理短文本语料时效果不理想。解决方法之一是借助搜索引擎、词网络或知识库等外部语料训练词向量来对文本进行语义扩展，但此类方法的结果易受到搜索引擎或知识库自身的词汇范围限制。(3) LDA 模型一般随机或根据经验来确定句子分布表征的主题数，这可能导致较大的误差。(4) LDA 主题模型方法一般用于静态文本语料，对于大规模的动态语料检测则性能不佳。

12.2 背景与分析目标

价值观对于社会群体具有重要的导向和动力作用，而社会重大事件的发生会对价值观的走向产生影响。2021 年 1 月 18 日，艺人 a 在美国代孕并欲弃养的消息成为爆炸性新闻，此后曝光的相关录音证实了艺人 a 存在代孕的行为和欲弃养的想法。2021 年 1 月 22 日，艺人 b 发微博承认他与艺人 c 有个孩子。作为公众人物的他们，突然爆出"代孕生子或未婚生子"，其缺乏职业道德的行为给公众带来了价值观上的影响。公众价值观最直接的体现就是其在与这件事件相关话题下所发布的相关博文或在相关博文下发布的评论。评论信息中蕴含着人们的主观感受，反映了人们的态度、立场和意见，具有非常宝贵的研究价值。

本案例的分析目标是通过爬取微博相关数据，采用情感分析、LDA 主题模型等分析方法，研究网友们对这两件事情的情感和态度转变，从管理学角度探索公众的生育价值观的变化。

12.3 数据采集与处理

12.3.1 数据选择

对"艺人 a 代孕事件"公众价值观变化有关的评论数据进行预处理前，需要先对评论数据进行采集。本案例使用的数据为新浪微博上关于"艺人 a 男朋友发文""艺人 b 发表的是的我们有一个孩子""代孕"等微博用户博文的相关特征数据，包括微博评论用户的微博名称、用户评论内容、评论时间、博文的转发数、评论数和点赞数等。

12.3.2 数据采集

本案例采用功能强大的网络爬虫工具——后羿采集器进行数据的采集工作，所采集的数据为艺人 a 男朋友 2021 年 1 月 18 日微博发文下的 1743 条评论数据，以及艺人 b 2021 年 1 月 22 日微博发文下的 1922 条评论数据，并采集以“代孕”为关键字的 392 条博文数据，共计 4057 条数据。根据算法和分析内容的要求去除无用属性，只提取了用户的名称、评论和评论事件属性，由于本案例的数据分析基于国内微博用户，因此去除地址为未知、海外与其他的数据。因为网络数据的爬取具有时效性，因此本案例不再详细介绍数据的采集过程，以下分析所使用的数据与分析结果，仅作为范例参考。采集的数据如图 12－3、图 12－4 及图 12－5 所示。

1	标题	标题链接	头像	WB_text	WB_from
2	知你故来风	https://weibo.com/5693917322	https://t	？？？你什么有孩子了？还是两个，我2g冲浪？	1月18日 13:03
3	这个瓜我吃定了	https://weibo.com/6277730834	https://t	你当妈了？	1月18日 13:03
4	萤火虫瓜甜	https://weibo.com/5653318570	https://t	你悄悄生了孩子惊艳了所有人	1月18日 13:11
5	无糖雪碧限定	https://weibo.com/6353175124	https://t	是我想的那个艺人a男朋友吗？？？有孩子了？？	1月18日 13:03
6	傻乎乎仙女22	https://weibo.com/5547169846	https://t	艺人a男朋友真的去商量孩子的问题了吗？艺人a男朋友这是要艺人a万劫不复	1月18日 22:29
7	今日腊分	https://weibo.com/3922377142	https://t	热搜艺人a男朋友发文	1月18日 13:02
8	非太阳小巢	https://weibo.com/YANGSHUAIyangmeil	https://t	那就交给法律吧，祝家人平安。	1月18日 13:03
9	圈内教父	https://weibo.com/5909342713	https://t	？？？两个小孩？	1月18日 13:09
10	快乐玩家-	https://weibo.com/7387499339	https://t	代孕是你们两个逼一起商量出来的事 所以一对恶毒的父母 她不是好东西 你	1月18日 17:39
11	幸运本尊	https://weibo.com/5214762002	https://t	什么意思 谁的孩子 我怎么看不懂了	1月18日 13:03
12	萤火虫瓜甜	https://weibo.com/5653318570	https://t	艺人aSZ ？？？？？？？？？速来转发	1月18日 13:05
13	何燕hjy	https://weibo.com/2640937663	https://t	口口声声说保护孩子，这下好了，全世界都知道你的孩子是代孕出来的，你这	1月19日 09:02
14	yfy1231	https://weibo.com/5534645618	https://t	？？？两个年幼无辜的小生命	1月18日 13:02
15	我叫华籍美人	https://weibo.com/6409763449	https://t	你生孩子了？	1月18日 13:02
16	愿衣襟带花且岁月风平	https://weibo.com/5760189996	https://t	？	1月18日 13:06
17	微醺欲贪杯_	https://weibo.com/6555037887	https://t	感觉这个素人快被逼疯了。。。	1月18日 13:13
18	感觉自己是个疯子	https://weibo.com/6331254870	https://t	孩子？懵逼？	1月18日 13:05
19	哟本	https://weibo.com/7404764302	https://t	孩子为什么这么大了？？	1月18日 13:03
20	深度呼吸	https://weibo.com/3085800183	https://t	不会是代孕的吧	1月18日 13:13
21	谁都不要再爱我	https://weibo.com/7376727569	https://t	我缓缓打出一个？	1月18日 13:06
22	LINVIVIEN	https://weibo.com/1957187654	https://t	所以你是已婚男？	1月18日 13:03
23	高红梅	https://weibo.com/5889372641	https://t	不管你是哪根葱 疫情期间不要回国 中国不欢迎你 还有你的破事我们不感兴	1月18日 15:15
24	每天冲浪太快乐了昂	https://weibo.com/6767180185	https://t	所以你发了两个孩子的照片　　就是保护他们了吗	1月18日 13:15
25	杠j赶紧gun	https://weibo.com/5437844931	https://t	艺人a那里(本人理智吃瓜，杠精少来杠我！)	1月19日 20:08

图 12－3　艺人 a 男朋友 2021 年 1 月 18 日发文下评论数据

1	用户名	标题链接	头像	WB_text	WB_from
2	-daisyg	https://weibo.com/3583828990	https://tv	只要是自己肚子生出来的 那都不是事……	1月22日 17:50
3	7MingXXX	https://weibo.com/5719979232	https://tv	你要悄悄当爸 然后惊艳所有人	1月22日 17:49
4	当飞鸟越过大海	https://weibo.com/uymehcauh	https://tv	什么！哥你完整说一下	1月22日 17:46
5	二月七的云	https://weibo.com/6393308811	https://tv	那…祝贺！	1月22日 17:45
6	守护者	https://weibo.com/7049251533	https://tv	热搜预定艺人b承认与艺人c已婚生子（一字不差）	1月22日 17:46
7	甜山楂	https://weibo.com/2734236510	https://tv	这个月艺人m是发不了歌了是吧	1月22日 17:56
8	前海小麻糖yu	https://weibo.com/6395934109	https://tv	你说啥都行，你幸福就好	1月22日 17:46
9	扒圈老鬼	https://weibo.com/3200673035	https://tv	我擦？？？？我一个震惊	1月22日 17:48
10	男德	https://weibo.com/5937986794	https://tv	只要不是带孕就行，年纪大了有孩子正常	1月22日 17:53
11	Seven_小七喏	https://weibo.com/5392870151	https://tv	你承认了 哇塞 强	1月22日 17:45
12	上古仙女X	https://weibo.com/6616915405	https://tv	太man了 果断路转粉	1月22日 17:53
13	赵天天	https://weibo.com/zhaodong8	https://tv	艺人b的真诚体现在对观众 对粉丝 对职业 对作品 对所有人 聪明是天	1月22日 17:58
14	花火相依	https://weibo.com/7009583264	https://tv	不要有压力	1月22日 17:50
15	本鸡腿色香味俱全	https://weibo.com/2415837885	https://tv	哥！！我说网怎么突然卡了！！原来不是我家破网！！！是你当奶爸啦！	1月22日 18:25
16	没想到你会拼命为我拨	https://weibo.com/6918603618	https://tv	在这里 评论配图	1月22日 17:46
17	Ahhhya-	https://weibo.com/6477756437	https://tv	？	1月22日 17:45
18	華晨宇全球歌迷會台灣	https://weibo.com/hcytwclub	https://tv	火星村又多了一個可愛的小小成員，歡迎你，祝福你	1月22日 18:20
19	我也不知道改什么名字	https://weibo.com/5949183509	https://tv	卧槽卧槽卧槽卧槽卧槽卧槽卧槽卧槽卧槽卧槽卧槽卧槽卧槽卧槽卧槽卧	1月22日 17:47
20	费宇宇请水其林吃yu	https://weibo.com/6628138911	https://tv	啊啊啊啊啊啊啊啊宝贝	1月22日 17:46
21	·炸炸的壕宅·	https://weibo.com/HCY02070110	https://tv	那现在我有两个宝贝啦	1月22日 18:24
22	A之云初yu	https://weibo.com/7296722525	https://tv	大哥新年快乐	1月22日 17:45
23	桃妮弥兜	https://weibo.com/6384438170	https://tv	哥真的话那就祝福你	1月22日 17:52
24	鹿晗关晓彤多久能分手	https://weibo.com/3847103633	https://tv	果然是艺人m要发歌了	1月22日 17:56
25	朔间眠月論	https://weibo.com/6465819990	https://tv	好 祝福	1月22日 17:49
26	一不小心掉进火星坑	https://weibo.com/7190169569	https://tv	欢迎我们的小Judy的到来！	1月22日 18:24
27	花花歎花花歎花花歎完	https://weibo.com/6516652313	https://tv	但我永遠要當你火星的孩子愛你	1月22日 17:50
28	花花歎花花歎花花歎完	https://weibo.com/6516652313	https://tv	但我永遠要當你火星的孩子愛你	1月22日 17:50
29	灼灼其华cy-0925	https://weibo.com/5366092950	https://tv	想过自私终究体贴哥 祝贺你	1月22日 18:22
30	Percy是珀西	https://weibo.com/6447527910	https://tv	其实你真的不用说你以前说过你结婚了不会公开，我们都知道因为你想	1月22日 18:20

图 12－4　艺人 b 2021 年 1 月 22 日发文下评论数据

第 12 章 主题模型——生育价值观变化分析

图 12-5 以"代孕"为关键字的 392 条博文数据

12.3.3 数据预处理

由于微博评论的门槛低、用户基数大，因此评论数据存在文本特征稀疏、表达不规范、多表情符号及数据冗余等特点，所以采集到的原始 Excel 数据并不能直接用来进行统计分析，在分析前必须进行数据预处理。

1. 数据去重

部分评论相似程度极高，只是在某些词语的运用上存在差异。此类评论可归为重复评论。本案例针对完全重复的语料下手，仅删除完全重复部分，以确保尽可能保留有用的文本评论信息。评论去重的代码如代码清单 12-1 所示。

代码清单 12-1 评论去重的代码

```
import pandas as pd
import re
import jieba.posseg as psg
import numpy as np
#读取数据
data = pd.read_excel('艺人a男朋友微博评论.xlsx',dtype = str)
#数据去重
data = data.drop_duplicates()
data
```

2. 评论数据的机械压缩

机械压缩去词的目的是处理语料中连续重复的部分。一般，无意义的连续重复只会出现在文本开头或结尾部分。中间的连续重复虽然也有，但是非常少见，因此本案例只对评论数据中开头连续重复的部分进行机械压缩处理，如代码清单 12-2、代码清单 12-3 所示。

代码清单 12-2 自定义函数实现机械压缩

```
def condense_1(str):
    for i in [1,2]:    #一个词或两个词
        j = 0
        while j < len(str) -2* i:
```

```
                    if str[j:j+i] == str[j+i:j+2*i] and str[j:j+i] == str[j+2*
                        i:j+3*i]:
                            k=j+2*i
                            while k+i<len(str) and str[j:j+i] ==str[k+i:k+2*i]:
                                k += i
                            str=str[:j+i]+str[k+i:]
                    j += 1
                i += 1
        for i in [3,4,5]:
            j=0
            while j < len(str)-2*i:
                if str[j:j+i] == str[j+i:j+2*i]:
                    k=j+i
                    while k+i<len(str) and str[j:j+i] ==str[k+i:k+2*i]:
                        k +=i
                    str=str[:j+i]+str[k+i:]
                j +=1
            i +=1
        return str
```

代码清单 12-3　评论数据机械压缩

```
data4.value_counts()
data['WB_text'].iloc[13]
condense_1(data['WB_text'].iloc[13])
data['WB_text'].astype('str').apply(lambda x:len(x)).sum() #压缩前
data1=data['WB_text'].astype('str').apply(lambda x:condense_1(x))
data1.iloc[13]
data1.astype('str').apply(lambda x:len(x)).sum()#压缩后
data2=data1.apply(lambda x:len(x))
data3=pd.concat((data1,data2),axis=1)
data3.columns=['评论','长度']
data3['长度'].value_counts().sort_index()[1:10]
data4=data3.loc[data3['长度']>4,'评论']
```

3. 评论数据分词

分词是文本信息处理的基础环节，是将一个句子序列切分成一个一个单词的过程。准确的分词可以极大地提高计算机对文本信息的识别和理解能力。相反，不准确的分词将会产生大量的噪声，严重干扰计算机的识别和理解能力，并对这些信息的后续处理工作产生较大的影响。

中文分词的任务就是把中文的序列分成有意义的词，当使用基于词典的中文分词方法进行中文信息处理时不得不考虑未登录词的处理。未登录词是指词典中没有登录过的人名、地名、机构名、译名及新词语等。因此，本案例通过加载用户自定义词典对评论文本数据进行更为准确的分词，如代码清单12-4所示。

代码清单 12-4　评论数据分词代码

```
import jieba
jieba.load_userdict('user_dict.txt')   #加载自定义词典
data5 = data4.apply(lambda x:list(jieba.lcut(x)))  #分词
data5.head(10) #查看前10行数据
```

4. 去除停用词

去除停用词（Stop Words）是自然语言处理领域的一个重要工具，通常被用来提高文本特征的质量，或者降低文本特征的维度。本案例将评论数据中的停用词过滤后，在训练时采用了《哈工大停用词表》去除数据停用词和 emoji 表情。去除停用词如代码清单 12-5 所示。

代码清单 12-5　去除停用词

```
stop = pd.read_csv('哈工大停用词表.txt',sep = 'hahaha',encoding = 'utf-8',header = None)
stopWords = ['艺人a男朋友','艺人a','艺人b','花花','艺人c'] + list(stop.iloc[:,0])
data6 = data5.apply(lambda x: [i for i in x if i not in stopWords])   #去除停用词
data6.head()
adata = data6.apply(lambda x: ' '.join(x))
adata.to_csv('daiyun.txt',header = False,index = False,mode = 'a')
adata
```

12.4　数据分析与挖掘

12.4.1　各因素影响研究分析

1. 前提条件验证

本案例将预处理得到的数据进行点赞数筛选，点赞数超过 1000 次的排名如图 12-6 所示。

图 12-6　点赞数排名

2. 各因素影响研究的初步结果

如图 12-6 所示,点赞数的排名表明了大多数人对于该事件的看法和态度,图中体现了人性的很多方面,既可以看到人们对于代孕的斥责,同时也可以发现公众对孩子的关心和爱护的积极价值观,以及公众表现出来的强大的法律意识。

12.4.2 评论数据的特征分析

1. 词频统计

为了更好地挖掘在线评论数据的特征,本案例将采用词云图的文本可视化技术对采集到的艺人 a 代孕有关的事件的在线评论数据进行分析。进行数据预处理后,可以绘制词云图以查看分词效果,词云图会将文本中出现频率较高的"关键词"予以视觉上的突出。

首先需要对词语进行词频统计,将词频按照降序排序,词频统计的代码如代码清单 12-6 所示。

代码清单 12-6 词频统计

```
wordFre = pd.Series(_flatten(list(data6))).value_counts()    #统计词频
wordFre.head(20)    #查看词频
```

从词频统计结果看出,关于艺人 a 男朋友发文下的微博评论中,"孩子、代孕、渣、恶心"等具有否定意义的消极词语词频较高,而关于艺人 b 承认有一个孩子的微博评论中,"幸福、恭喜、祝福、欢迎"等积极词语词频较高。

2. 词云图绘制

词云(Word Cloud),又称文字云、标签云(Tag Cloud)、关键词云(Keyword Cloud),是数据可视化的一种常见形式。为了更直观地看出所爬取的大量文本评论数据的特征,本案例使用 Python 中的 WordCloud 库对分词后的评论数据进行词云图的绘制,以查看分词效果。绘制词云图请参考代码清单 9-16。

生成的词云图如图 12-7、图 12-8 和图 12-9 所示。

图 12-7 艺人 a 男朋友 2021 年 1 月 18 日发文下评论词云图

图 12-8　艺人 b 2021 年 1 月 22 日发文下评论词云图

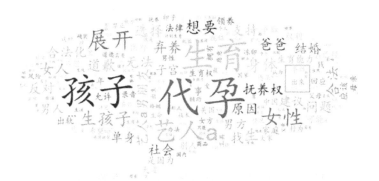

图 12-9　"代孕"博文词云图

由上述可视化结果可以看出，2021 年 1 月 18 日艺人 a 男朋友发文后，人们话题最高的是"孩子""出轨""弃养""代孕""美国""渣男"等字眼，全网都在痛骂艺人 a 及其男朋友，全网充斥着对代孕一事的社会公愤。而在 2021 年 1 月 22 日艺人 b 发文后，网友的评论展现了友好性，词云图中出现的最多的是"幸福""支持""祝福""突然"，同样是明星突然爆料有孩子，网友展现出完全不同的两种态度，究其原因，还是"代孕"和"弃养"触犯了道德和伦理。中华民族传承至今，道德和伦理一直是人类赖以生存的法则，传统的价值观高度强调家庭观念，特别是血脉的自然延续。

12.4.3　语义网络分析

本案例利用 ROSTCM6 对文本评论数据进行语义网络分析，语义网络图如图 12-10、图 12-11 所示，可以清晰直观地看出评价特征之间的网络结构和联系。

由语义网络图可以看到人们在艺人 a 男朋友和艺人 a 代孕弃养一事中，大家以孩子为出发点，展开了许多引人深思的人性问题，引发了针对代孕弃养问题的讨论，人们在艺人 b 有孩子这一事件上是祝福、开心的态度，并祝福照顾宝贝好好长大，表明人们对孩子的看法本质上不同于对艺人 a 代孕弃养的看法。在艺人 a 代孕弃养事件发生后，人们对"未婚生子"的包容性更高了，甚至提出了"只要是自己生的就可以"，价值观已发生了改变。

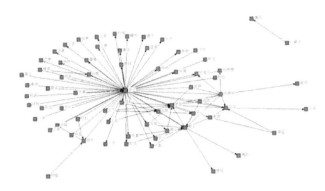

图12-10 2021年1月18日艺人a男朋友发文下评论语义网络图

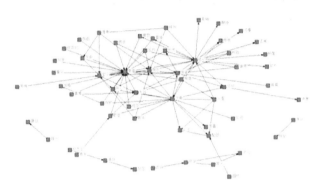

图12-11 2021年1月22日艺人b发文下评论语义网络图

12.4.4 情感分析

情感挖掘目前主要使用的方法是情感词典,对文本进行情感词匹配,汇总情感词进行评分,最后得到文本的情感倾向。本案例主要使用了基于BosonNLP情感词典进行情感分析。该情感词典是由波森自然语言处理公司推出的一款已经做好标注的情感词典,词典中对每个情感词进行情感值评分。

首先,需要对文本进行分句、分词。其次,将分词好的列表数据对应BosonNLP词典进行逐个匹配,并记录匹配到的情感词分值。最后,统计计算分值总和,如果分值大于0,则表示情感倾向为积极的;如果小于0,则表示情感倾向为消极的。情感分析原理框架如图12-12所示。处理过程如代码清单12-7、代码清单12-8所示。

图12-12 情感分析原理框架

代码清单12-7 导入情感评价表

```
feeling = pd.read_csv('BosonNLP_sentiment_score.txt', sep = ' ', header = None)
feeling.columns = ['word','score']
feeling.head()
feel = list(feeling['word'])
```

续

```
def classfi(list1):
    SumScore = 0
    for i in  list1:
        if i in feel:
            SumScore + = feeling['score'][feel.index(i)]
    return SumScore
data7 = data6.apply(lambda x:classfi(x))    #对评论情感打分
data7.to_csv('daiyun.csv',header = False,index = False,mode = 'a')
data7
```

代码清单12-8　划分正向和负向评论

```
pos = data6[data7 > = 0]
neg = data6[data7 < 0]
data6[data7 = = 0]
pospercentdaiyun = len(pos)/len(data6)
pospercentdaiyun
pos.to_csv('daiyun_pos_delStop.txt', encoding = 'utf - 8', index = False, header = False)
neg.to_csv('daiyun_neg_delStop.txt', encoding = 'utf - 8', index = False, header = False)
negfile = 'daiyun_pos_delStop.txt'
posfile = 'daiyun_neg_delStop.txt'
neg = pd.read_csv(negfile, encoding = 'utf - 8', header = None) #读入数据
pos = pd.read_csv(posfile, encoding = 'utf - 8', header = None)
neg[1] = neg[0].apply(lambda s: s.split(' ')) #定义一个分割函数,然后用 apply 广播
pos[1] = pos[0].apply(lambda s: s.split(' '))
pos[1]
```

从图12-13、图12-14中所示的文本评论内容对应的情绪值可看出，网民在艺人a代孕事件中表达积极的情绪占比较低，而网民对于艺人b承认有孩子表达出的积极情绪占比较高。人们关于"代孕"话题的情感态度，从2020年1月13日起至艺人a代孕事件爆发前的2021年1月19日，通过如图12-15所示的博文情感分析可以发现左侧的情感分析对于生育孩子这个话题是比较乐观和积极向上的，且由左侧的分布程度是比较稀疏的，且在"生育""孩子""代孕"上大家的讨论程度并不高，而从2021年1月13日后，数据分布程度变得密集，并且话题讨论度较之前增长了一个新的高度，观察2021年1月13日到2021年3月13日的负面评价可以发现，关于"代孕""生育""孩子"的评价由艺人a代孕事件发生猛增，经历艺人b事件，负面情感呈现减少趋势。这说明在经历艺人a代孕和艺人b事件后，公众的生育价值观发生了一定的变化。

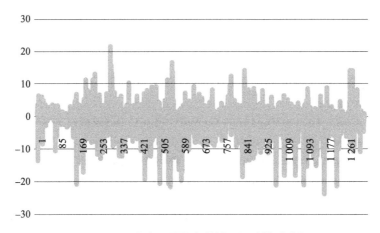

图 12-13　艺人 a 男朋友微博下评论情感分析

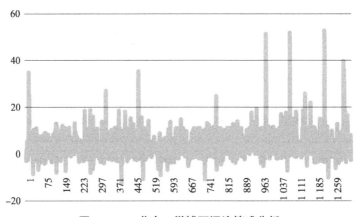

图 12-14　艺人 b 微博下评论情感分析

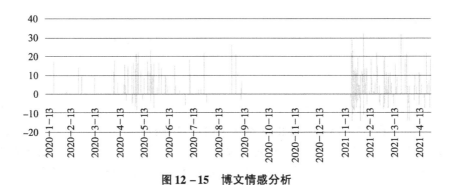

图 12-15　博文情感分析

当然，分析结果中也存在一定的误差，后续可以通过训练语料库进行优化。

12.4.5　LDA 主题构建

本案例通过 LDA 主题分析提取了 2020 年 1 月 18 日艺人 a 男朋友微博下评论的主题，2020 年 1 月 22 日艺人 b 微博下评论的主题，并进行了可视化分析。详情如代码清单 12-9、代码清单 12-10 所示。

代码清单 12-9　LDA 主题模型构建

```python
#构造 LDA 模型,提取关键字
from gensim import models,corpora
#正面主题分析
pos_dict = corpora.Dictionary(pos[1])   #建立字典
pos_corpus = [pos_dict.doc2bow(i) for i in pos[1]] #建立语料库
pos_lda = models.LdaModel(pos_corpus, num_topics = 3, id2word = pos_dict)
print("\n 正面评价")
for i in range(3):
    print("主题%d : " % i)
    print(pos_lda.print_topic(i)) #输出每个主题
#负面主题分析
neg_dict = corpora.Dictionary(neg[1]) #建立词典
neg_corpus = [neg_dict.doc2bow(i) for i in neg[1]] #建立语料库
neg_lda = models.LdaModel(neg_corpus, num_topics = 3, id2word = neg_dict) #LDA 模型训练
print("\n 负面评价")
for i in range(3):
    print("主题%d : " % i)
print(neg_lda.print_topic(i)) #输出每个主题
```

代码清单 12-10　可视化 LDA 主题词

```python
import pyLDAvis
import pyLDAvis.gensim_models
datapos = pyLDAvis.gensim_models.prepare(pos_lda, pos_corpus, pos_dict)
pyLDAvis.save_html(datapos, 'datapos_daiyun.html')
#让可视化可以在 notebook 内显示
print('以下是正面主题词可视化 \n')
pyLDAvis.display(datapos)
```

图 12-16、图 12-17 所示为 LDA 主题模型训练结果。

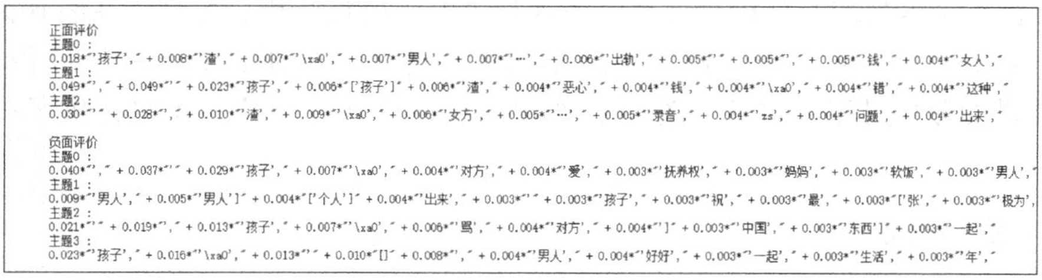

```
正面评价
主题0 :
0.018*"孩子"," + 0.008*"潘"," + 0.007*"\xa0"," + 0.007*"男人"," + 0.007*"…"," + 0.006*"出轨"," + 0.005*""," + 0.005*""," + 0.005*"钱"," + 0.004*"女人","
主题1 :
0.049*""," + 0.049*""," + 0.023*"孩子"," + 0.006*"['孩子']"," + 0.006*"潘"," + 0.004*"恶心"," + 0.004*"钱"," + 0.004*"\xa0"," + 0.004*"错"," + 0.004*"这种","
主题2 :
0.030*""," + 0.028*""," + 0.010*"潘"," + 0.009*"\xa0"," + 0.006*"女方"," + 0.005*"…"," + 0.005*"录音"," + 0.004*" zs'," + 0.004*"问题"," + 0.004*"出来","
负面评价
主题0 :
0.040*""," + 0.037*""," + 0.029*"孩子"," + 0.007*"\xa0"," + 0.004*"对方"," + 0.004*"爱"," + 0.003*"抚养权"," + 0.003*"妈妈"," + 0.003*"软饭"," + 0.003*"男人","
主题1 :
0.009*"男人"," + 0.005*"男人']"," + 0.004*"['个人']"," + 0.004*"出来"," + 0.003*""," + 0.003*"孩子"," + 0.003*"祝"," + 0.003*"最"," + 0.003*"['张']"," + 0.003*"极力","
主题2 :
0.021*""," + 0.013*""," + 0.013*"孩子"," + 0.007*"\xa0"," + 0.006*"骂"," + 0.004*"对方"," + 0.004*""," + 0.003*"中国"," + 0.003*"东西']"," + 0.003*"一起","
主题3 :
0.023*"孩子"," + 0.016*"\xa0"," + 0.013*"[]"," + 0.010*""," + 0.008*""," + 0.004*"男人"," + 0.004*"好好"," + 0.003*"一起"," + 0.003*"生活"," + 0.003*"年","
```

图 12-16　针对艺人 a 男朋友的正向和负向评论主题词

```
正面评价
主题0：
0.035*"\xa0"，+ 0.024*"'"，+ 0.021*"'"，+ 0.014*"…"，+ 0.008*"…'"，+ 0.008*"'孩子"，+ 0.008*"'审判长"，+ 0.007*"'原'，+ 0.007*"'一个月"，+ 0.006*"['"
主题1：
0.016*"…'"，+ 0.014*"'孩子"，+ 0.010*"'"，+ 0.006*"['"，+ 0.005*"'"，+ 0.005*"'路'，+ 0.004*"['一个月"，+ 0.004*"…'"，+ 0.004*"'祝你幸福'，+ 0.004*"'卧槽'，
主题2：
0.043*"'"，+ 0.042*"'"，+ 0.012*"'\xa0'，+ 0.011*"'孩子"，+ 0.006*"'发生'，+ 0.006*"'孩子]"，+ 0.005*"['一个月"，+ 0.005*"['"，+ 0.005*"'卧槽"，+ 0.004*"']"，
负面评价
主题0：
0.121*"'"，+ 0.113*"'"，+ 0.014*"['"，+ 0.008*"'\xa0'，+ 0.008*"'祝福'，+ 0.008*"'永远'，+ 0.007*"'宝贝'，+ 0.007*"'唯一'，+ 0.007*"']"，+ 0.007*"'最好"，
主题1：
0.015*"['幸福']"，+ 0.014*"'"，+ 0.013*"'孩子'，+ 0.012*"['唯一']"，+ 0.012*"'幸福'，+ 0.010*"'"，+ 0.008*"'幸福"，+ 0.006*"'快乐'，+ 0.005*"'开心'，+ 0.004*"['一个月"，
主题2：
0.010*"'最'，+ 0.009*"'棒']"，+ 0.006*"'祝'，+ 0.006*"'正'，+ 0.006*"'能量']"，+ 0.006*"'希望'，+ 0.005*"'祝福'，+ 0.005*"'祝福"，+ 0.004*"'欢迎'，+ 0.004*"'幸福
主题3：
0.041*"'\xa0'，+ 0.024*"'幸福']"，+ 0.016*"'到来']"，+ 0.015*"'欢迎'，+ 0.015*"['爱你宝贝']"，+ 0.011*"'爱'，+ 0.009*"'唯一'，+ 0.008*"['孩子'，+ 0.008*"['最好'，+ 0.007*"'
```

图 12-17　针对艺人 b 的正向和负向评论主题词

可以看出，针对艺人 a 男朋友事件的评论体现的主题主要为"代孕""渣""恶心"，针对艺人 b 事件评论体现的主题主要为"幸福""祝福"。

针对艺人 a 男朋友事件的评论中正向评论主题词部分可视化结果如图 12-18 所示。

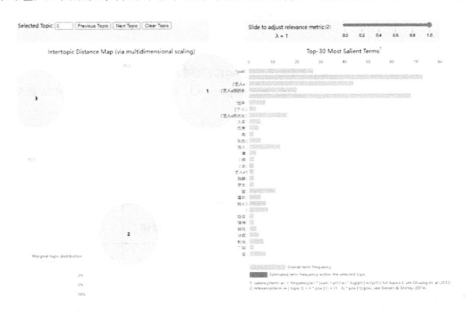

图 12-18　针对艺人 a 男朋友事件的评论中正向评论主题词部分可视化结果

12.5　拓展思考

12.5.1　理论意义

本案例在文本处理及分析阶段对微博评论进行了挖掘分析，发现了在线评论中蕴含着可以利用的隐藏信息。本案例对管理学和社会行为学的研究具有一定的借鉴意义，本案例提供的分析思路和方法，为今后处理在线评论并进行信息挖掘提供了一定的参考价值。

12.5.2　实践意义

在多标签文本数据集中特征空间与标签空间都含有丰富的语义信息，语义信息的挖掘与应用是目前研究的热点。本案例基于 LDA、LSI、PLSI 和 PLSA 主题模型对文本、单词进行

分析，将特征与标签、标签与实例以条件概率分布的形式呈现。

本案例的实践意义在于利用数据分析相关的 LDA、LSI、PLSI 和 PLSA 主题模型对相关微博数据进行挖掘和分析，将技术操作应用到社会工作领域，为以后用技术指导的社会学工作提供了实践性方法和指导。

12.5.3 优点

本案例选取了"艺人 a 代孕事件"背景下，"艺人 a 代孕"及"艺人 b 我们是有一个孩子"相关话题的博文下的评论数据进行文本挖掘，并采集以"代孕"为关键字的 392 条博文数据作为对比分析，加强了论证的可靠性。

12.5.4 不足之处

（1）本案例所采集的数据均来自新浪微博平台，而由于新浪微博的特殊性，导致明星艺人微博下的评论数据带有网友对艺人的态度倾向，故而存在误判的可能。且由于网络数据的爬取具有范围局限性，因此本案例采集的数据无法完全代表当时公众的价值观。

（2）本案例采用了标准 LDA 模型以挖掘评论文本数据的主题，然而，标准的 LDA 模型在实际使用中并没有获得太好效果，主要有以下两个原因。

①由于需要大量语料库训练，以获得每个主题下的词汇分布，在实际应用中很难在大量的微博文本中获得合适数量的主题。

②一些使用频率较高的词，常用于多个不同的主体，因此使用模型时易发生误判。

12.6 本章小结

本案例向读者展示了如何使用 Python 处理微博评论文本评论数据。通过使用后羿采集器爬取的案例数据，对文本数据进行预处理、分词、去除停用词等操作，利用 ROSTCM6 对文本评论数据进行了语义网络分析，挖掘评价文本数据特征之间的网络结构和联系，并进行基于 BosonNLP 情感词典的情感分析，最后使用 LDA 主题模型对正负面评论进行主题分析。从分析"艺人 a 代孕事件"引发的公众关于生育价值观的不同情感倾向出发，探讨了管理学角度下公众的价值观变化，并提出了加强舆论引导，树立正确的生育价值观的建议。

本章参考文献

[1] 常娥. 基于 LSI 理论的文本自动聚类研究 [J]. 图书情报工作，2012，56（11）：89 – 92.

[2] 吴志媛，钱雪忠. 基于 PLSI 的标签聚类研究 [J]. 计算机应用研究，2013，30（05）：1316 – 1319.

[3] 陈可嘉，骆佳艺. 中文网络评论的隐式产品特征提取方法研究 [J]. 福州大学学报（哲学社会科学版），2020，34（01）：59 – 65.

[4] WOLFHAGEN J. Re – examining the use of the LSI technique in zooarchaeology – ScienceDirect[J]. Journal of Archaeological Science，2020，123.

[5] CHARU C. Aggarwal. On the equivalence of PLSI and projected clustering[J]. ACM SIGMOD

Record, 2013, 41(4): 45 – 50.

[6] 徐安雄, 赵雪, 李坤等. 基于 LDA 的轨道交通信号系统故障文本数据处理方法研究 [J]. 铁道通信信号, 2021, 57 (05): 56 – 59 + 63.

[7] 李璐萍, 赵小兵. 基于主题模型的主题发现方法研究综述 [J]. 中央民族大学学报 (自然科学版), 2021, 30 (02): 59 – 66.

[8] BLEI D M, NG A Y, JORDAN M I. Latent Dirichlet Allocation [J]. The Annals of Applied Statistics, 2001.

[9] 杜增文. 基于狄利克雷回归的微博主题检测模型研究 [D]. 北京: 中国科学院大学 (中国科学院大学人工智能学院), 2020.

[10] OKOLICA J S, PETERSON G L, MILLS R F. Using PLSI – U to detect insider threats by datamining e – mail [J]. International Journal of Security & Networks, 2008, 3 (2): 114 – 121.

[11] 王一宾, 郑伟杰, 程玉胜等. 基于 PLSA 学习概率分布语义信息的多标签分类算法 [J]. 南京大学学报 (自然科学), 2021, 57 (01): 75 – 89.

[12] 李堂军, 戴昕森. 基于 LDA 的招聘信息技能标签生成算法 [J]. 软件导刊, 2021, 20 (05): 128 – 133.

[13] 陈攀, 杨浩, 吕品等. 基于 LDA 模型的文本相似度研究 [J]. 计算机技术与发展, 2016, 26 (04): 82 – 85 + 89.

[14] LIU S, YANG E, FANG K. Self – Learning pLSA Model for Abnormal Behavior Detection in Crowded Scenes [J]. IEICE Transactions on Information and Systems, 2021, 104 – D(3): 473 – 476.

[15] 唐晓波, 房小可. 基于文本聚类与 LDA 相融合的微博主题检索模型研究 [J]. 情报理论与实践, 2013, 036 (008): 85 – 90.

[16] 史剑虹, 陈兴蜀, 王文贤. 基于隐主题分析的中文微博话题发现 [J]. 计算机应用研究, 2014 (03): 700 – 704.

第 13 章 推荐系统——基于牛客网的职位推荐分析

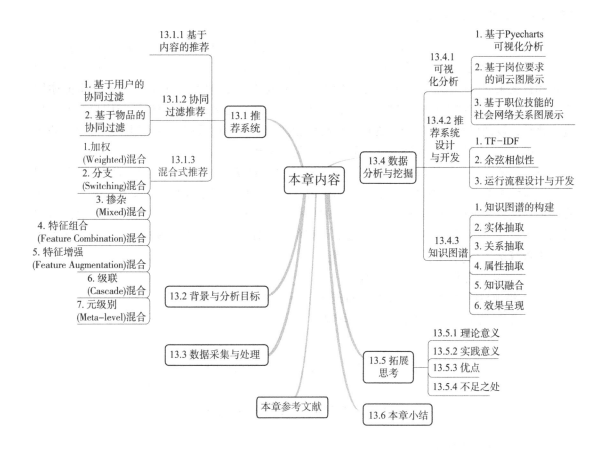

13.1 推荐系统

随着信息技术的发展和互联网时代的到来，人们从信息匮乏的时代逐渐进入了信息过载的时代。在这个信息过载的时代，无论是用户还是信息生产者都遇到了很大的挑战：作为用户，如何从大量信息中找到自己感兴趣的信息是一件非常困难的事情；作为信息生产者，如何让自己生产的信息脱颖而出，以受到广大用户的关注，也是一件非常困难的事情。推荐系统就是解决这些挑战的重要工具。推荐系统的任务是联系用户和信息，一方面帮助用户发现对自己有价值的信息，另一方面让信息生产者生产的信息能够展现在对它感兴趣的用户面前，从而实现用户和信息生产者的双赢。

在这个互联网飞速发展、信息过载的时代，人们早已提出了许多独特的解决方案，其中最具代表性的解决方案之一就是搜索引擎。搜索引擎可以帮助用户寻找信息，但是需要用户主动提供准确的关键字。不可避免的是，有时用户也会找不到能够准确描述自身需求的关键词，为了解决这种情况，推荐系统应运而生。与搜索引擎一样，推荐系统是一种帮助用户快速发现有用信息的工具。与搜索引擎不同的是,推荐系统是大数据在互联网领域的典型应用,是自动联系用户和物品的一种工具。推荐系统不需要用户提供明确的需求,它能通过研究用户的兴趣偏好,进行个性化计算,从而发现用户的兴趣点,帮助用户从海量信息中去发掘潜在的需求。

13.1.1 基于内容的推荐

基于内容(Content – Based,CB)的推荐是指通过机器学习的方法去描述内容的特征,并基于内容的特征来发现与之相似的内容。基于内容的推荐算法是,仅通过单个用户的行为记录和数据来向该用户推荐,即首先分析该用户喜爱的商品的特征,以确定可以用来描述用户的偏好特征,这些首选项存储在用户配置文件中;其次是将每个项目属性与用户个人资料进行比较,以便仅将与用户个人资料具有高度相似性的相关项目推荐给该用户。常用的基于内容的推荐应用如网页、新闻、文章和餐馆之类的文档。

TF – IDF 表示是使用最广泛的算法(也称向量空间表示)之一。对于用户配置文件的创建,系统主要关注两种类型的信息:用户偏好信息、用户与推荐系统的交互日志。基于内容的用户配置文件的创建是借助项目特征的加权向量完成的,每个特征对用户的重要性由权重表示,权重可以通过使用各种熟练度来计算单个评分的内容向量。图 13 – 1 显示了基于内容的推荐算法的机制,包括以下三个步骤:

(1)导出可供推荐的项目的属性;
(2)将项目的属性与活跃用户的首选项进行比较;
(3)根据满足用户兴趣的功能推荐产品。

图 13 – 1 基于内容的推荐算法的机制

13.1.2 协同过滤推荐

协同过滤(Collaborative Filtering)主要利用已有用户群过去的行为或意见,来预测当前用户对特定商品的喜好程度,该技术广泛应用于各个领域。常见的应用场景有在线零售系统,其目的是进行商品促销和提高销售额。协同过滤可以进一步分为基于用户的协同过滤和基于物品的协同过滤。

1. 基于用户的协同过滤

基于用户的协同过滤(User Collaborative Filtering,UserCF)的主要思想是相似个体在面对同样的问题时所采取的行为也必然相似,此推荐算法的功能就是根据相似行为为用户进行有针对性的推荐。其核心思想是"趣味相投",即兴趣相似的用户往往有相似的商品偏好。

UserCF 算法的实现主要包括两个步骤:第一,找到和目标用户兴趣相似的用户集合;第二,找到该集合中的用户所喜欢的,且目标用户尚未发现的物品推荐给目标用户。

以下以在线零售系统为例,假设有用户 a、用户 b、用户 c 和物品 A、B、C、D,如果用户 a、用户 c 都喜欢物品 A 和物品 C,如图 13 – 2 所示,因此认为这两个用户是相似用户,于是将用户 c 喜欢的物品 D（物品 D 是用户 a 还未接触过的）推荐给用户 a。

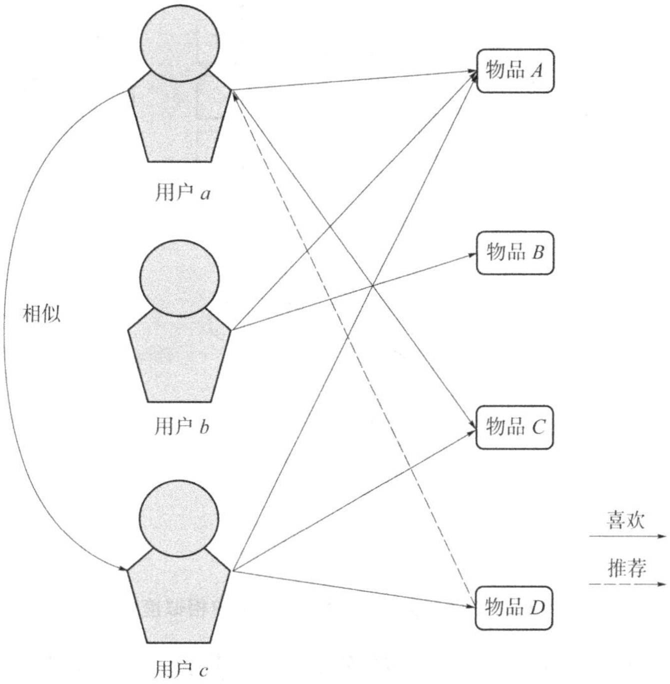

图 13-2　基于用户的协同过滤

实现 UserCF 算法的关键步骤是计算用户与用户之间的兴趣相似度。目前使用较多的相似度算法有皮尔逊相关系数、泊松相关系数、基于欧氏距离的相似度、余弦相似度和修正余弦相似度。

若给定用户 u 和用户 v，令 N(u) 表示用户 u 感兴趣的物品集合，令 N(v) 为用户 v 感兴趣的物品集合，则使用余弦相似度进行计算用户相似度的公式为：

$$w_{uv} = \frac{|N(u) \cap N(v)|}{\sqrt{|N(u)||N(v)|}} \tag{13-1}$$

由于很多用户并没有对同样的物品有过相似行为，因此其相似度公式的分子为 0，相似度也为 0。所以，在计算相似度 w_{uv} 时，我们可以利用物品到用户的倒排表（每个物品所对应的、对该物品感兴趣的用户列表），仅对有相同物品产生交互行为的用户的数据进行计算。

图 13-3 展示了基于图 13-2 的数据建立物品到用户倒排表，并计算用户相似度矩阵的过程。由图 13-3 可知，喜欢物品 C 的用户包括用户 a 和用户 c，因此将 $W[a][c]$ 和 $W[c][a]$ 都加 1，依此类推。对每个物品的用户列表进行计算之后，就可以得到用户相似度矩阵 W，矩阵元素 $W[u][v]$ 即为 w_{uv} 的分子部分，将 $W[u][v]$ 除以分母便可得到用户相似度 w_{uv}。

得到用户间的相似度后，再使用式（13-2）来度量用户 u 对物品 i 的兴趣程度 P_{ui}：

$$P_{ui} = \sum_{v \in S(u,K) \cap N(i)} w_{uv} r_{vi} \tag{13-2}$$

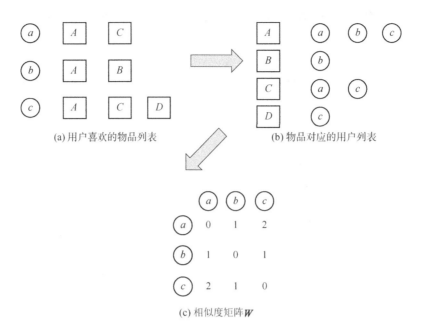

图 13-3　物品到用户倒排表及用户相似度矩阵

其中，$S(u, K)$ 是和用户 u 兴趣最接近的 K 个用户的集合；$N(i)$ 是喜欢物品 i 的用户集合；w_{uv} 是用户 u 和用户 v 的相似度；r_{vi} 是隐反馈信息，代表用户 v 对物品 i 的感兴趣程度，为简化计算可令 $r_{vi}=1$。

所有物品计算 P_{ui} 后，可以再进行一定的处理，如降序处理，最后取前 N 个物品作为最终的推荐结果展示给用户 u。

2. 基于物品的协同过滤

基于物品的协同过滤（Item Collaboration Filter，ItemCF）是目前社会生活中应用得最多的算法之一。ItemCF 算法主要通过分析用户的行为记录来计算物品之间的相似度，从而给目标用户推荐那些和他们之前喜欢的物品相似的物品。该算法的一个基本假设是：如果用户之前买过某个物品，并且对它的评价很高，那么这个用户将来购买和该物品相似的物品的概率非常大。用电影来举一个简单的例子，如《奇异博士》《雷神》《惊奇队长》这三部电影和《复仇者联盟》这部电影很相似，如果某个用户看过《复仇者联盟》这部电影并且评价很高，而该用户恰好还没有看过《雷神》，那么我们可以把《雷神》这部电影推荐给该用户。

ItemCF 算法的实现主要包括两个步骤：第一，需要计算出物品之间的相似度；第二，根据物品之间的相似度和用户的历史行为，生成该用户的推荐列表。

仍然以图 13-2 所示的数据为例，用户 a、用户 c 都购买了物品 A 和物品 C，因此可以认为物品 A 和物品 C 是相似的，如图 13-4 所示。因为用户 b 购买过物品 A 而没有购买过物品 C，所以推荐算法为用户 b 推荐物品 C。

与 UserCF 算法不同，用 ItemCF 算法计算物品相似度是通过建立用户到物品倒排表（每个用户喜欢的物品的列表）来计算的。

图 13-5 展示了基于图 13-2 的数据建立用户到物品倒排表，并计算物品相似度矩阵的过程。对每个用户 u 喜欢的物品列表［见图 13-5（a）］，都建立一个物品相似度

第 13 章 推荐系统——基于牛客网的职位推荐分析

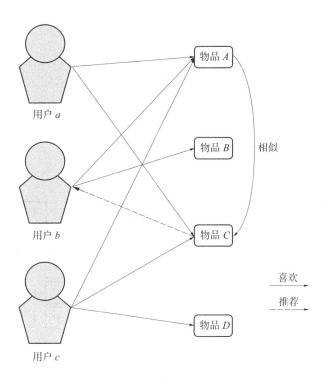

图 13-4 基于物品的协同过滤

矩阵 M_u，如用户 a 喜欢物品 A 和物品 C，则 $M_a[A][C]$ 和 $M_a[C][A]$ 都加 1，依此类推，得到每个用户的物品相似度矩阵 [见图 13-5 (b)]。将所有用户的物品相似度矩阵 M_u 相加得到最终的物品相似度矩阵 R [见图 13-5 (c)]，其中 $R[i][j]$ 记录了同时喜欢物品 i 和物品 j 的用户数，将矩阵 R 归一化，便可得到物品间的余弦相似度矩阵 W。

得到物品相似度后，再使用式（13-3）来度量用户 u 对物品 j 的兴趣程度 P_{uj}：

$$P_{uj} = \sum_{i \in N(u) \cap S(j,K)} W_{ji} r_{ui} \tag{13-3}$$

由式（13-3）可以看出，P_{uj} 与 UserCF 算法中 P_{ui} 的定义基本一致，也是将计算得到的 P_{uj} 进行处理后，取前 N 个物品作为最终的推荐结果展示给用户 u。

13.1.3 混合式推荐

随着推荐系统规模的扩张和用户对推荐需求及质量的不断变化和提高，单一的推荐算法由于其本身的缺陷和应用场景的限制而逐渐无法满足用户的需求，如基于内容的推荐算法推荐精度不是很高，基于协同过滤的推荐算法存在冷启动问题等。而混合推荐可以将多种不同的推荐算法进行融合，在一定程度上弥补了各种算法的缺陷。

混合推荐算法利用两种或两种以上推荐算法来配合，克服单种算法存在的问题，期望更好地提升推荐的效果。混合式推荐算法可以通过多种方式实现。

Burke 提出了混合推荐系统的分类，他将混合推荐系统分为以下七类。

1. 加权（Weighted）混合

加权方法利用多个推荐算法的推荐结果，通过加权来获得每个推荐候选标的物的加权得

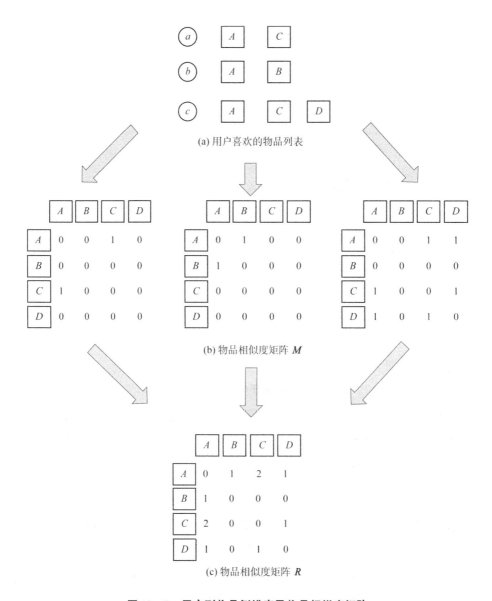

图 13-5 用户到物品倒排表及物品相似度矩阵

分,并以此排序。具体某个用户 u 对标的物 i 的加权得分计算公式为:

$$\text{rec}_{\text{weighted}}(u,i) = \sum_{k=1}^{n} \beta_k \times \text{rec}_k(u,i) \tag{13-4}$$

其中,n 代表一共有 n 个推荐算法;k 代表第 k 个算法;$\text{rec}_k(u,i)$ 代表第 k 个算法用户 u 对物品 i 的评分;β_k 代表第 k 个算法的权重。

2. 分支(Switching)混合

系统从可用的推荐组件中选择特定的组件并应用挑选出来的组件,即分支混合根据某个判别规则来决定在某种情况发生时,利用某种推荐算法的推荐结果。

3. 掺杂(Mixed)混合

掺杂方法将多种推荐算法的结果混合起来,最终推荐给某个用户。如式(13-5)所示，其中，k 代表第 k 种推荐算法，n 代表共有 n 种推荐算法，u 代表用户对物品 u 的评分，$\text{rec}_k(u)$ 代表第 k 种推荐算法用户对物品 u 的评分。

$$\text{rec}_{\text{mixed}}(u) = \bigcup_{k=1}^{n} \text{rec}_k(u) \qquad (13-5)$$

4. 特征组合（Feature Combination）混合

特征组合利用多种推荐算法的特征数据作为原始输入，利用其中一种算法作为主算法，以生成最终的推荐结果。

以协同过滤和基于内容的推荐为例，可以利用协同过滤算法为每个样本赋予一个特征，然后基于内容的推荐，利用这些特征及内容相关特征来构建基于内容的推荐算法。由于特征组合方法非常简单，因此将协同过滤和基于内容的推荐进行组合是常用的方案。

5. 特征增强（Feature Augmentation）混合

特征增强混合不同于特征组合混合，后者只是简单地结合或预处理不同的数据输入，特征增强会利用更加复杂的处理和变换，第一种算法可能事先预处理第二种算法依赖的数据，生成中间可用的特征或数据（中间态），再供第二种算法使用，最终生成推荐结果。

6. 级联（Cascade）混合

在级联方式中，将一种算法的推荐结果作为输出以作为下一种算法的输入之一，下一种算法只会调整上一种算法的推荐结果的排序或去除掉部分结果，而不会新增推荐标的物。

7. 元级别（Meta-level）混合

在元级别的混合中一种推荐算法构建的模型会被流水线后面的算法使用，以用于生成推荐结果。

13.2 背景与分析目标

如今，高校毕业生是社会重要的人力资源，很多大公司尤其喜欢招收应届大学毕业生，然而随着大学毕业生的逐渐增多，大学生就业形势越发严峻。如何在众多岗位中选择与自身技能相匹配并且感兴趣的工作、如何在众多竞争者中脱颖而出这些问题越来越受到大学生的关注。

但是，如何让大学生具备更能胜任岗位要求的专业知识和技能，有针对性地进行知识补强和自我提升等答案却不容易明确。并且，就工作选择或职业规划而言，如果不熟悉岗位工作性质，那么同时考虑多个知识跨度区间小、岗位要求相似的工作也不容易。

基于此，本案例通过对招聘网站中岗位要求和岗位职责等招聘信息的分析，帮助求职者改善对岗位市场行情缺乏客观认知的现状，方便求职者更好地了解各岗位用人需求，以及为求职者进行相似岗位推荐。

13.3 数据采集与处理

本案例使用"后羿采集器"工具爬取招聘网站——"牛客网"招聘数据信息，其中所爬取专业包括会计、财务、信息管理、电子商务、人力资源、工商管理、市场营销、大数据，其中的职位包括 HR、安全工程师、财务、采购、产品管理经理、产品经理、产品运营、产品专家、大数据工程师、电商运营、后端工程师、客户经理、爬虫工程师、软件架构师和新媒体运营等。

对于爬取的大量数据，需要进行清洗处理。首先使用 drop_duplicates( ) 函数对本案例所爬取的数据进行去重，主要针对相同岗位名称下的岗位要求和岗位职责相同的数据，保留重复行中的第一个。由于数据字段难免存在缺失值，采用 pandas.dropna( ) 方法对空值行进行删除。

然后采用正则表达式 sub( ) 和 replace( ) 方法，对"岗位要求"和"岗位职责"中存在的大量数字及标点符号进行替换和处理。在对"岗位要求"和"岗位职责"文本进行分词时，由于专业职位要求等存在大量特有专业术语（如 C++、TCP/IP），因此在分词时，应有针对性地进行分隔词添加，以保证专业术语的完整性和分词的精准性。

最后对"岗位要求"和"岗位职责"进行去除停用词，本次采用的停用词表集合了哈工大、百度、四川大学机器智能实验室等停用词表。数据预处理如代码清单 13-1 所示。

代码清单 13-1 数据预处理

```
import re
import jieba
def data_pre_process(Data):    #数据预处理
    data = Data[:]
    data = data[['岗位名称','岗位职责','岗位要求','label']]
    #查看重复的内容
    data_drop = data.drop_duplicates (subset = ['岗位名称','岗位职责','岗位要求'],keep = 'first',inplace = False)     #按照岗位职责和岗位要求去除重复值
    data_drop = data_drop.dropna()   #去除空值
    data_drop['岗位职责_cut'] = data_drop['岗位职责'].apply(lambda x : x.replace('\n',''))
    data_drop['岗位职责_cut'] = data_drop['岗位职责_cut'].apply(lambda x : x.replace(' ',''))
    data_drop['岗位职责_cut'] = data_drop['岗位职责_cut'].apply(lambda x : re.sub('[0-9]','',x))
    data_drop['岗位职责_cut'] = data_drop['岗位职责_cut'].apply(lambda x : re.sub("[;!•、\\\/\' +.:()...:‘,。’“”、\#●* ~ (\t;-]",'',x))
    data_drop['岗位要求_cut'] = data_drop['岗位要求'].apply(lambda x : x.replace('\n',''))
    data_drop['岗位要求_cut'] = data_drop['岗位要求_cut'].apply(lambda x : x.replace(' ',''))
    data_drop['岗位要求_cut'] = data_drop['岗位要求_cut'].apply(lambda x : re.sub('[0-9]','',x))
    data_drop['岗位要求_cut'] = data_drop['岗位要求_cut'].apply(lambda x : re.sub("[;!•、\\\/\' +.:()...:‘,。’“”、\#●* ~ (\t;-]",'',x))
    #分词
    jieba.load_userdict('interger.txt')    #定义分隔词,保证数据词不被分开
```

续

```
    data_jieba = data_drop[:]
    data_jieba['岗位职责_cut'] = data_jieba['岗位职责_cut'].apply(lambda x:jieba.lcut(x))
    data_jieba['岗位要求_cut'] = data_jieba['岗位要求_cut'].apply(lambda x:jieba.lcut(x))
    # 去除停用词
    stopwords = pd.read_csv('stoplist.txt',encoding = 'utf - 8',sep = 'haha',header = None,engine = 'python')
    stopwords = ['要'] + list(stopwords.iloc[:,0])  # 手动添加停用词
    data_jieba['岗位职责_stop'] = data_jieba['岗位职责_cut'].apply(lambda x:[i for i in x if inot in stopwords])
    data_jieba['岗位职责_stop'] = data_jieba['岗位职责_stop'].apply(lambda x:' '.join(x))  # 转为字符串
    data_jieba['岗位要求_stop'] = data_jieba['岗位要求_cut'].apply(lambda x:[i for i in x if inot in stopwords])
    data_jieba['岗位要求_stop'] = data_jieba['岗位要求_stop'].apply(lambda x : ' '.join(x)) # 转为字符串
    data_jieba = data_jieba.reset_index(drop = True)
    return data_jieba
data_process = data_pre_process(data)
```

对“岗位要求”和“岗位职责”文本进行处理，结果如图 13 - 6 所示。

	岗位名称	岗位职责	岗位要求	label	岗位职责_cut	岗位要求_cut	岗位职责_stop	岗位要求_stop
0	资深海外运营(slg)	岗位职责\n\n1、负责slg手机游戏产品运营策略的制定、调整、组织实施和监控；\n\n2、...	岗位要求\n\n1、本科及以上学历，3年以上游戏运营相关工作经验，对slg手游运营流程及全局...	运营	[岗位职责, 负责, slg, 手机游戏, 产品, 运营, 策略, 的, 制定, 调整, 组...	[岗位, 要求, 本科, 及, 以上学历, 年, 以上, 游戏, 运营, 相关, 工作, 经...	负责 slg 手机游戏 产品 运营 策略 调整 组织 实施 监控 监控 分析 产品 运营 数...	本科 游戏 运营 slg 手游 运营 流程 全局 游戏 经验丰富 手机游戏 产品 群体 市场...
1	海外运营(请仔细阅读岗位要求)	岗位职责\n\n1、负责公司海外地区发行产品的对接，版本管理、优化与验收，以及上线前筹备准备...	岗位要求\n\n* 本公司为创业公司，现招收希望转换赛道、有创业意愿的成员。仅有职位应聘想法...	运营	[岗位职责, 负责, 公司, 海外, 地区, 发行, 产品, 的, 对接, 版本, 管理, ...	[岗位, 要求, 本, 公司, 为, 创业, 公司, 现, 招收, 希望, 转换, 赛道, ...	负责 公司 海外 地区 发行 产品 对接 版本 管理 优化 验收 上线 前 筹备 海外 市场...	公司 创业 公司 招收 转换 赛道 创业 意愿 职位 应聘 想法 创业 意愿 投递 干股 回...

图 13 - 6　数据预处理结果

13.4　数据分析与挖掘

13.4.1　可视化分析

1. 基于 Pyecharts 可视化分析

对清洗后的数据进行预处理，使用 Pyecharts 对招聘岗位的所在城市和岗位薪资情况进行可视化展示，分别以中国地图、饼图、分组柱形图形式展示职位地区分布、职位薪资占比和职位薪资比较的情况，从而可以帮助求职者大致确定发展的城市和预期的薪资待遇，使求职者对未来就业的岗位有进一步了解。地图代码清单如 13 - 2 所示。

代码清单13-2　地图代码

```
from pyecharts.charts import Geo
from pyecharts import options as opts
from pyecharts.globals import ChartType, SymbolType
from example.commons import Faker
geo = Geo()
geo.add_schema(maptype = "china")
geo.add("城市", [list(z) for z in zip(Faker.provinces, Faker.values())])
geo.set_series_opts(label_opts = opts.LabelOpts(is_show = False))
geo.set_global_opts(visualmap_opts = opts.VisualMapOpts(), title_opts = opts.TitleOpts
(title = "职位分布"))
geo.render_notebook() #显示地图
geo.render() #输出html格式
```

可视化结果显示，本次爬取的职位中，所分布城市有北京、上海、深圳、杭州、广州、武汉、成都、南京、西安和厦门等。其中，北京有1867个岗位，深圳有1165个岗位，上海有1095个岗位。

对数据薪资处理，其中空白栏均填充为"薪资面议"。经可视化后，从图13-7中发现，"薪资面议"和"0~5千元"的情况占绝大多数，即大部分求职者面临的情况会是薪资面议或基础薪资0~5千元。排序第三的是6~10千元的工资薪资，占比约为0~5千元的1/4；其中10~20千元的工资薪资占比约为0~5千元的1/6；超过20千元工资薪资的占比约为0~5千元的1/29。所以要想跳出大众水平、获得更多的薪资，就要付出更多的努力。

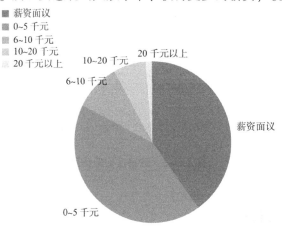

图13-7　薪资待遇占比可视化

通过对数据薪资处理，经可视化后，从图13-8中发现，相比于计算机相关专业，其他类似市场和财务等专业的薪资普遍较低。因此，要想获得更多的薪资，就要找对就业方向，拥有更多技能。

2. 基于岗位要求的词云图展示

我们可以得到各个岗位的知识技能词云图，从而能够更直观地看到岗位所需技能和品质要求。下面以软件测试工程师、软件开发工程师和大数据工程师为例，进行相应岗位的词云图展示及分析。词云图代码如代码清单 13-3 所示。

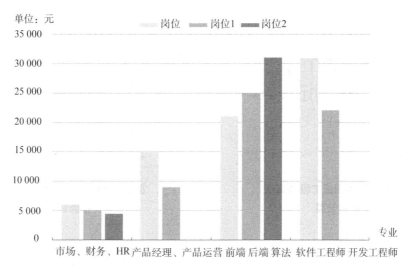

图 13-8　职位薪资待遇比较可视化

代码清单 13-3　词云图代码

```
def Get_cloud(words):
    from wordcloud import WordCloud
    import matplotlib.pyplot as plt
    plt.rcParams['font.sans-serif'] = ['SimHei']  # 步骤一(替换 sans-serif 字体)
    plt.rcParams['axes.unicode_minus'] = False    # 步骤二(解决坐标轴负数的负号显示问题)
    font = r'C:\Windows\Fonts\simfang.ttf'
    mk = imread("pic.png")
    wordcloud = WordCloud(font_path = font,
                          background_color = 'white',
                          mask = mk)
    wordcloud.generate(str(words))
    plt.imshow(wordcloud)
    plt.show()
Get_cloud(str(tifidf_word).replace("'",''))  # 词云图
```

(1) 软件测试工程师

岗位技能关键词：自动化测试、软件测试、Linux、Python、测试工具和数据库。通过对该岗位技能词云图进行展示，可以发现软件测试工程师岗位对"测试"要求较高，即要求从业人员具备自动化测试及相关的测试方法和知识。软件测试工程师岗位技能词云图如图 13-9 所示。

(2) 软件开发工程师。

岗位技能关键词：Java、C、Linux、数据库、软件和多线程。通过对该岗位技能词云图进行展示，可以发现该岗位对"数据库""Java"等要求较高，其技术要求也是比较全面

的。软件开发工程师岗位技能词云图如图 13 – 10 所示。

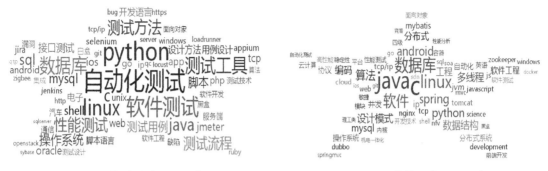

图 13 – 9　软件测试工程师岗位技能词云图　　　　图 13 – 10　软件开发工程师岗位技能词云图

（3）大数据工程师

岗位技能关键词：Python、Sql、Java、Spark、Hive、算法和数据库。通过对大数据工程师岗位技能的词云图进行展示，可以发现该岗位对"Python""数据库"和各算法及框架的要求较高，所以从事该岗位需要掌握很多相关技能。大数据工程师岗位技能词云图如图 13 – 11 所示。

图 13 – 11　大数据工程师岗位技能词云图

3. 基于职位技能的社会网络关系图展示

为检验词云图的效果，根据共词矩阵，绘制出了各个岗位的社会网络关系图，可以看出越靠近中心的节点与其他节点的关联度数也越大，即岗位对该节点所代表的知识、技能和能力要求也越高，这与词云图得到的分析结果相一致，说明词云图体现的信息具有一定的准确性。

同样地，下面以软件测试工程师、软件开发工程师和大数据工程师为例，进行相应岗位的社会网络关系图的展示及分析。

（1）软件测试工程师

通过对该岗位技能的社会网络关系进行展示，可以发现相较其他词语，"Python"和"测试工具"的关联度都大，即对于测试工程师，这些技能较为重要。自动化测试开发使用目前流行的脚本语言 Python。软件测试工程师技能社会网络关系图如图 13 – 12 所示。

(2) 软件开发工程师

通过对该岗位技能的社会网络关系进行展示，可以发现"Java"的关联度数值为65，即"Java"处于核心地位。Java 的应用可以说是无处不在，从桌面办公应用到网络数据库等应用，从计算机到嵌入式移动平台，从 Java 小应用程序（Applet）到架构庞大的 J2EE 企业级解决方案，处处都有 Java 的身影，使软件开发工程师在该行业内独占鳌头。软件开发工程师技能社会网络关系图如图 13 – 13 所示。

图 13 – 12　软件测试工程师
技能社会网络关系图

图 13 – 13　软件开发工程师技能
社会网络关系图

(3) 大数据工程师

通过对大数据工程师岗位技能的社会网络关系进行展示，可以发现"Python"的关联度数值为 110，其关联度最大，处于核心地位。即对于该岗位，Python 知识和技术必不可缺。大数据工程师技能社会网络关系图如图 13 – 14 所示。

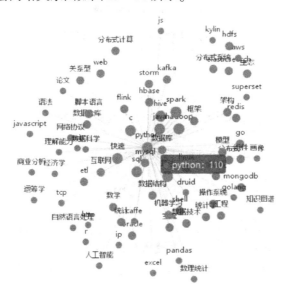

图 13 – 14　大数据工程师技能社会网络关系图

13.4.2 推荐系统设计与开发

1. TF – IDF

词频 – 逆向文本频率（Term Frequency – Inverse Document Frequency，TF – IDF）是一种用于信息检索（Information Retrieval）与文本挖掘（Text Mining）的常用加权技术。TF – IDF 权值越大表示该特征词对这个文本的重要性越大。

围绕岗位职责和岗位要求两方面进行处理，分别提取出它们并带入 TfidfVectorizer 模型中计算出 tfidf 矩阵，再通过 TfidfTransformer 获得对象的 TF – IDF 权值。具体详情如图 13 – 15、图 13 – 16，代码清单 13 – 4 所示。

```
0      负责 slg 手机游戏 产品 运营 策略 调整 组织 实施 监控 监控 分析 产品 运营 数...
1      负责 公司 海外 地区 发行 产品 对接 版本 管理 优化 验收 上线 前 筹备 海外 市场...
2      产品 增长 计划 产品 推广 策略 全程 方案 落地 执行 推广 负责 持续 监测 推广 效...
3      功能 运营 方向 负责 产品 功能 模块 上线 运营 产品 部门 配合 定位 功能 模块 提高...
4      产品 增长 计划 产品 推广 策略 全程 方案 落地 执行 推广 负责 持续 监测 推广 效...
                                 ...
3844   理解 抽象 电商 数据 场景 电商 数据 产品 高效 赋能 负责 电商 数据 产品 架构设计...
3845   数据分析 财务 金融 专业 背景 数据分析 能力 SQL 数据库 语言 工具 逻辑思维 能力...
3846                  作者 字节 跳动 算法 工程师 链接 httpswwwnowcodercomdiscuss
3847   网络安全 数据分析 网络 识别方法 分析 告警 数据 网络 数据 提供 价值 信息 协助 算...
3848   地点 北京 上海 深圳 团队 HRBP 理解 链接 团队 目标 判断 合适 人力 策略 保证...
Name: 岗位职责_stop, Length: 3849, dtype: object
```

图 13 – 15 提取岗位职责

```
0      本科 游戏 运营 slg 手游 运营 流程 全局 游戏 经验丰富 手机游戏 产品 群体 市场...
1      公司 创业 公司 招收 转换 赛道 创业 意愿 职位 应聘 想法 创业 意愿 投递 干股 回...
2      任职 资格 本科 院校 毕业 年内 专业 理工科 文笔 基础 审美 能力 能快 准狠 洞察...
3      重点 本科 毕业 年内 埋工科 专业 toB 软件 运营 背景 理学 实习 toB 项...
4      重点 本科 院校 毕业 年内 专业 理工科 文笔 基础 审美 能力 能快 准狠 洞察 痛点...
                                 ...
3844   互联网 产品 服务 开发 过程 端 技术 架构 系统 设计 能力 扎实 编程 基础 Go C...
3845   负责 腾讯 投资 管理系统 数据 质量 管理 数据 准确性 完整性 及时性 财务 对账 系统...
3846                                                  链接 投
3847   信息安全 计算机控制 统计 数学 专业 背景 独立 数据网络 基础理论 知识 常见 网络协议...
3848   统招 本科 人力资源 人力资源 模块 TAERC BOC OD 两个 模块 实操 自我 驱动...
Name: 岗位要求_stop, Length: 3849, dtype: object
```

图 13 – 16 提取岗位要求

代码清单 13 – 4　TF – IDF 代码

```
base_duty = data_process['岗位职责_stop']
#方法一
from sklearn.feature_extraction.text import TfidfVectorizer,TfidfTransformer
tfidf_vec = TfidfVectorizer(min_df =1,max_df =5000,max_features =200)   #建立 TfidfVectorizer 模型
sparse_result_tfidf = tfidf_vec.fit_transform(base_duty)   #计算 tfidf 矩阵
#方法二
#文本特征提取模块,CountVectorizer 词频统计,TfidfTransformer 把词频结果转化为 TF – IDF 类
from sklearn.feature_extraction.text import CountVectorizer, TfidfTransformer
countVectorizer = CountVectorizer() #建立 CountVectorizer 模型
data_tr = countVectorizer.fit_transform(data_process['岗位职责_stop'])  #装换为权值向量
X_tr = TfidfTransformer().fit_transform(data_tr.toarray()).toarray() #获得训练集对象的 TF – IDF权值
```

经过处理后得到的词向量（数据维度）有 8168 个，如图 13-17 所示。

提取某个岗位并经过 TF-IDF 处理后得到的前十个权值向量，如图 13-18 所示。

2. 余弦相似性

余弦相似性通过测量两个向量的夹角的余弦值来度量它们之间的相似性，向量是词向量，即根据 TF-IDF 得到的词向量。余弦相似性如图 13-19、代码清单 13-5 所示。

$$\cos\theta = \frac{x_1x_1 + y_1y_2}{\sqrt{x_1^2 + y_1^2} \times \sqrt{x_2^2 + y_2^2}} \quad (13-6)$$

其中，x_1 代表第一个向量的横坐标，y_1 代表第一个向量的纵坐标，x_2 代表第二个向量的横坐标，y_2 代表第二个向量的纵坐标。

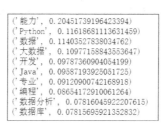

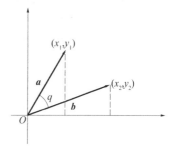

图 13-17　经过处理后的数据维度

图 13-18　提取某个岗位前十个权值向量

图 13-19　余弦相似性图

代码清单 13-5　余弦相似性度量

```
import numpy as np
# 计算两个向量之间的余弦相似度
def cos_sin(vector_a , vector_b):
    vector_a =np.mat(vector_a)
    vector_b =np.mat(vector_b)
    num =float(vector_a * vector_b.T)
    denom =np.linalg.norm(vector_a) * np.linalg.norm(vector_b)
    cos =num / denom
    sim =0.5 + 0.5 * cos
    return sim
```

3. 运行流程设计与开发

为实现良好的交互，以更有效地进行岗位推荐，使用户可以匹配到更切合自己意愿的工作岗位，进行运行流程设计与开发，如代码清单 13-6 所示。

代码清单 13-6　运行流程设计与开发

```
while True:
    n =input('请输入你喜欢的一类岗位:')
    print('--------------------------------------------------------')
    data =data_process[data_process['岗位名称'].str.contains(n)][['岗位名称','地点',
'工资','岗位职责','岗位要求']]
```

```
            if len(data) >=1:
                print(data)
                data.to_excel('您喜欢的岗位数据.xlsx')
        print('-------------------------------------------------')
            m = input('请输入你想了解的岗位序号:')
            print(data_process.loc[int(m),['岗位名称','地点','工资','岗位职责','岗位要求']])
            data_process.loc[int(m),['岗位名称','地点','工资','岗位职责','岗位要求']].to_excel('您想了解的岗位数据.xlsx')
            print('-------------------------------------------------')
            k = input('是否需要推荐岗位职责相关工作?请输入 yes 或者 no:')
            a_dict = {}
            if k == 'yes':
                n = 0
                for i in X_tr:
                    a_dict[n] = cos_sin(X_tr[int(m)],i)
                    n += 1
                L = sorted(a_dict.items(),key = lambda item:item[1],reverse = True)
                data_frame = pd.DataFrame(columns = ['岗位名称','地点','工资','岗位职责','岗位要求','相似度'])
                for i in range(5):
                    print(L[i][0],end = '\t')
                    a = int(L[i][0])
                    print(data_process.iloc[a][['岗位名称','地点','工资','岗位职责','岗位要求']])
                    data_frame.loc[i] = data_process.iloc[a][['岗位名称','地点','工资','岗位职责','岗位要求']]
                    data_frame.loc[i][5] = L[i][1]

                    print('岗位相似度:',L[i][1])
                data_frame.to_excel('相似岗位推荐.xlsx')
            else:
                pass
        print('-------------------------------------------------')
            o = input('是否继续查询,请输入 yes 或者 no:')
            if o == 'yes':
                continue
            else:
                break
        else:
            print('-------------------------------------------------')
            print('暂时无法查询您输入的工作岗位,请重新输入!')
            continue
```

13.4.3　知识图谱

1. 知识图谱的构建

从原始的数据到知识图谱的形成，经历了知识抽取、知识融合、数据模型构建和质量评估等步骤。采用不同的方法，对数据进行实体抽取、关系抽取和属性抽取，将数据转换为三元组的形式，然后对三元组的数据进行知识融合，主要是实体对齐，与数据模型进行结合。经过融合之后，会形成标准的数据表示。为了发现新知识，可以依据一定的推理规则，找到隐含的知识，所有形成的知识经过一定的质量评估，最终进入知识图谱。依据知识图谱可以实现语义搜索、智能问答和推荐系统等一些应用。

2. 实体抽取

实体抽取，也称命名实体识别（Named Entity Recognition，NER），是指从文本数据集中自动识别出命名实体。实体抽取的研究历史是从面向单一领域进行实体抽取，逐步过渡到面向开放域（Open Domain）的实体抽取。例如，岗位实体如图 13－20 所示。

3. 关系抽取

文本语料经过实体抽取之后，得到的是一系列离散的命名实体，为了得到语义信息，还需要从相关语料中提取出实体之间的关联关系，通过该关联关系将实体联系起来，才能够形成网状的知识结构。

4. 属性抽取

属性抽取的目标是从不同信息源中采集特定实体的属性信息。例如，针对某个公众人物，可以从网络公开信息中得到其昵称、生日、国籍和教育背景等信息。属性抽取将实体的属性视作实体与属性值之间的一种名词性关系，将属性抽取任务转化为关系抽取任务。属性抽取基于规则和启发式算法，抽取结构化数据。属性抽取可以通过数据挖掘的方法直接从文本中挖掘实体属性和属性值之间的关系模式。例如，技能、需求实体，如图 13－21 所示。

	A	B	C	D
1	ID	position_name	LABEL	
2	0	HR	position	
3	1	财务	position	
4	2	安全工程师	position	
5	3	开发工程师	position	
6	4	算法工程师	position	
7	5	研发工程师	position	
8	6	大数据工程师	position	
9	7	软件工程师	position	
10	8	软件开发工程师	position	
11	9	软件测试工程师	position	
12				

图 13－20　岗位实体

	A	B	C
1	ID	skills	LABEL
2	100	Python	skill
3	101	C	skill
4	102	Java	skill
5	103	C++	skill
6	104	Linux	skill

图 13－21　技能、需求实体

5. 知识融合

信息之间的关系是扁平化的，缺乏层次性和逻辑性，同时还存在大量冗杂和错误的拼图碎片。要解决这两个问题，就需要从实体链接和知识合并入手。实体链接（Entity Linking）是指对于从文本中抽取得到的实体对象，将其链接到知识库中对应的正确实体对象的操作。

知识合并即合并关系数据库，如 RDB2RDF 等方法。在 Neo4j 中添加实体之间关系的代码，如代码清单 13-7 所示。

代码清单 13-7　添加关系

```
load csv with headers from "file:///skills_end.csv" as gos create (a1:技能{name:gos.skills,ID:gos.ID,Label:gos.LABEL}) return a1

load csv with headers from "file:///position_name.csv" as pos create (a1:岗位{name:pos.position_name,ID:pos.ID,Label:pos.LABEL}) return a1

load csv with headers from "file:///relation_1.csv" as rela match (from:`岗位`{ID:rela.START_ID}),(to:`技能`{ID:rela.END_ID}) merge (from) - [r:了解{property:rela.relation}] -> (to)

load csv with headers from "file:///relation_2.csv" as rela match (from:`岗位`{ID:rela.START_ID}),(to:`技能`{ID:rela.END_ID}) merge (from) - [r:熟悉{property:rela.relation}] -> (to)

load csv with headers from "file:///relation_3.csv" as rela match (from:`岗位`{ID:rela.START_ID}),(to:`技能`{ID:rela.END_ID}) merge (from) - [r:要求{property:rela.relation}] -> (to)

load csv with headers from "file:///relation_4.csv" as rela match (from:`岗位`{ID:rela.START_ID}),(to:`技能`{ID:rela.END_ID}) merge (from) - [r:优先{property:rela.relation}] -> (to)

load csv with headers from "file:///relation_5.csv" as rela match (from:`岗位`{ID:rela.START_ID}),(to:`技能`{ID:rela.END_ID}) merge (from) - [r:掌握{property:rela.relation}] -> (to)
```

6. 效果呈现

使用以下的 cypher 编写查询语句：

`Match (n) return (n)`

查询到所有节点和关系均与计算机相关的岗位关系密切，所以显示得比较密集，与人力资源、财务对比明显，如图 13-22 所示。

从大数据工程师知识图谱（见图 13-23）中可以直观地看出大数据工程师这个岗位需要熟悉和掌握大量的知识，其中有很多专门属于大数据的编程语言和框架，并且它涉及的学科知识面比较广，该图谱对该岗位的求职者有一定的参考价值。

从如图 13-24 所示的多个岗位知识图谱中筛选出开发工程师、算法工程师、大数据工程师这三个岗位，可以发现这三个岗位有一些共有的语言、知识，这些共有的知识是相对基础且重要的，如果想从事这三类工作，那么就需要掌握这部分共有知识（如 Python、MySQL、C 和 Java 等）。

图 13-22　十大岗位知识图谱

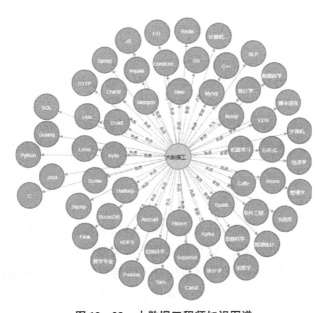

图 13-23　大数据工程师知识图谱

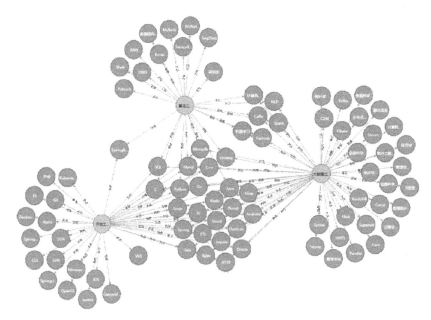

图 13-24　多个岗位知识图谱

13.5　拓展思考

13.5.1　理论意义

随着信息技术的飞速发展，人们逐渐步入了大数据时代。在这个信息量爆炸的时代里，为用户提供有效的个性化推荐服务，帮助用户高效、精准地发现有价值的信息，是个性化推荐系统的主要目标。

13.5.2　实践意义

如今，大学生就业形势越来越严峻，职业规划已成为大学生"就业争夺战"中的一个重要武器。本案例通过对牛客网职业岗位数据进行分析和展示，为寻找岗位的大学生提供客观数据及岗位所需技能和品质的信息，从而使大学生能够有针对性地进行自我提升，提高自己的就业竞争力。同时，本案例的相似岗位推荐功能可以为求职者有效地提供适合的工作岗位。

13.5.3　优点

本案例以推荐系统为主，以可视化展示为辅，整体流程较为清晰。

知识图谱是一个比较新的领域，较多研究倾向于文献、电影和任务关系，而工作职位领域的知识图谱少之又少，在 Neo4j 的官网也搜寻不到与职位相关的知识图谱实现，因此本案例知识图谱部分基本无可借鉴来源。但是知识图谱的实现过程类似，均需首先获取实体及关系，这是最开始的一步也是最重要的一步，然后再将实体、关系存放入图数据库中，最后再根据用户提供的信息进行推荐展示。

本案例爬取的数据来源于牛客网，根据所爬取的十类岗位的数据，每个岗位区分为 3~

4个方向的岗位,每类岗位都可以获得较准确的推荐,如输入数据分析师绝不会推荐到HR,输入Java工程师绝对不会推荐到市场营销人员;同一类别的岗位会推荐到同类而不同方向的岗位,如推荐到Web后端开发的也推荐到Java开发工程师,通过对比发现,这两个工作同时需要掌握Java、数据库等知识,具有一定的相似程度,因此能推荐成功。通过有效的测试,本案例保证了推荐系统较高的准确性、有效性和稳定性。

13.5.4 不足之处

本案例实现的推荐系统并非常见的基于用户数据的推荐系统,由于无法获取用户的浏览记录,只能让用户手动输入其兴趣。

本案例遇到的最大问题是实现精准推荐和知识图谱,招聘网站上的所发布的职位招聘信息都是由招聘者发布的,该网站仅提供列表式查询和关键词查询,用户需要在大量的职位信息中去主动搜寻与自己匹配的职位。如果用户发现一个比较适配自身能力的工作职位,但又想查看与该职位的要求相似的工作,只能再重新查询,效率低下。本案例只采用基于内容的推荐算法,而没有考虑其他用户的数据,用户在使用之前要提供其基本特征。

13.6 本章小结

为帮助改善求职者对招聘市场行情缺乏客观认知的现状,方便求职者更好地了解各岗位及向其进行相似岗位推荐,本案例提出基于内容过滤的个性化推荐系统,根据工作内容和职业要求进行数据爬取,通过计算两个岗位词向量间的夹角的余弦值来描述岗位间的相似程度,将推荐算法应用到相似岗位的推荐中,有助于提高求职者对岗位的认知,并可向其推荐与之匹配的工作岗位。

本章参考文献

[1] 项亮. 推荐系统实践 [M]. 北京:人民邮电出版社,2012.
[2] 吕刚,张伟. 基于深度学习的推荐系统应用综述 [J]. 软件工程,2020,23(02):5-8.
[3] THORAT P B,GOUDAR R M,BARVE S. Survey on Collaborative Filtering,Content-based Filtering and Hybrid Recommendation System[J]. international journal of computer applications,2015.
[4] 吴建帆,曾昭平,郑亮,等. 基于用户的协同过滤推荐算法研究 [J]. 现代计算机,2020(19):27-29+67.
[5] 林子雨. 大数据技术原理与应用 [M]. 北京:人民邮电出版社,2015.
[6] 蔡衡. 推荐系统中的协同过滤算法研究 [D]. 长春:吉林大学,2015.
[7] 蒋研. 基于协同过滤的个性化混合推荐算法及模型研究 [D]. 南京:南京邮电大学,2020.
[8] BURKE R. Hybrid Recommender Systems:Survey and Experiments[J]. User Modeling and User-Adapted Interaction,2002,12(4):331-370.

第 14 章　知识图谱——影评分析

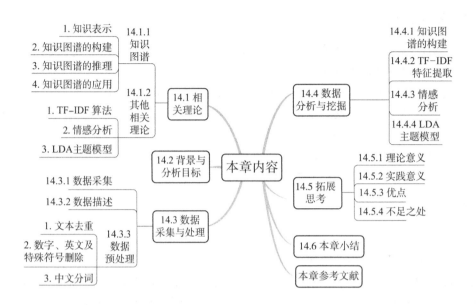

14.1　相关理论

14.1.1　知识图谱

1. 知识表示

（1）知识表示概念

知识表示（Knowledge Representation）是指把知识客体中的知识因子与知识关联起来，以便人们识别和理解知识。知识表示是知识组织的前提和基础，任何知识组织方法都要建立在知识表示的基础上。知识表示分为主观知识表示和客观知识表示两种。知识表示就是对知识的一种描述，或者说是对知识的一组约定，是一种计算机可以接收的用于描述知识的数据结构。知识表示的客体是知识，知识表示的主体有三类：表示方法的设计者；表示方法的使用者；知识的使用者。

（2）知识表示的方法

知识图谱的相关技术已经在搜索引擎、智能问答、语言理解、推荐计算和大数据决策分析等众多领域得到了广泛的实际应用。经过国内外的深入研究，得到了以下五种常见的知识表示的方法。

① 逻辑表示法

逻辑表示法是以谓词形式来表示动作的主客体的表示法，是一种叙述性知识的表示方法，主要有命题逻辑和谓语逻辑。

② 产生表示法

产生式表示，又称规则表示，有时被称为 IF – THEN 表示，它表示一种条件 – 结果形式，是一种比较简单的表示知识的方法。IF 部分描述了规则的先决条件，而 THEN 部分描述了规则的结论。产生表示法主要用于描述知识和陈述各种知识之间的控制过程和相互作用的机制。

③ 框架提示法

框架（Frame）是把某一特殊事件或对象的所有知识储存在一起的一种复杂的数据结构。

④ 面向对象的表示方法

面向对象的表示方法是按照面向对象的程序设计原则组成的一种混合知识的表示形式，该方法以对象为中心，把对象的属性、动态行为、领域知识和处理方法等有关知识封装在表达对象的结构中。在这种方法中，知识的基本单位就是对象，每一个对象都是由一组属性、关系和方法的集合组成的。

⑤ 语义网表示法

语义网是知识表示中最重要的方法之一，是一种表达能力强而且灵活的知识表示方法。它是通过概念及其语义关系来表达知识的一种网络图。从图论的角度，它是一个"带标识的有向图"。

本案例在对影评等进行数据预处理之后，运用逻辑表示法、产生表示法和语义网表示法进行知识表示。

(3) 知识表示的代表模型

① 距离模型（SE）

在 SE 中，每个实体都用 d 维向量表示，所有实体均被投影到同一个 d 维向量空间中。同时，SE 为每个关系 r 定义了两个矩阵 $M_{r,1}$，$M_{r,2} \in R^{d \times d}$，用于三元组中头实体和尾实体的投影操作。最后，距离模型为每个三元组 (h, r, t) 定义了损失函数：

$$f_r(h,t) = | M_{r,1} l_h - M_{r,2} l_t |_{L_1} \quad (14-1)$$

理解：SE 将头实体向量 l_h 和尾实体向量 l_t，通过关系 r 的两个矩阵投影到 r 的对应空间中，然后在该空间中计算两个投影向量的距离。这个距离反映了两个实体在关系 r 下的语义相关度。

其基本思想是：首先将实体用向量进行表示，然后通过关系矩阵将实体投影到与实体关系对的向量空间中，最后通过计算投影向量之间的距离来判断实体间已存在的关系的置信度。

距离模型能够利用学习到的知识表示进行链接预测，即通过计算，找到让两个实体距离最近的关系矩阵。

② 单层神经网络模型（SLM）

采用单层神经网络的非线性操作，来减轻 SE 无法协同精确刻画实体与关系的语义联系的问题。SLM 为每个三元组 (h, r, t) 定义了评分函数：

$$f_r(h,t) = \boldsymbol{u}_r^{\mathrm{T}} g(\boldsymbol{M}_{r,1}\boldsymbol{l}_h + \boldsymbol{M}_{r,2}\boldsymbol{l}_t) \qquad (14-2)$$

其中，$\boldsymbol{M}_{r,1}$，$\boldsymbol{M}_{r,2} \in \boldsymbol{R}^{d \times d}$ 为投影矩阵；$\boldsymbol{l}_r^{\mathrm{T}} \in \boldsymbol{R}^k$ 为关系 r 的表示向量；g 是 tanh 函数。

SLM 是 SE 模型的改进版本，但是它的非线性操作仅提供了实体和关系之间比较微弱的联系，与此同时，引进了更高的计算复杂度。

③能量模型（SME）

语义匹配能量模型，提出更复杂的操作，寻找实体和关系之间的语义联系。在 SME 中，每个实体和关系都用低维向量表示，在此基础上，SME 定义若干投影矩阵，刻画实体与关系的内在联系，SME 为每个三元组（h，r，t）定义了两种评分函数，分别是线性形式：

$$f_r(h,t) = (\boldsymbol{M}_1 \boldsymbol{l}_h + \boldsymbol{M}_2 \boldsymbol{l}_r + \boldsymbol{b}_1)^{\mathrm{T}} (\boldsymbol{M}_3 \boldsymbol{l}_t + \boldsymbol{M}_4 \boldsymbol{l}_r + \boldsymbol{b}_2) \qquad (14-3)$$

和双线性形式：

$$f_r(h,t) = (\boldsymbol{M}_1 \boldsymbol{l}_h \otimes \boldsymbol{M}_2 \boldsymbol{l}_r + \boldsymbol{b}_1)^{\mathrm{T}} (\boldsymbol{M}_3 \boldsymbol{l}_t \otimes \boldsymbol{M}_4 \boldsymbol{l}_r + \boldsymbol{b}_2) \qquad (14-4)$$

其中，$\boldsymbol{M}_1$，$\boldsymbol{M}_2$，$\boldsymbol{M}_3$，$\boldsymbol{M}_4 \in \boldsymbol{R}^{d \times d}$ 为投影矩阵；$\otimes$ 表示按位相乘；$\boldsymbol{b}_1$，$\boldsymbol{b}_2$ 为偏置向量。

此外，也可以用三阶张量代替 SME 的双线性形式。

④双线性模型（LFM）

隐变量模型提出利用基于关系的双线性变换，通过简单有效的方法刻画实体和关系之间的二阶关系。LFM 为每个三元组（h，r，t）定义了双线性评分函数：

$$f_r(h,t) = \boldsymbol{l}_h^{\mathrm{T}} \boldsymbol{M}_r \boldsymbol{l}_t \qquad (14-5)$$

其中，$\boldsymbol{M}_r \in \boldsymbol{R}^{d \times d}$ 是关系 r 对应的双线性变换矩阵；$\boldsymbol{l}_h^{\mathrm{T}} \in \boldsymbol{R}^d$ 是三元组中头实体与尾实体的向量化表示。

⑤张量神经网络模型

张量神经网络模型的基本思想是，用双线性张量取代传统神经网络中的线性变换层，在不同的维度下将头、尾实体向量联系起来。

2. 知识图谱的构建

（1）实体识别与实体链接

知识抽取是指将非结构或半结构化的数据（如文本）进行加工，是通过自动化的技术，从这些非结构化数据中提取结构化信息（如实体、关系和属性）的过程。知识抽取包括实体抽取、关系抽取及属性抽取。

实体抽取也叫实体识别，在信息抽取中扮演着重要角色，主要识别文本中的实体，包括人名、组织/机构名、地理位置、事件/日期、字符值和金额值等。实体抽取主要解决实体边界识别与实体类型识别的问题。实体边界识别指的是判断实体的确切边界，从而得到完整实体。例如，"你好，李焕英"为完整实体，"李焕英"则为边界缺失。实体类型识别是指在找到实体的基础上对实体进行分类，通常包括时间、数字、人名和地名等类型。实体抽取一般包括三种方法，分别是基于规则和词典的方法、基于统计的方法和深度学习的表征学习。最开始使用的是基于规则和词典的方法，即事先将提取实体的规则制定好，再从文本中提取实体；基于统计的方法是传统的机器学习方法，即首先收集代表性的训练文档，用机器学习训练代表性文档得到训练模型，并使用训练模型匹配实体；而深度学习的表征学习相比于机器学习特征工程，在特征学习方面具有较大优势，对复杂的非线性问题拟合较好。因此采用句子嵌入 CNN - CRF 中，自动学习特征，对实体进行分类，提取的 LSTM - CRF、BiLSTM - CRF 模型，让实体识别提高了一个新的高度。目前，ACL 会议提出了基于注意力机制、迁移学习及半监督学习的方法。

实体链接是指在实体识别的基础上，将实体与现有知识库中的实体进行比对的过程。例如，"在旧金山的发布会上，苹果为开发者推出新编程语言 Swift。"句子中出现实体"苹果"，我们进一步将这个实体与现有数据库进行比对链接，此时会出现大量的多义现象，如苹果，包括苹果（水果）、苹果（公司）、苹果（手机）和苹果（平板），此时结合语义可知此时的苹果应该是"苹果（公司）"。

（2）实体关系学习

实体关系学习有许多的困难，如语言表达的多样性、语言表达的隐含性等。在早期实体关系学习的方法有基于模板的关系抽取，主要依赖于预先定义好的语言模板，通过模板匹配来实现，需要语言专家进行严格的语言模板制定，从文本中匹配出实体之间的关系。这种方法在小规模、特定领域内，可以取得较好的结果，但在大型数据中就会变得复杂。另外还有基于依存句法分析的模板分析，即通过句法结构提取关系。

基于监督学习的关系抽取：一般是转化为分类问题，模型的选择主要有 SVM、朴素贝叶斯等机器学习分类模型，关系抽取的特征的定义对抽取的结果具有较大影响，其依赖于特征工程。目前，深度学习表示学习的方法，避免了人工构建特征，只需要对词及位置进行向量表示，主要的关系抽取方法是流水线和联合法。

基于深度学习的流水线关系抽取：模型的选择有 CR – CNN 模型、Attention CNNs 模型和 Attention BLSTM 模型。基于深度学习的联合关系抽取方法是以实体抽取与关系抽取相结合。

基于弱监督学习的关系抽取：一般有远程监督方法、Bootstrapping 方法。

3. 知识图谱的推理

在知识图谱的创建过程中，大量实体之间存在关联，但尚未被发现，需要通过推理算法来补全。另外，在应用过程中原始知识图谱对知识描述的深度有限，对于复杂问题，如"南美洲最长河流流经的最大城市是什么？"这样的问题，需要经过多次的推理才能找到答案。

知识图谱的推理是指根据给定的知识图谱中的三元组，推导出新的三元组的过程。因此知识图谱主要是针对实体和关系进行，即实体预测与关系预测。实体预测是指已知一个实体与另一个实体关系时，推理出另一个实体的过程。关系预测是指已知两个实体时，推理出实体间的关系的过程。

从知识图谱的推理方法上看，知识推理可分为两种：基于符号的推理、基于机器学习的推理。

（1）基于符号的推理

例："is_a"关系推理规则：

```
IF(A,is_a,B) AND (B,is_a,C) THEN (A,is_a,C)
```

假设知识图谱中有三元组：

```
(贝多芬,is_a,音乐家)
(音乐家,is_a,艺术家)
推理可得(贝多芬,is_a,艺术家)
```

（2）基于机器学习的推理

基于机器学习的推理的典型方法是基于深度学习的方法。该方法的出发点是将知识图谱中的实体与关系统一表示为"多维实数向量",以此刻画其语义特征。通过向量之间的相似度计算,预测可能出现的三元组,以此实现知识推理。

典型算法是 TransE 算法,该算法是由 word2vec 延伸出来的,是基于实体和关系的分布式向量表示,由 Bordes 等人于 2013 年提出。该算法将知识图谱中的每个三元组实例(head,relation,tail)首先表示为向量空间中的向量,其中 h(head)表示知识图谱中的头实体的向量,t(tail)表示知识图谱中的尾实体的向量,r(relation)表示知识图谱中的关系的向量。通过不断训练、算法的优化使($h+r$)尽可能与 t 相等,即 $h+r=t$。该优化目标如图14-1所示。

在推理阶段,如果有实体 h' 与 h 十分相似,t' 与 t 非常相似,则推测 $h'+r=t'$,即完成知识推理(h',r,t')成立。

TransE 模型是最简单的向量表示,可用于知识图谱中的一对一关系,而相应的升级版本如 TransH 则为实体对应的一个向量,但是关系可能对应两个向量,更高级的是 TransR,除向量的表示外,它还引入了矩阵的表示。更复杂的模型还有基于机器学习的 NTN 模型。

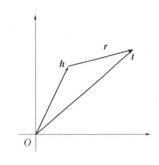

图14-1 优化目标图

4. 知识图谱的应用

(1) 知识图谱辅助搜索

知识图谱本质上是一种大规模的语义网络,其让搜索直指答案本身,补充了传统的基于网页的搜索方式。搜索方式从传统的链接文本转为链接数据,即 Web of Texts、Web of Documents 到 Web of Data、Web of Objects 的转变,这种方式的转变可以把繁复而且不容易处理的文本数据转换为基于实体的、对象的数据,使计算机能更好地建立实体之间的链接关系。

(2) 知识图谱辅助智能问答

问答系统是搜索系统的进阶交互形式,其背后依托一个巨大的知识图谱,能够让对话系统更加准确和可靠地给出想要的信息,如苹果系统的 siri 呼唤、小米系列的小爱同学和天猫精灵等人工智能交互引擎就是典型的问答交互系统。

(3) 知识图谱辅助决策及智能产品个性化推荐

将某领域内分散在多个系统中多样、复杂、孤岛化且单一价值不高的数据做结构化、显性化地关联,构成该领域的一张图,可以体现原生图的分析、关联及应用场景。例如,通过构建金融、医药、电商和企业等领域的知识图谱,可以帮助金融从业者、医患人员、买家卖家等对特定问题进行辅助决策。

辅助决策系统在百科给出的定义:以决策主题为重心,以互联网搜索技术、信息智能处理技术和自然语言处理技术为基础,构建决策主题研究相关知识库、政策分析模型库和情报研究方法库,建设并不断完善辅助决策系统,为决策主题提供全方位、多层次的决策支持和知识服务。个性化推荐系统通过收集用户的兴趣偏好、属性,产品的分类、属性和内容等,分析用户之间的社会关系、用户和产品的关联关系,利用个性化算法,推断出用户的喜好和需求,从而为用户推荐感兴趣的产品或内容。辅助决策和个性化推荐同时也会涉及深度学习、用户画像等,以便结合知识图谱能够更好地进行数据分析。

(4) 知识图谱辅助大数据分析

搭建知识图谱的过程从数据源开始,经历了知识抽取、知识融合、知识加工等步骤,将原始的数据通过知识抽取或数据整合的方式转换为三元组形式即"实体×关系×另一实体"或"实体×属性×属性值"集合的形式。三元组数据再经过实体对齐加入数据模型，形成标准的知识表示，与原有知识共同经过质量评估，经历了知识融合和知识加工，最终形成完整形态上的知识图谱。在大数据时代，数据往往具有规模大、精度低、来源广和纷繁复杂等特点，传统的知识图谱工程弊端不断显露，如果没有专业的深度的知识结构，那么就无法满足互联网海量化、自动化及智能化的专业和技术要求。知识图谱作为人工智能技术走向认知的必要基础，其结构核心是建设本体模型和实体数据库，在多源异构数据和多维复杂数据之间建立联系，以方便进行其他方面的数据处理与分析。

（5）知识图谱语言理解

自然语言理解是人工智能的核心难题之一，也是目前智能语音交互和人机对话的核心难题。自然语言处理有诸多难点，如多样性、歧义性、鲁棒性、知识依赖、上下文联系……都会造成处理结果与用户意愿不一致的情况。在实际系统中，知识图谱通过构建实体间、实体和属性间的关系，提高了机器对相关事物理解的可能性，利用基于规则的方法和基于深度学习对自然语言进行处理后，将数据变成了计算机可以理解的语言。

14.1.2 其他相关理论

1. TF – IDF 算法

TF – IDF 算法是最常用的文本特征向量化的方法，用于评估词对一个文件集或一个语料库中的一份文件的重要程度，词的重要性会随着它在文件中出现的次数成正比增加，但同时会随着它在语料库中出现的频率成反比下降。

处理过程如代码清单 14 – 18 所示。

2. 情感分析

文本情感分析，又称倾向性分析、意见抽取、意见挖掘、情感挖掘和主观分析等，是自然语言处理（NLP）领域的一个研究方向。它是对带有情感色彩的主观性文本进行分析、处理、归纳和推理的过程，如从电影评论中分析用户对电影的评价（Positive、Negative），从商品评论文本中分析用户对商品的"价格、大小、重量、易用性"等属性的情感倾向。互联网会持续不断地产生大量用户参与的对人物、事件和产品等有价值的评论数据，这些评论数据能够表达用户的各种情感倾向性，如喜、怒、哀、乐和批评、赞扬等。

3. LDA 主题模型

LDA（Latent Dirichlet Allocation）主题模型，又被称为隐含狄利克雷分布，该模型不考虑词汇出现的先后顺序，构建"词（Word）– 主题（Topic）– 文档（Document）"的三层贝叶斯概率模型，将文档集中每一篇文档的主题按照概率分布的形式给出，属于一种无监督机器学习技术，能够用来识别文档集中或语料库中潜藏的主题信息。具体介绍详见第 12 章。

14.2 背景与分析目标

2020 年，我国各行各业受到新冠肺炎疫情的影响，电影行业更是出现了"断层"现象，多部电影延期上映，部分电影改为线上观看，更有影院关闭。灯塔研究院联合微博电影发布《2020 中国电影市场年度盘点报告》，2020 年中国电影全年票房 204.17 亿元人民币，约合

31亿美元，同比2019年下降68.2%，同比2018年下降66.5%；2020年7月复工票房同比为 -96.25%，2020年12月票房同比为 -7.72%，数据表现出我国电影市场正在逐渐恢复。并且数据显示2020年国产电影的票房占比为83.72%。

截至2021年4月，《你好，李焕英》的电影票房已达到54亿元，成为中国票房排名第二的电影，贾某成为全球票房第一的女导演。而且最近上映的《送你一朵小红花》和《我的姐姐》这类家庭亲情电影也获得了较好的票房和不错的口碑。家庭亲情电影这类题材电影的票房在中国总票房的占比逐渐增多。因此，下文以电影《你好，李焕英》为例，通过影评数据分析《你好，李焕英》成功的原因。

14.3 数据采集与处理

14.3.1 数据采集

本案例包括两个数据集，分别是B站弹幕、豆瓣及微博影评。针对B站弹幕，利用Python的BeautifulSoup库对网页源代码进行解析提取。首先利用Requests设置请求头Headers模拟浏览器访问页面，然后用find_all()方法提取弹幕内容，最后将爬取内容输出并保存为文件即可。针对豆瓣及微博影评，由于网站页面结构较复杂，可以利用爬虫工具——八爪鱼和后羿采集器进行数据爬取。

14.3.2 数据描述

本案例的主要数据源为《你好，李焕英》的网络评论，包括B站弹幕、豆瓣及微博影评。B站弹幕利用Python爬虫，共获得2400条短文本评论，该数据集只包含"弹幕内容"一个字段。

同理，从豆瓣影评中获得从2021年2月12日电影上映当天到2021年4月13日长达两个月的评论共5654条数据，其中包括一星影评162条、二星影评171条、三星影评663条、四星影评1843条和五星影评2815条。该数据集分为四个字段，包括"用户名""评论内容""评论时间"和"星级"。"用户名"和"评论内容"是未经处理的原始数据，包含数字、英文及特殊符号等；"评论时间"是时间格式，具体到年、月、日、时、分、秒；"星级"是数字格式，由单个数字进行标识。

针对微博影评利用爬虫工具——后羿采集器，共爬取到5996条数据。该数据集分为六个字段，包括"用户名""标题链接""评论内容""评论时间""转发数"和"评论数"。"用户名"和"标题链接"是纯文本格式；"评论内容"是未经处理的原始数据，包含数字、英文及特殊符号等；"评论时间"是时间格式，具体到月、日、时、分；"转发数"和"评论数"是数字格式，由单个数字进行标识，但存在缺失。

由于在数据爬取的过程中未对特定内容进行选择，所以数据集字段无法保持一致。后续数据挖掘操作只针对"评论内容""评论时间""星级"三个字段内容进行分析。

14.3.3 数据预处理

影视评论文本数据中存在大量价值低甚至是无价值的条目，如果将这些无价值数据引入后续数据挖掘的过程中，则会对数据分析结果造成影响，会严重影响模型效果，所以需要通过数据预处理对文本数据进行数据清洗。自然语言的数据预处理步骤包括文本去重，机械压缩词句，数字、英文及特殊符号删除，中文分词，去除停用词及缺省值处理等操作。在本案例中，针对不同的数据集，需要采取的预处理操作不尽相同。

B 站弹幕数据结构整齐且数据完整，只需要进行文本去重、用正则表达式去除空格和换行符即可。豆瓣和微博的评论内容杂乱无章，多掺杂各种表示评论者情绪的特殊符号，所以需要先去掉表情符号，然后再对文本进行数据预处理，包括文本去重，数字、英文及特殊符号删除，以及中文分词。

1. 文本去重

文本去重是指去除影评文本中的重复内容，包括同一个用户的相似评论或不同用户复制粘贴其他用户评论后的评论。同一评论的多次重复会直接影响模型的计算，B 站弹幕的数据重复率较高，因此需要去除重复文本，即筛选"弹幕内容"中完全重复或相似的评论。本案例去除的对象有以下两类。

第一类：完全重复的评论。B 站弹幕的数据集中可能存在同一用户发布的两条完全重复的"弹幕内容"，以及后一用户复制前一用户"弹幕内容"的情况。

第二类：相似的评论。同一用户两次发布的"弹幕内容"做了部分修改，但是大部分内容相同，以及后一用户复制前一用户弹幕并做部分修改。上述两种情况都属于相似评论，反映的是同一现象，因此本案例仅保留一条作为有效"弹幕内容"，处理过程如代码清单 14 – 1 所示。

代码清单 14 – 1　影评数据文本去重代码

```
reviews = pd.read_csv("C:/Users/14333/Desktop/input.csv", encoding = "utf8")
reviews = reviews[['content']].drop_duplicates()
content = reviews['content']
```

2. 数字、英文及特殊符号删除

豆瓣和微博的用户发布的影评文本格式不一，中文、英文、数字及特殊字符交叉，如"2021314""……""@ – LazyBlue"等，此类评论无法有效表达评论者的心情感受并对后续文本挖掘造成障碍，所以需要删除。本案例通过正则表达式对数字、英文及特殊符号进行匹配，并通过 re.sub() 进行替换删除，处理过程如代码清单 14 – 2 所示。

代码清单 14 – 2　影评数据数字、英文及特殊符号删除代码

```
import re
strinfo = re.compile('[\n0-9a-zA-Z☆ δ※↓''""˜ˇ()〈〉〈〉{ ¦∣『』〖〗[]〔〕{}「」【】。,、：;?^~: .; ?、."…;,.'!　'?! ~—―∣‖"〃@ @¡¿__｝夕##$ $ & &amp;%％ * ★+= <－—.~＿__+=&lt;_-˘~＿aa︿﹀﹏﹋＿,。、:?! ()【】《》,.!?＜＞{}[] |/…—-_ ;:;\""" ~ * #$&@ \'()]')
content = content.apply(lambda x: strinfo.sub('', x))
```

3. 中文分词

在中文中，只有字、句和段落能够通过标点符号进行划界，而对于"词"和"词组"的边界较为模糊，无法通过明显的分界符进行区分。所以在进行文本数据挖掘时，首先应对文本进行分词，即将连续的字序列按照一定的规范重新组合成词序列。而分词结果的准确性直接影响后续的文本挖掘效果。本案例采用 Jieba 分词对豆瓣及微博的影评数据进行分词处理。

  Jieba 分词是目前应用最广泛的 Python 中文分词组件之一，可以将整段文本切割为中文词汇。Jieba 分词支持三种分词模式：全模式、精确模式和搜索引擎模式。本案例采取精确模式，该模式可识别一般实体名称，将句子最精确地切开，适合文本分析，如"你好，李焕英"等，符合本次文本挖掘要求，处理过程如代码清单 14 – 3 所示。

代码清单 14 – 3   影评数据中文分词代码

```
import jieba
import re
def seg_sentence(sentence):
    stopwords = stopwordslist('C:/Users/14333/Desktop/stopwords2.txt')  # 停用词加载路径
    sentence_seged = jieba.cut(sentence.strip())
    outstr = ''
    for word in sentence_seged:
        if word not in stopwords:
            if word ! = '\t':
                outstr + = word
                outstr + = ","
    return outstr
```

14.4   数据分析与挖掘

  《你好，李焕英》的热度随着上映时间的延长而不断攀升，本案例首先通过知识图谱分别对豆瓣 top 250 部电影和《你好，李焕英》的导演贾某进行分析，然后利用词频统计可视化、情感分析和 LDA 主题模型三种文本数据挖掘手段提取数据，并对上述经过预处理后得到的数据集进行分析。文本数据挖掘（Text Mining）是指从文本数据中抽取有价值的信息和知识的计算机处理技术。TF – IDF 算法、文本情感分析和 LDA 主题提取都是文本数据挖掘的重要方法，主要针对自然语言，从原始的文本数据中提取出评论者的主观情感。

  通过分析挖掘结果显示，《你好，李焕英》大火的原因包括：(1) 导演及主演的事业人设及演艺经历给电影带来极大的路人缘及宣传作用；(2) 后疫情时代，观众对于情感缺失的弥补感强烈，家庭、喜剧题材和穿越剧情迎合大众偏好；(3) 高质量的以家庭、喜剧及亲情为题材的电影数量较少。

14.4.1   知识图谱的构建

  (1) 下载电影详情页源码

  本案例需要构建豆瓣 top 250 部电影知识图谱。首先将电影详情页面的源码下载下来并储存在文件中，然后进行分析，获取实体文件与关系文件，从而避免频繁访问网站，如代码清单 14 – 4 所示。

代码清单 14-4　下载电影详情页源码部分代码

```
for i in x:
    #请求排行榜页面
    html = requests.get("https://movie.douban.com/top250? start = " + str(i), headers = headers)
    #防止请求过于频繁
    time.sleep(0.01)
    #将获取的内容采用 utf8 解码
    cont = html.content.decode('utf8')
    #使用正则表达式获取电影的详细页面链接
    urlList = re.findall('<a href = "https://movie.douban.com/subject/\d* ? /" class = "" >', cont)
    #排行榜每页都有 25 个电影,于是匹配到了 25 个链接,逐个对访问进行请求
    for j in range(len(urlList)):
        #获取标签中的 url
        url = urlList[J].replace('<a href = "', "").replace('" class = "" >', "")
        #将获取的内容采用 utf8 解码
        content = requests.get(url, headers = headers).content.decode('utf8')
        #采用数字作为文件名
        film_name = i + j
        #写入文件
        with open('contents/' + str(film_name) + '.txt', mode = 'a', encoding = 'utf8') as f:
            f.write(content)
```

（2）实体的获取

电影名称的实体获取：通过分析页面数据，可以发现电影名称使用 title 标签，于是采用正则表达式对电影名称（Film_name）进行提取，如代码清单 14-5 所示。

代码清单 14-5　获取电影名称的实体代码

```
film_name = re.findall('<title >.* ? /title >', contents)[0]
film_name = film_name.lstrip("<title >").rstrip("(豆瓣) </title >").replace(" ", "")
film_names.append(film_name)
```

导演的实体获取：通过分析源代码文件，可以找到导演名称存放位置，于是采用正则表达式对导演（Director）进行提取，如代码清单 14-6 所示。

代码清单 14-6　获取导演的实体代码

```
director_cont = re.findall('"director":.* ?]', contents)[0]
    director_cont = re.findall('"name": ".* ?"', director_cont)
    for i in range(len(director_cont)):
        directors.append(director_cont[i].lstrip('"name": "').rstrip('"'))
```

同理可获取演员（Actor）及电影类型（Type）的实体，如代码清单 14-7 所示。

代码清单 14-7　获取演员与电影类型的实体代码

```
actor_cont = re.findall('"actor":.* ?]', contents)[0]
    actor_cont = re.findall('"name": ".* ?"', actor_cont)
    for i in range(len(actor_cont)):
        actors.append(actor_cont[i].lstrip('"name": "').rstrip('"'))

type_cont = re.findall('<span property = "v:genre">.* ? </span>', contents)
    for i in range(len(type_cont)):
        types.append(type_cont[i].lstrip('<span property = "v:genre">').rstrip('</span>'))
```

在获得以上所有实体后，将这四个不同实体分别存储到 film_name、director、actor、type 文件中，并且赋予其属性标签，如代码清单 14-8 所示。

代码清单 14-8　保存实体文件代码

```
node_save(film_names, 0, 'film_name', 'movie')
node_save(directors, 1, 'director', 'person')
node_save(actors, 2, 'actor', 'person')
node_save(types, 3, "type", "type")
```

（3）实体关系的获取

acted_in 实体关系的获取：分析每部电影详情页面，提取电影名称（Fillm_name）和演员（Actor），将其加入表格中，并且分析 250 部电影页面详细文件后最终进行保存，如代码清单 14-9、代码清单 14-10 所示。

代码清单 14-9　获取 acted_in 实体关系代码

```
def save_acted_in(content):
    #获取当前电影对应 ID
    film_name = re.findall('<title>.* ? /title>', content)[0]
    film_name = film_name.lstrip("<title>").rstrip("(豆瓣)</title>").replace(" ", "")    #电影名字每页只有一个
    filmNameID = getID('film_name', film_name)

    #获取当前电影的演员和对应 ID
    actor_cont = re.findall('"actor":.* ?]', content)[0]
    actor_cont = re.findall('"name": ".* ?"', actor_cont)
    for i in range(len(actor_cont)):    #演员每页可能多个(通常都多个)
        actor = actor_cont[i].lstrip('"name": "').rstrip('"')
        start_id.append(filmNameID)
        end_id.append(getID('actor', actor))    #查找演员名字对应 ID
```

代码清单 14 – 10　循环获取 250 部电影 acted_in 实体关系代码

```
for i in range(250):
    with open('contents/' + str(i) + '.txt', mode = 'r', encoding = 'utf8') as f:
        content = f.read().replace('\n', "")   #要去掉换行符
    save_acted_in(content)
save_relation(start_id, end_id, 'acted_in')
print('[+] save acted_in finished!!!!!!!!!!!!!!!!! ')

start_id.clear()
end_id.clear()
```

directed 实体关系的获取：分析每部电影详情页面，提取电影名称（Fillm_name）和导演（Director），将其加入表格中，并且分析 250 部电影页面详细文件后最终进行保存，如代码清单 14 – 11、代码清单 14 – 12 所示。

代码清单 14 – 11　获取 directed 实体关系代码

```
def save_directed(contnet):
    #获取当前电影对应 ID
    film_name = re.findall('<title>.*?/title>', content)[0]
    film_name = film_name.lstrip("<title>").rstrip("(豆瓣)</title>").replace(" ", "")
    filmNameID = getID('film_name', film_name)
    director_cont = re.findall('"director":.*?]', content)[0]
    director_cont = re.findall('"name": ".*?"', director_cont)
    for i in range(len(director_cont)):
        director = director_cont[i].lstrip('"name": "').rstrip('"')
        start_id.append(filmNameID)
        end_id.append(getID('director', director))
```

代码清单 14 – 12　循环获取 250 部电影 directed 实体关系代码

```
for i in range(250):
    with open('contents/' + str(i) + '.txt', mode = 'r', encoding = 'utf8') as f:
        content = f.read().replace('\n', "")   #要去掉换行符
    save_directed(content)
save_relation(start_id, end_id, 'directed')
print('[+] save directed finished!!!!!!!!!!!!!!!!! ')

start_id.clear()
end_id.clear()
```

belong_to 实体关系的获取：分析每部电影页面详情，提取电影名称（Fillm_name）和电影类型（Type），将其加入表格中，并且分析 250 部电影页面详细文件后最终进行保存，如代码清单 14 – 13、代码清单 14 – 14 所示。

代码清单 14–13　获取 belong_to 实体关系代码

```python
def save_belongto(content):
    # 获取当前电影对应ID
    film_name = re.findall('<title>.*?/title>', content)[0]
    film_name = film_name.lstrip("<title>").rstrip("(豆瓣)</title>").replace(" ", "")
    filmNameID = getID('film_name', film_name)

    type_cont = re.findall('<span property="v:genre">.*?</span>', content)
    for i in range(len(type_cont)):
        type = type_cont[i].lstrip('<span property="v:genre">').rstrip('</span>')
        start_id.append(filmNameID)
        end_id.append(getID('type', type))
```

代码清单 14–14　循环获取 250 部电影 belong_to 实体关系代码

```python
for i in range(250):
    with open('contents/' + str(i) + '.txt', mode='r', encoding='utf8') as f:
        content = f.read().replace('\n', "")   # 要去掉换行符
    save_belongto(content)
save_relation(start_id, end_id, 'belong_to')
print('[+] save belong_to finished!!!!!!!!!!!!!!!!! ')

start_id.clear()
end_id.clear()
```

cooperation 实体关系的获取：分析每部电影页面详情，提取演员（Actor）和导演（Director），将其加入表格中，并且分析 250 部电影页面详细文件后最终进行保存，如代码清单 14–15、代码清单 14–16 所示。

代码清单 14–15　获取 cooperation 实体关系代码

```python
def save_cooperation(content):
    # 获取当前电影的演员和对应ID
    actor_cont = re.findall('"actor":.*?]', content)[0]
    actor_cont = re.findall('"name": ".*?"', actor_cont)

    director_cont = re.findall('"director":.*?]', content)[0]
    director_cont = re.findall('"name": ".*?"', director_cont)

    for i in range(len(actor_cont)):
        actor = actor_cont[i].lstrip('"name": "').rstrip('"')
        for j in range(len(director_cont)):
            director = director_cont[j].lstrip('"name": "').rstrip('"')
```

```
        start_id.append(getID('actor', actor))
        end_id.append(getID('director', director))
```

代码清单 14-16　循环获取 250 部电影 cooperation 实体关系代码

```
for i in range(250):
    with open('contents/' + str(i) + '.txt', mode = 'r', encoding = 'utf8') as f:
        content = f.read().replace('\n', "")    #要去掉换行符
    save_cooperation(content)
save_relation(start_id, end_id, 'cooperation')
print('[+] save cooperation finished!!!!!!!!!!!!!!!!! ')
```

（4）利用 Neo4j 创建知识图谱

导入 CYPHER 语句，将以上获得的文件导入 Neo4j，并创建知识图谱，如图 14-2 所示。导入语句如代码清单 14-17 所示。

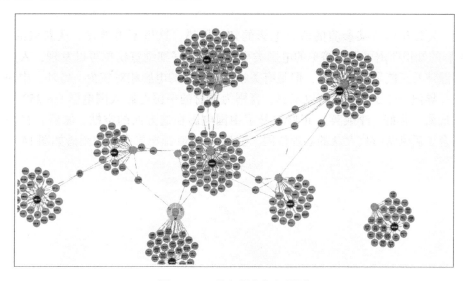

图 14-2　导入语句知识图谱

代码清单 14-17　导入语句代码

```
LOAD CSV WITH HEADERS FROM "file:///belong_to.csv" AS line
match (from:movies{ID:line.START_ID}),(to:type{ID:line.END_ID})
merge (from) - [r:belong_to{property:line.relation}] -> (to)

LOAD CSV WITH HEADERS FROM "file:///directed.csv" AS line
match (from:movies{ID:line.START_ID}),(to:directors{ID:line.END_ID})
merge (from) - [r:directed{property:line.relation}] -> (to)
LOAD CSV WITH HEADERS FROM "file:///cooperation.csv" AS line
match (from:actors{ID:line.START_ID}),(to:directors{ID:line.END_ID})
merge (from) - [r:cooperation{property:line.relation}] -> (to)
```

续

```
LOAD CSV WITH HEADERS FROM "file:///acted_in.csv" AS line
match (from:actors{ID:line.END_ID}),(to:movies{ID:line.START_ID})
merge (from)-[r:acted_in{property:line.relation}]->(to)

LOAD CSV WITH HEADERS  FROM "file:///type.csv" AS line
MERGE (z:type{ID:line.ID,type:line.type,LABEL:line.LABEL})

LOAD CSV WITH HEADERS  FROM "file:///film_name.csv" AS line
MERGE (z:movies{ID:line.ID,film_name:line.film_name,LABEL:line.LABEL})
LOAD CSV WITH HEADERS  FROM "file:///director.csv" AS line
MERGE (z:directors{ID:line.ID,director:line.director,LABEL:line.LABEL})

LOAD CSV WITH HEADERS  FROM "file:///actor.csv" AS line
MERGE (z:actors{ID:line.ID,actor:line.actor,LABEL:line.LABEL})
```

同理，可以构建贾某参演的所有电影的知识图谱，这里不再赘述。从获取的豆瓣 top 250 部电影的知识图谱可得，榜单的电影类型有侧重，仔细浏览榜单可以发现，入选的电影里励志、温情及正能量电影较多，但是有关家庭与喜剧的电影相对较少。另外，中国电影与外国演员、导演合作少，且没有以家庭、喜剧为题材的中国电影入围电影 top 250 榜单，由此也可以推测《你好，李焕英》正好填补了中国电影在这方面的空缺，家庭、喜剧及温情的主题切合了后疫情时代大众的心理认同。豆瓣 top 250 部电影的知识图谱如图 14-3 所示。

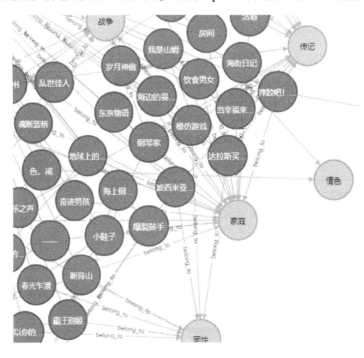

图 14-3　豆瓣 top 250 部电影的知识图谱

此外，从贾某个人相关的知识图谱（见图14-4）中看出，该电影2021年年初在中国大火并非偶然，良好的观众印象、圈内良好的路人缘、之前参演的家庭温情喜剧……一系列的原因都加持了《你好，李焕英》的大火。

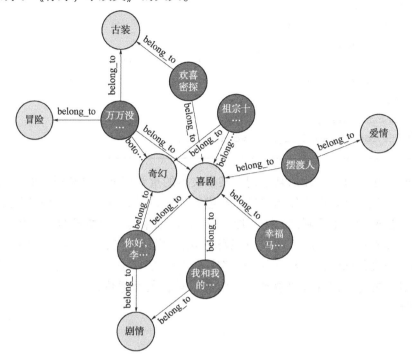

图14-4　贾某个人相关的知识图谱

14.4.2　TF-IDF 特征提取

针对影评文本数据，本案例需要通过 TF-IDF（Term Frequency-Inverse Document Frequency）算法提取评论信息的特征，对文本进行向量化处理，处理过程如代码清单14-18所示。

代码清单14-18　TF-IDF算法处理代码

```
def feature_select(list_words):
    #总词频统计
    doc_frequency=defaultdict(int)
    for i in list_words:
        doc_frequency[i]+=1
    #计算每个词的TF值
    word_tf={}  #存储每个词的TF值
    for i in doc_frequency:
        word_tf[i]=doc_frequency[i]/sum(doc_frequency.values())
    #计算每个词的IDF值
    doc_num=len(list_words)
    word_idf={}#存储每个词的IDF值
    word_doc=defaultdict(int)  #存储包含该词的文档数
    for i in doc_frequency:
```

```
        for j in list_words:
            if i in j:
                word_doc[i] += 1
    for i in doc_frequency:
        word_idf[i] = math.log(doc_num / (word_doc[i] + 1))
    # 计算每个词的 TF*IDF 的值
    word_tf_idf = {}
    for i in doc_frequency:
        word_tf_idf[i] = word_tf[i] * word_idf[i]
```

TF – IDF 算法的目的是评估某个词对某个文本的重要程度,具有很好的类别区分能力。本案例首先针对数据预处理的分词结果直接进行词频统计,并与 TF – IDF 算法结果进行比较,然后对上述两种结果绘制词云图,TF – IDF 算法结果词云图如图 14 – 5 所示。

词云图可以直观地反映出,TF – IDF 算法的结果更具有代表性。由词云图可以看出,影评中出现频率较高的词汇,主要是主演的名字及"母亲""妈妈""女儿"等与亲情相关的词汇;提及较多的正面评价有"感动""期待"等;负面评价词汇较少,但仍然存在,如"不好""煽情"等。

图 14 – 5　TF – IDF 算法结果词云图

14.4.3　情感分析

基于情感分析,本案例可以通过获取影评文本数据的情感极性来了解大众舆论对《你好,李焕英》的看法。由于在爬取豆瓣数据时包含"星级"字段,所以无须对豆瓣影评进行情感极性判断。首先基于百度 AI 对 B 站弹幕和微博影评进行情感极性判断,然后对得到的 0 ~ 1 之间的判断结果,通过计算转换为 1 ~ 5 之间的数字,最后人工划分 1 ~ 2 为负面评价,3 为中性评价,4 ~ 5 为负面评价。B 站弹幕情感分析如代码清单 14 – 19 所示。

代码清单 14-19 B 站弹幕情感分析代码

```
url1 ="https://aip.baidubce.com/oauth/2.0/token"
data1 ={
      'grant_type':'client_credentials',
      'client_id':'',#自己申请的百度 AI 的 ID
      'client_secret':''
      }
getData =requests.post(url =url1,data =data1).json()
token =getData['access_token']
url ="https://aip.baidubce.com/rpc/2.0/nlp/v1/sentiment_classify? access_token ="
 +token
new_each ={'text': data}
new_each =json.dumps(new_each)
res =requests.post(url,data =new_each)
res_text =res.text
#如果要用这个分析的话,那么返回对应的值
result =res_text.find('items')
if(result ! = -1):
   json_data =json.loads(res.text)
   negative = (json_data['items'][0]['negative_prob'])
   positive = (json_data['items'][0]['positive_prob'])
   confidence = (json_data['items'][0]['confidence'])
   sentiment = (json_data['items'][0]['sentiment'])
```

基于百度 AI 对 B 站弹幕进行情感分析得到的结果较为理想，经过人工检查标注，基本能够达到预期效果。但是在对影评文本数据进行情感极性判断时，结果却不尽人意。情感极性判断的结果较好，但存在数据损耗。经过多次试验后得到原因，弹幕内容为短评，而影评文本较长且句式复杂，所以无法得到每条影评数据的情感极性判断结果。所以最终得到的有效输出数据大概为输入数据的 60% 左右，如图 14-6 所示。

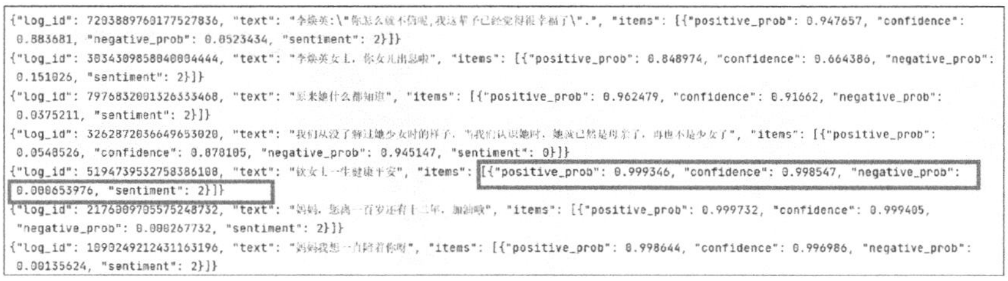

{"log_id": 7203889760177527836, "text": "李焕英:\"你怎么就不信呢,我这辈子已经觉得很幸福了\".", "items": [{"positive_prob": 0.947657, "confidence": 0.883681, "negative_prob": 0.0523434, "sentiment": 2}]}
{"log_id": 3034309858840004444, "text": "李焕英女士, 你女儿出息啦", "items": [{"positive_prob": 0.848974, "confidence": 0.664386, "negative_prob": 0.151026, "sentiment": 2}]}
{"log_id": 7976832001326333468, "text": "原来她什么都知道", "items": [{"positive_prob": 0.962479, "confidence": 0.91662, "negative_prob": 0.0375211, "sentiment": 2}]}
{"log_id": 3262872036649653020, "text": "我们从没了解过她少女时的样子, 当我们认识她时, 她就已经是母亲了, 再也不是少女了", "items": [{"positive_prob": 0.0548526, "confidence": 0.878105, "negative_prob": 0.945147, "sentiment": 0}]}
{"log_id": 5194739532758386108, "text": "钦女士一生健康平安", "items": [{"positive_prob": 0.999346, "confidence": 0.998547, "negative_prob": 0.000653976, "sentiment": 2}]}
{"log_id": 2176009705575248732, "text": "妈妈, 您离一百岁还有十二年, 加油哦", "items": [{"positive_prob": 0.999732, "confidence": 0.999405, "negative_prob": 0.000267732, "sentiment": 2}]}
{"log_id": 1090249212431163196, "text": "妈妈我想一直陪着你呀", "items": [{"positive_prob": 0.998644, "confidence": 0.996986, "negative_prob": 0.00135624, "sentiment": 2}]}

图 14-6 B 站弹幕情感极性判断结果

14.4.4 LDA 主题模型

通过 TF-IDF 算法提取影评文本数据中的关键词，以衡量词汇的重要程度，能够初步得到评论者的情感态度，从 TF-IDF 算法的词云图中得到正面评价的关键词居多。为进一

步获取每条影评文本的情感极性,又基于百度 AI 分析,对弹幕内容和影评文本数据进行了情感极性的判断。在得到情感极性的判断结果后,采用 LDA 主题模型分别对正面评价和负面评价进行主题提取,处理过程代码参考代码清单 12-8。

通过 pyLDAvis 库对 LDA 主题提取结果进行可视化,可得无论是正面评价还是负面评价的最优主题数都是 4,由于分词结果的影响和模型迭代次数的限制,导致负面评价的关键词较少且无法明确区分 4 个主题内容,但仍然可以看出"失望""不好"等词语。可视化代码处理过程参考代码清单 12-9。

通过对影评文本数据进行 LDA 主题模型提取和可视化结果得出,针对《你好,李焕英》的网络评价正面评价居多,负面评价较少,且正面评价多从剧情、笑点、母亲和情感四个方面进行描述。由此可以得知,《你好,李焕英》的大火还是有迹可循的。在后疫情时代,亲情、家庭类的喜剧电影是符合大众的情感倾向的。由于数据源和迭代次数的影响,负面评价的 4 个主题并不能很好地进行区分,这是本案例需要改进之处。负面评价、正面评价分别如图 14-7、图 14-8 所示。

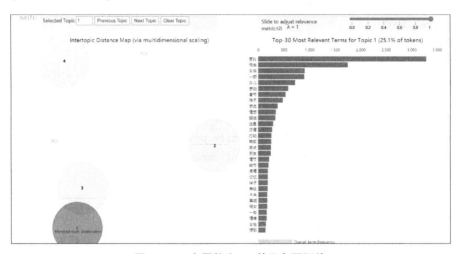

图 14-7 主题数为 4,基于负面评价

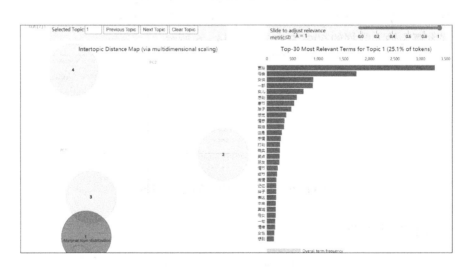

图 14-8 主题数为 4,基于正面评价

14.5 拓展思考

14.5.1 理论意义

新时代的大幕已经拉开，电影艺术已是时代潮流。为了抵御外来电影对我国本土电影市场的冲击，深入理解电影美学，挖掘现实主义具备的优点，解析世界优秀的电影作品无疑对拓展我国本土电影创作发展思路、推动我国本土电影事业发展大有裨益。知识图谱将真实世界用智能语句表达，把复杂知识领域的知识体系和知识结构通过数据挖掘、信息处理、知识计量和图形绘制显示出来，为人工智能社会领域的发展动态及规律研究提供全方位、整体性、关系链的参考。

14.5.2 实践意义

大众媒体普及的今天，影视事业在互联网的推动下发展得如火如荼，无论国内还是国外，电影电视已经成为全球大部分人的主流娱乐方式。基于该背景，为了分析当下国内电影的未来发展方向，对于豆瓣 top 250 部电影榜单的研究显得很有必要，由此可以探寻代表中国主流的观影取向潮流。从得出的知识图谱来看，豆瓣 top 250 部电影榜单对于国内电影主流文化还是比较契合的。中国电影事业起步晚，难以跻身于世界前列也情有可原，但我们可以看到中国电影事业欣欣向荣的场景，想必会有越来越多的优秀国产电影作品出现在屏幕上，也会有更多的优秀作品被世界认可。

然而世界上永远不会有一份完整的电影榜单，也很少会有完全符合大众口味的电影榜单。而且基于豆瓣的 top 250 部电影榜单每周更新，上映满一年才有机会入榜，所以榜单的孰优孰劣这种主观的问题本身就没有绝对的答案。因此我们也不能忽视此类普适的非个性化推荐算法，这份 top 250 部电影榜单以其广泛的适应性，在缺乏足够多的数据支撑智能算法分析的情况下，是一个很好的解决方案。

后疫情时代，中国影视作品有向时代英雄、家庭情感缺失弥补等主题发展的趋势。而且豆瓣 top 250 部电影榜单的电影类型有侧重，仔细浏览榜单就可以发现，入选的电影里励志、温情及正能量电影较多。

14.5.3 优点

知识图谱可以对所有认知领域进行分析，并且还可以将很多应用场景和想法延伸到其他各行各业，可以对数据在风控反欺诈、不一致性检验、组团欺诈挖掘、异常分析、动态分析、问答系统和推荐系统、智能搜索及可视化展示等方面进行处理与分析。在各领域通过开发智能应用，从而产生新的信息，从新的信息中再获取新的知识，在不断迭代的过程中产生更加丰富的知识图谱、更加智能的应用。

在本影评分析的项目中，从知识图谱对中国主流电影背景的分析，我们可以看到当下的电影拍摄偏向符合主流电影文化的发展方向，对于电影《你好，李焕英》应持有看好的态度，并对中国未来的电影发展持乐观的心态。

14.5.4 不足之处

基于中国豆瓣影评进行的 top 250 部电影和贾某个人相关的知识图谱分析仅代表的是中国主流大众对于主流电影的偏好，对于该分析是否符合其他更多地区乃至全世界人们的电影需求还有待更深刻、更全面的研究。

通过对豆瓣 top 250 部电影排行的知识图谱进行分析，我们可以分析出本案例的五个不足之处。

（1）数据可视化部分可以增加更多交互性，可以更加直接地看出数据之间的关联，如显示鼠标悬停位置的数据详情显示、图谱间链接跳转等。

（2）评分相同的影片并不一定代表影片质量就相当，还需要考虑评分的标准差、不对称性等高阶数据的影响因素。

（3）每个榜单都有它的特殊价值和局限性，单一数据源局限性较大，而且不具有很强的客观性。全面的数据源可以更好地分析数据，在本项目中增加与其他榜单如 IMDb、烂番茄网的数据比较，可以更加凸显其特点，也更加有利于分析。

（4）数据源的动态分析，增加对时间维度的分析，追踪排行榜的变化并且相应的自动调整展示的分析结果。

（5）对于用户意图的正确理解，任何的数据分析都是服务于用户的，知识图谱的出发点应该是如何更好地带给用户更全面的分析结果展示，也许需要涉及分析的宽度和广度。

14.6 本章小结

《你好，李焕英》表达了"子欲养而亲不待"的主题，是后疫情时代情感的释放和自我确认，它满足了疫情创伤带来的情感需求。这部电影火爆的原因也有时间的契机，新冠肺炎疫情期间人们对电影行业的消费跌入低谷；而几个月后疫情防控形势的好转，使人们对电影行业积累的消费活力迅速释放。本案例通过对 B 站弹幕、豆瓣及微博影评进行数据处理和分析，以及利用知识图谱和 LDA 主题模型发现《你好，李焕英》这部电影是用真实和真诚的感情打动了观众。

本章参考文献

[1] 陈旭光，张明浩. 2020 年中国电影产业年度报告［J］. 中国电影市场，2021（04）：4-15.

[2] 孙立. 新时代本土现实主义电影的创作观念研究［J］. 电影文学，No.733（16）：69-71.

[3] 崔辰. 2021 春节档：新观众群体价值观的变化及对新电影类型的期待［J］. 电影新作，2021（02）：70-77.

[4] 刘惠，赵海清. 基于 TF-IDF 和 LDA 主题模型的电影短评文本情感分析——以《少年的你》为例［J］. 现代电影技术. 2020（03）：42-46

[5] 孙镇，王惠临. 命名实体识别研究进展综述［J］. 现代图书情报技术，2010（06）：42-47.

[6] Asia-Lee. TF-IDF 算法介绍及实现［EB］. https://www.hxedu.com.cn/hxedu/w/in-

putVideo. do？qid＝5a79a0187deba829017dfa80f9ef4d61.

［7］ 糊涂的小蚂蚁. 文本情感分析［EB］. https://www. hxedu. com. cn/hxedu/w/inputVideo. do？qid＝5a79a0187deba829017dfa80f9ef4d61.

［8］ Cowie J, Lehnert W. Information extraction［J］. Communications of the ACM, 1996, 39(1)：80－91.

［9］ Seepen_ L. LDA 模型中文文本主题提取｜可视化工具 pyLDAvis 的使用［EB］. https://www. hxedu. com. cn/hxedu/w/inputVideo. do？qid＝5a79a0187deba829017dfa80f9ef4d61.

［10］ 知识图谱 – 实体抽取与实体链接［EB/OL］. https://www. hxedu. com. cn/hxedu/w/inputVideo. do？qid＝5a79a0187deba829017dfa80f9ef4d61.

第 15 章 情感分析——景区印象分析

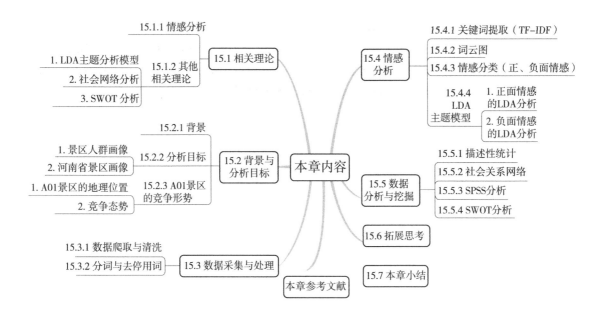

15.1 相关理论

15.1.1 情感分析

情感分析（Sentiment Analysis，SA）或意见挖掘（Opinion Mining，OM）是指人们的观点、情绪、评估对诸如商品、服务、组织、个体、问题、事件及话题等实体的态度。SA 或 OM 这两种表达方式是可以互换的，也有一些研究人员表示，SA 和 OM 的概念略有不同。情感分析的诞生和发展主要源于社交媒体和网络，如论坛、博客、微博等，因为人们可以自由地在此类平台上分享和讨论他们对某一主题的意见，所以情感分析成为自然语言处理中活跃的领域之一。

情感分析是指利用计算机技术对文本、图像、音频、视频甚至跨模态的数据进行情绪的挖掘与分析。从广义上讲，情感分析还包括对观点、态度和倾向等的分析。情感分析主要涉及两个对象实体，即评价的对象实体和对该对象实体的态度、情感等。情感分析在社会的舆情管理、商业决策和精准营销等领域有着广泛的应用。在股市预测、选举预测等场景中，情感分析也有着举足轻重的作用。

意见挖掘是提取并分析人们对某一实体的意见，而情感分析则是识别文本中表达的情绪，因此情感分析的目标是找到意见，识别它们所表达的情绪，然后对其极性进行分类，如图 15-1 所示。情感分析可以被视为一个分类的过程，并有三个主要的分类层次：文档级、句子级和方面级（Aspect Level）。

文档级情感分析将意见文档分类为表达积极和消极的意见或情绪，它认为整个文档是一个基本的信息单元（谈论一个主题）。句子级情感分析的分类针对在每个句子中表达的情感。第一步是确定该句子是否是主观的，如果该句子是主观的，那么句子级情感分析将确定句子是否表达了积极或消极的意见。Wilson 等人指出，情感表达不一定是主观性的。然而，文档级分类与句子级分类之间没有根本区别，因为句子只是简短的文档。在文档层面或句子层面上对文本进行分类不能提供必要的细节，也不能提供实体所有方面的意见。在许多应用中需要对实体的所有方面进行分类，为了获得这些细节，我们需要到方面级层面去。

方面级情感分析是针对实体的特定方面的情感进行分类的。第一步是识别实体和它们的方面。意见持有者可以对同一实体的不同方面给出不同的意见，如句子"这款手机的语音质量不好，但是电池寿命很长"。在过去的几年里，许多关于情感分析算法的应用不断改

图 15-1　情感分析的目标

进。情感分析的相关领域还包括情感检测（Emotion Detection，ED）、构建资源（Building Resource，BR）和迁移学习（Transfer Learning，TL）。现阶段实现情感分析方法主要分为两类：基于机器学习的方法和基于词汇学习的方法，基于机器学习的方法又可以分为有监督学习方法和无监督学习方法；基于词汇学习的方法有基于词典的方法、基于语料库的方法等。近年来如何应用深度学习进行情感分析也成为研究的热点。情感分析方法如图 15-2 所示。

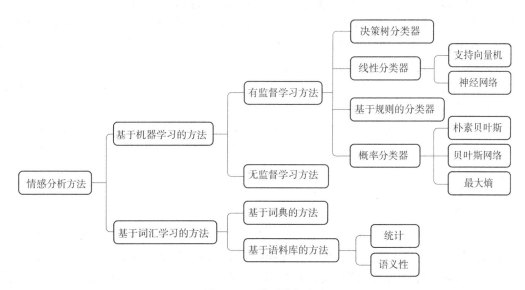

图 15-2　情感分析方法

在本案例中使用基于词典的方法来进行情感分析。首先，对预处理后的评论文本数据进行预训练并生成预训练模型；然后，根据训练集的词语生成情感词典。用情感词典与预训练模型对测试数据即景区评论文本数据进行情感值计算，并且设定概率 P 为阈值，当数值大于 P 时为正面评论，反之为负面评论。情感分析的基本流程图如图 15-3 所示。

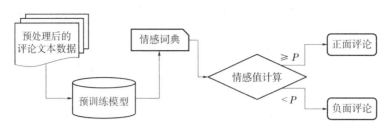

图 15-3 情感分析的基本流程图

本案例使用 Python 3.7 中的 SnowNLP 库的情感分析模块进行情感分类，将情感值 Sentiment≥0.5 的景区评论文本数据记为正面情感评论；同理，将情感值 Sentiment<0.5 的景区评论文本数据记为负面情感评论。

15.1.2 其他相关理论

1. LDA 主题分析模型

LDA 主题分析模型是由 David Blei 等在狄利克雷过程的基础上提出的一种概率生成模型。LDA 主题分析模型包含"文档 – 主题 – 词"三层贝叶斯文档主题生成模型，同时也是一种词袋模型，是一种无监督机器学习的方法，用于识别文档集或语料库中隐藏的主题。LDA 主题分析模型可以应用于点评网站中景区文本评论的挖掘与信息的检索领域，通过分析文本数据的相似性并采用更深层的语义挖掘，把文本数据中隐藏的主题及特征挖掘出来，从而得到文本中潜藏的有效信息。

本案例中 LDA 主题分析模型的建模采用了 Python 中的 Gensim 模块，分别对正、负面评论进行主题抽取。首先，使用分词工具对整个评论数据文档集合进行分词并通过排序得到词组序列，鉴于 Jieba 分词具有分词精度高、操作简单等特点，所以选择 Jieba 分词工具实现中文分词功能。分词之后为每个词语分配 ID，即 Corpora.Dictionary。

其次，利用词频 – 逆文档频率算法获取高频词并计算相应的权重，使用"词 ID：词频"的形式形成稀疏向量。

最后，使用 LDA 主题分析模型进行训练，得到若干主题。紧接着根据这些主题，分析出游客们最关注的影响景区收入及竞争力的因素，得到景区主要存在的问题，并给出解决方案，进而提高景区的收益与竞争力。

2. 社会网络分析

（1）定义

社会网络分析（Social Network Analysis，SNA）是由社会学家根据数学方法、图论等发展起来的定量分析方法，近年来，该方法在职业流动、城市化对个体幸福的影响、世界政治和经济体系国际贸易等领域广泛应用，并发挥了重要作用。社会网络分析是社会学领域比较成熟的分析方法，社会学家们利用它可以比较得心应手地解释一些社会学问题。许多学科如经济学、管理学等领域的学者们在知识经济时代面临许多挑战，所以开始考虑借鉴其他学科的研究方法，社会网络分析就是其中的一种。

网络指的是各种关联，而社会网络即可简单地称为社会关系所构成的结构。社会网络分析问题起源于适应性网络，通过研究网络关系，把个体间关系、"微知"网络与大规模的社会系统的"宏观"结构结合起来。数学方法、图论等定量分析方法，是 20 世纪 70 年代以来在社会学、心理学、人际关系学、数学及通信科学等领域逐步发展起来的一个研究分支。社会网络分析不仅仅是一种工具，更是一种关系论的思维方式，可以用来解释一些社会学、经济学及管理学等领域的问题。

(2) 社会网络分析的原理

从社会网络的角度看，关键词在其中以一个个节点的方式出现，而当一些关键词共同出现时，我们称之为节点与节点之间存在直接的联系。

在由关键词构成的虚拟网络中，节点有没有共同出现，以及这些节点出现的频率是否一样，这些因素共同决定不同的节点必然扮演不一样的角色。这就意味着，在设定的时间里，有些关键词能够直接体现出该研究主题的热点问题，同时，关键词之间的亲疏关系也可以得到直观的解释。换句话说，我们可以通过研究关键词网络，发掘出隐藏的真实关系网络，这对所研究主题的成熟程度、知识构成、规模等都有着非凡的意义。将关键词网络的特征定量化并可视化地显示出来，可以定量地确定某个关键词在整个文本或网络中的地位。

3. SWOT 分析

SWOT 分析（也称 TOWS 分析法、道斯矩阵）即态势分析，于 20 世纪 80 年代初由美国旧金山大学的管理学教授韦里克提出，经常被用于企业战略制定、竞争对手分析等场合。

在现在的战略规划报告里，SWOT 分析应该算是一个众所周知的工具。麦肯锡咨询公司的 SWOT 分析，包括分析企业的优势（Strengths）、劣势（Weaknesses）、机会（Opportunities）和威胁（Threats）。因此，SWOT 分析实际上是对企业内外部条件各方面内容进行综合和概括，进而分析组织的优劣势、面临的机会和威胁的一种方法。

SWOT 分析可以帮助企业把资源和行动聚集在自己的强项和有最多机会的地方，并让企业的战略变得明朗。

在适应性分析过程中，企业高层管理人员应在确定内外部各种变量的基础上，采用杠杆效应、抑制性、脆弱性和问题性四个基本概念进行 SWOT 分析。

杠杆效应（优势＋机会）产生于内部优势与外部机会相互一致和适应时。在这种情形下，企业可以用自身内部优势撬起外部机会，使机会与优势充分结合发挥出来。然而，机会往往是稍纵即逝的，因此企业必须敏锐地捕捉机会，把握时机，以寻求更大的发展。

抑制性（劣势＋机会）意味着妨碍、阻止、影响与控制。当环境提供的机会与企业内部资源优势不相适合或不能相互重叠时，企业的优势再大也将得不到发挥。在这种情形下，企业就需要提供和追加某种资源，以促进内部资源劣势向优势方面转化，从而迎合或适应外部机会。

脆弱性（优势＋威胁）意味着优势的程度或强度的降低、减少。当环境状况对公司优势构成威胁时，优势得不到充分发挥，出现优势不优的弱局面，在这种情形下，企业必须克服威胁，以发挥优势。

问题性（劣势＋威胁），当企业内部劣势与企业外部威胁相遇时，企业就面临着严峻挑战，如果处理不当，可能直接威胁到企业的生死存亡。

15.2 背景与分析目标

15.2.1 背景

提升景区等旅游目的地美誉度是各地文旅主管部门和旅游企业非常重视和关注的工作，涉及如何稳定客源、取得竞争优势、吸引游客到访消费等重要事项。游客满意度与目的地美誉度紧密相关，游客满意度越高，目的地美誉度就越高。因此掌握目的地游客满意度的影响因素，切实提高游客满意度，最终提升目的地美誉度，不仅能够保证客源稳定，而且对于旅游企业科学监管、资源优化配置及市场持续开拓具有长远而积极的作用。

15.2.2 分析目标

本案例首先通过对点评网站中的景区评价内容进行抓取，以获得用户对景区的评分及评论内容。结合用户、评论数、频次、评分及评论内容随时间变化的趋势来对影响景区收入及竞争力的因素进行分析，使用 SPSS 软件进行多元线性回归分析，并结合管理学、经济学等知识分析得到影响景区收益与竞争力的因素。接着对评论内容进行情感分析和词频统计，得出正、负面情感并对竞争情况进行比较。最后得到景区主要存在的问题，并给出解决方案，以提高景区的收益与竞争力。下文用百度指数进行分析。

1. 景区人群画像

因为目标是要寻找具有比较典型的景区的省份，所以本案例首先进行了全国景区的人群画像的绘制。

结果显示，我国主要的景区分布在河南、广东和浙江。同时，本案例还得到游客对景区类型的兴趣分布比例，如图 15-4 所示。

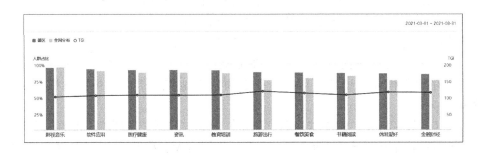

图 15-4 游客的兴趣分布比例

从图 15-4 中可以看出游客的兴趣分布基本在各个领域中都保持平均水平。所以本案例选择的省份为景区数目最多的省份——河南省。

2. 河南省景区画像

在省份选择完成之后，本案例的目标是对某一个具有典型案例的景区进行竞争力的分析及提出改进意见，所以本案例继续对河南省的景区进行人群画像的绘制。

结果显示，河南省主要的景区分布在郑州市、洛阳市和新乡市。同时，本案例还得到了景区的人群属性，如图 15-5 所示。

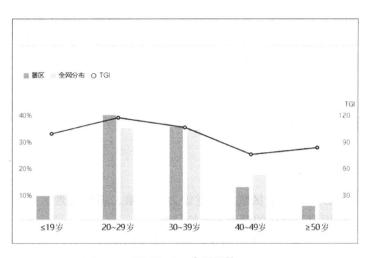

图 15-5　人群属性

从如图 15-5 所示的人群属性中可以看出，在人群年龄方面 20~29 岁的青年人最喜欢出游，30~39 岁次之。所以本案例的景区研究对象以郑州市某一景区为核心，进行郑州、洛阳、新乡市等 50 个景区（A01-A50）的数据爬取。

15.2.3　A01 景区的竞争形势

1. A01 景区的地理位置

图 15-6 所示为 A01 景区的地理位置示意图，其位于商圈附近，且有两条地铁线贯穿其中，距离地铁站不到 300 米，道路通畅，景区附近拥有多家医院、餐厅和学校。

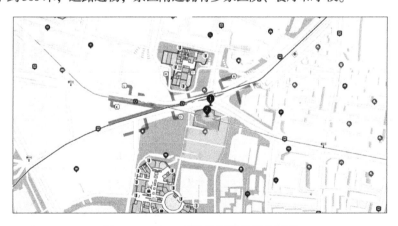

图 15-6　A01 景区的地理位置示意图

2. 竞争态势

服务、位置、设施、卫生和性价比等都是景区的重要影响因素，A01 景区 1 千米以内存在大量的餐厅、商场，地铁线也贯穿其中，附近也有很多医院。一旦景区内发生意外也可以快速解决，并且有大量的客源基础，这些都是它的优势。

A01 景区附近虽然有地铁站，但是由于景区位于市中心，陆上交通非常拥堵，可能导致驾驶车辆的游客出游意愿降低；虽然有很多餐厅，但大部分餐厅性价比不高，游客评价参差不齐。再者，由于社会原因，它的卫生状况和同类型景区相比较差，并且设施老化严重，这些都是该景区的缺陷。

基于 A01 景区的情况,我们需要对该景区及周边景区的评论文本数据进行爬取,并进行不同维度的分析,以获取 A01 景区存在的问题和目前所处的竞争态势,从而提出建议和解决方案。

15.3 数据采集与处理

15.3.1 数据爬取与清洗

本案例需要分析影响 A01 景区收入及竞争力的因素、用户对景区的建议及用户的满意程度,因此需要获取用户对景区的评论及评价分数。

利用 Python 编写"爬虫"从携程网获取用户对 A01 景区及周边景区的相关评论和评分,进行对比分析,从而为景区发展提出建议。同时,对爬取的数据进行格式化存储,进行下一步数据分析。景区评论如图 15-7 所示、景区评分如图 15-8 所示。

图 15-7 景区评论

景区名称	总得分	服务得分	位置得分	设施得分	卫生得分	性价比得分
A01	4.4	3.8	4.9	4.9	4.5	4.5
A02	4.2	3.8	4.9	4.2	4.5	4.0
A03	4.2	3.9	4.2	4.1	4.5	4.5
A04	4.2	3.8	4.0	4.0	4.5	4.5
A05	4.3	3.9	4.9	4.0	4.5	4.2
A06	4.5	4.3	4.7	4.0	4.9	4.6
A07	4.4	3.9	4.9	4.0	4.9	4.4
A08	4.3	3.8	4.9	4.9	4.9	4.5
A09	4.3	3.9	4.9	4.5	4.5	4.4
A10	4.3	3.8	4.0	4.2	4.9	4.5
A11	4.1	3.9	4.9	4.0	4.0	4.2
A12	4.5	4.0	4.9	4.9	4.9	4.0

A13	4.5	4.5	4.9	4.5	4.5	4.5
A14	4.4	3.9	4.2	4.5	4.9	4.5
A15	4.4	3.9	4.9	4.5	4.9	4.0
A16	4.5	3.9	4.9	4.5	4.9	4.8
A17	4.5	3.9	4.9	4.9	4.9	4.5
A18	4.3	3.9	4.0	4.5	4.5	4.9
A19	4.3	3.9	4.9	4.0	4.5	4.4

图 15-8　景区评分

15.3.2　分词与去停用词

因为爬取的数据结构和内容相对完整与规范，所以本案例主要采用了文本分词和去停用词两种数据处理方法。

文本分词是文本数据预处理中十分重要的步骤，便于后面的文本处理。文本分词包括两个主要步骤：第一是词典构造；第二是分词算法的操作。

分词词典机制包括基于整词二分、基于 TRIE 索引树和基于逐字二分三种机制。分词算法主要有最大匹配算法、最短路径分词、N 元语言模型分词、HMM 分词及 CRF 分词。本案例调用 Jieba 库进行分词处理，并引用停用词数据包进行某些词的停用，只保留形容词、名词和动词。

加载停用词表、去除停用词也是文本预处理过程中不可忽视的一部分，去掉一些与文本数据分析无关的词，如"！""/""Ψ""一个"等词，对于提高文本数据分析准确度有十分重要的作用。文本分词、去停用词代码如代码清单 15-1 所示。分词、去停用词结果如图 15-9 所示。

代码清单 15-1　文本分词、去停用词代码

```
import jieba
import re
# 读取爬取的景区评论数据
text = open("景区评论.txt", 'r',encoding = 'utf-8').read()
# 未去停用词的分词结果
Text = jieba.lcut(text)
# 加载停用词表
stopwords = [line.strip() for line in open('stoplist.txt', encoding = 'UTF-8')
.readlines()]   # list 类型
# 去掉停用词的分词结果,list 类型
text_split_no = []
for word in Text:
    if word not in stopwords:
        text_split_no.append(word)
text_split_no_str = ' '.join(text_split_no)   # list 类型变为 str 类型
print(text_split_no_str)
```

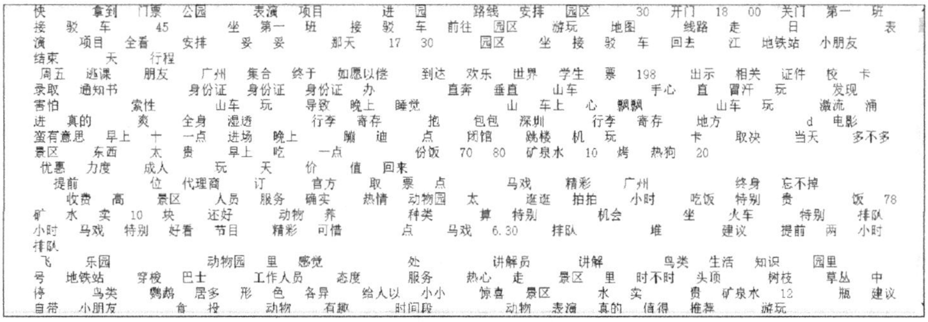

图 15-9 分词、去停用词结果

将分词之后的文件存储在 Excel 中,将未去停用词与去停用词的内容分别进行存储,并再次进行对比,结果如图 15-10、图 15-11 所示。

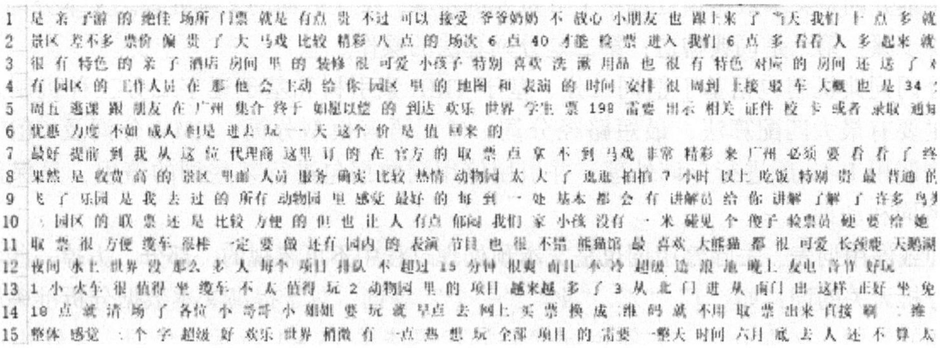

图 15-10 分词、去停用词处理前

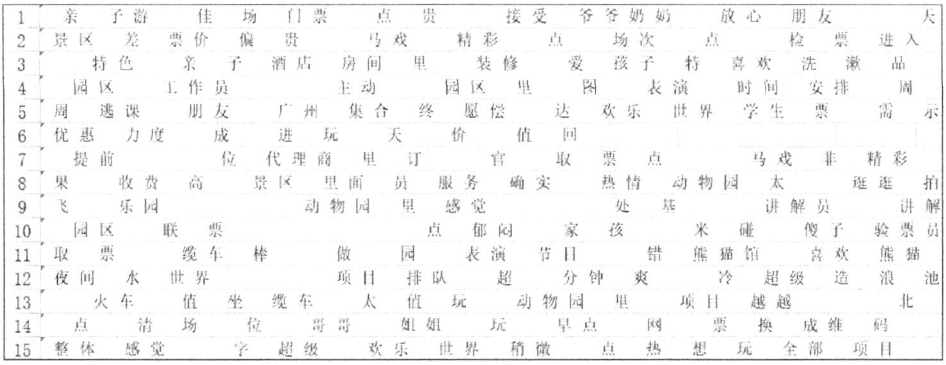

图 15-11 分词、去停用词处理后

15.4 情感分析

15.4.1 关键词提取(TF-IDF)

采集的数据经过文本预处理后,需要进行文本挖掘。文本挖掘是从大量非结构的数据中提炼出模式,也就是半自动化提取有用的信息或知识的过程。

文本挖掘首先要做的就是将文本中的关键词提取出来。

提取关键词衡量指标：一个词在文本中出现的次数越多，它就越重要。因为我们采用 TF－IDF（Term Frequency－Inverse Document Frequency）关键词提取方法，如代码清单 15－2 所示。

代码清单 15－2　基于 TF－IDF 提取关键词

```python
from wordcloud import WordCloud
import matplotlib.pyplot as plt    #绘制图像的模块
import jieba.analyse as anls    #关键词提取
import re
from collections import Counter
import numpy as np
from PIL import Image

#读取文本
text = open("去停用词后的分词.txt",'r',encoding='utf-8').read()
#基于TF-IDF提取关键词
print("基于TF-IDF提取关键词结果:")
keywords = []
# 取前200关键词组成的list
for x, w in anls.extract_tags(text_split_no_str, topK=200, withWeight=True):
    keywords.append(x)    #text_split_no_str是去停用词的分词结果
keywords = ' '.join(keywords)    #转为str类型
print(keywords)
```

图 15－12 是本案例利用 Jieba 在经预处理后的、近 4600 条的评论词料中抽取出来的 top 200 关键词。

> 基于TF-IDF提取关键词结果：
> 方便 好玩 马戏 不错 动物 山车 开心 表演 动物园 非常 排队 景区 精彩 里面 值得 可以 便宜 火车 小朋友 孩子 园区 刺激 下次 游玩 项目 真的 喜欢 垂直 乐园 欢乐 门票 小孩 进去 比较 适合 水上 剧场 时间 特别 感觉 世界 好看 酒店 震撼 服务 值得一看 网上 就是 工作人员 还有 很棒 建议 没有 地方 免费 票价 有点 南门 门口 不用 节目 划算 晚上 广州 一定 天气 现场 价格 熊猫 大马 小时 推荐 着到 时候 体验 景点 提前 挺好玩 鳄鱼 摆锤 公园 自助 演出 游览 实惠 优惠 觉得 大人 食物 下午 位置 下雨 环境 演员 节假日 马戏表演 大象 整个 游乐 滑板 一起 地 电子 巴士 距离 真心 烫车 步行 白虎 早上 小孩子 野生动物 游戏 度假 vip 确实 服务态度 宝宝 互动 周末 观看 机会 需要 餐厅 总体 儿童 游客 以后 选择 还好 满意 吴兴 很快 热情 基本 遗憾 不能 还要 马戏团 当天 接触 开心乐 早点 一直 长颈鹿 座位 窗口 游乐场 地铁 一家 雨衣 开始 客服 万圣节 子游 干净 挺不错 暑假 出来 惊险刺激 好吃 不够 愉快 游乐园 路线 最后 出游 可惜 下来 漂亮 旅游 支持 种类 刚好 一般 齐全 消费 真是 全家 趣味 微信 过瘾 购买 态度 气氛 行程 售票处 其实 给力 观赏 尤其 旅行 老虎

图 15－12　关键词

从宏观角度来看，可以将关键词分为如下四类。
- 服务：窗口、客服、服务态度、接待、工作人员、热情、售票处、互动；
- 周边：方便、酒店、公园、游览、位置、路线、巴士、购买、旅游、地铁；
- 娱乐设施：动物、马戏、表演、园区、剧场、摆锤、餐厅、食物、缆车；
- 其他关键词：排队、票价、齐全、便利、行程、观赏、度假、自助、划算。

由上述分类可知，游客的评论点在景区的服务、周边和娱乐设施上。例如，景区工作人员服务接待态度好不好，景区周边有没有酒店、商场、公园等娱乐场所，景区靠不靠近地铁或公交车站，景区的娱乐设施齐不齐全等。

15.4.2 词云图

前面阶段已经完成了对景区评论文本数据的预处理,并采用 TF – IDF 提取评论关键词,在这一阶段我们将绘制词云图。词云图是数据分析中比较常见的一种可视化手段,通过词云图展示文本数据中比较重要的关键词,生动形象地向人们展示了数据分析的结果。本案例把从上述过程中提取出来的 top 200 关键词绘制成词云图。

关键词 top 200 词云图部分展示如图 15 – 13 所示。

图 15 – 13　关键词 top 200 词云图部分展示

15.4.3 情感分类(正、负面情感)

本案例使用 Python 3.7 中的 SnowNLP 库的情感分析模块进行情感分类。首先对预处理后的评论文本数据进行预训练并生成预训练模型,然后根据训练集的词语生成情感词典,最后使用模型将收集的景区评论进行情感分类。情感分类的目的是在使用 LDA 主题模型分析的时候能够精准提取到景区的优缺点的主题,情感分类如代码清单 15 – 3 所示。

代码清单 15 – 3　情感分类

```
from snownlp import SnowNLP
data = pd.read_csv('景区评论.txt',encoding = 'utf -8',header = None)
coms = []
coms = data[0].apply(lambda x:SnowNLP(x).sentiments)
data_post = data[coms > =0.5]        #正面情感结果
data_neg = data[coms <0.5]           #负面情感结果
data_post.to_csv('正面情感结果.txt',encoding = 'utf -8',header =None)
data_neg.to_csv('负面情感结果.txt',encoding = 'utf -8 -sig',header =None)
```

图 15 – 14、图 15 – 15 是情感分类后的数据展示。

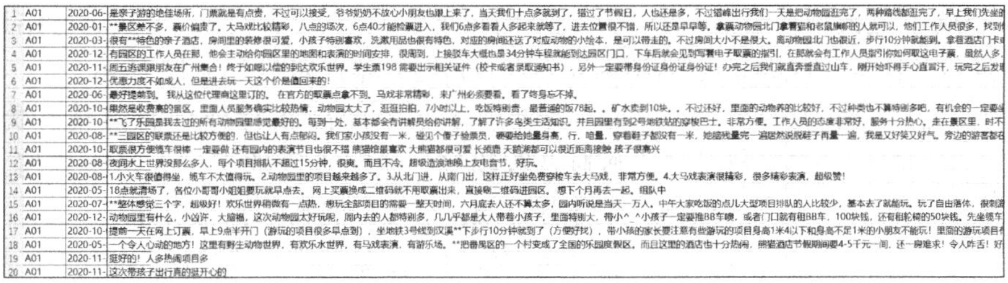

图 15－14 正面情感分类数据

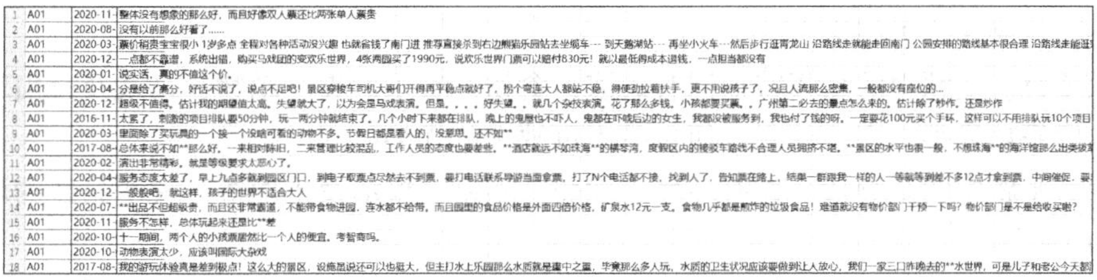

图 15－15 负面情感分类数据

15.4.4 LDA 主题模型

在前面环节里本案例针对关键词的分类较为粗略，且人为划分难免有失偏颇，达不到全面的效果。因此，本案例使用情感分类后的数据进行 LDA 主题模型来发现该评论语料中的关于景区的优缺点。建立 LDA 主题模型获取主题，如代码清单 15－4 所示。

代码清单 15－4 LDA 主题模型获取主题

```
from gensim.corpora import Dictionary
from gensim.models import ldamodel
from gensim.models import CoherenceModel, LdaModel
from gensim import models
%matplotlib inline
d=Dictionary(text_split_no_str)          #分词列表(text_split_no_str)转字典
corpus=[d.doc2bow(text) for text intext_split_no_str] #生成语料库
model=ldamodel.LdaModel(corpus,id2word=d,iterations=2500,num_topics=10,alpha='
auto')                    #生成模型
model.show_topics(num_words=10)     #展示每个主题下的 10 个词组
```

1. 正面情感的 LDA 分析

首先对正面情感的评论进行 LDA 分析，如图 15－16 所示。

```
0.072*"不错" + 0.062*"服务" + 0.043*"好玩" + 0.038*"环境" + 0.031*"价格" + 0.031*"设施" + 0.025*"优美" + 0.020*"表演" + 0.019*"下次" + 0.
0.033*"动物" + 0.031*"孩子" + 0.027*"票" + 0.020*"乐园" + 0.018*"大" + 0.017*"值得" + 0.015*"朋友" + 0.014*"性价比" + 0.013*"赞" + 0.013
0.064*"周一" + 0.034*"取票" + 0.029*"路线" + 0.026*"过山车" + 0.025*"火烈鸟" + 0.017*"环境" + 0.016*"面积" + 0.014*"距离" + 0.013*"绝佳"
0.033*"小时" + 0.029*"还行" + 0.029*"价格" + 0.021*"近" + 0.018*"酒店" + 0.018*"周边" + 0.017*"干净" + 0.017*"市中心" + 0.017*"离市" + 0
0.058*"刺激" + 0.044*"位置" + 0.026*"购物" + 0.022*"中心" + 0.021*"下雨" + 0.021*"地理位置" + 0.018*"多" + 0.018*"不错" + 0.017*"过瘾" +
0.063*"服务" + 0.040*"游客" + 0.037*"整洁" + 0.027*"热情" + 0.025*"旅行" + 0.021*"便宜" + 0.015*"特别" + 0.013*"感谢" + 0.013*"" + 0.013
0.036*"网络" + 0.023*"不愧" + 0.017*"早" + 0.016*"高速" + 0.014*"马戏" + 0.013*"欢乐世界" + 0.013*"价比高" + 0.011*"大象" + 0.010*"国际"
0.150*"方便" + 0.141*"时间" + 0.024*"火车" + 0.020*"排队" + 0.019*"车站" + 0.013*"精彩" + 0.013*"生日" + 0.012*"世纪" + 0.011*"火车站" +
0.064*"棒" + 0.063*"长颈鹿" + 0.021*"食物" + 0.016*"五星" + 0.014*"电子票" + 0.014*"动物" + 0.013*"便宜" + 0.013*"价格" + 0.013*"情侣" +
0.106*"停车" + 0.066*"水" + 0.054*"欢乐" + 0.049*"车场" + 0.048*"停车场" + 0.040*"开心" + 0.033*"环境" + 0.029*"午饭" + 0.029*"优惠" + 0.
```

图 15－16 正面情感的 LDA 分析

因为 LDA 主题模型算法是一个"从概率的角度看文学"的算法，每次运行结果都不相同，所以通过几次运行收集了比较有参考性质的五类主题，如图 15 - 17 所示。

服务	地理位置	娱乐项目	卫生	性价比
热情	近	表演	环境	票
赞	酒店	食物	优美	高
取票	市中心	欢乐世界	不错	性价比高
国际	距离	动物	整洁	便宜
购物	车站	马戏	干净	实惠
	路线	过山车		

图 15 - 17 五类主题

服务：主题中的高频特征词有热情、赞、取票、国际及购物等，说明景区的工作人员很热情，游客取票非常方便，景区的购物体验也很好。

地理位置：主题中的高频特征词有近、酒店、市中心、距离、车站及路线等，说明景区在市中心，周边有很多酒店可供游客入住，离车站较近，交通便利，这些优势会令顾客给予好评。

娱乐项目：主题中的高频特征词有表演、食物、欢乐世界、动物、马戏及过山车等，说明景区的娱乐项目很丰富，就餐方便也是不可缺少的优势。

卫生：主题中的高频特征词有环境、优美、不错、整洁及干净等，说明景区的环境还是很不错的。

性价比：主题中的高频特征词有票、高、性价比高、便宜及实惠等，说明景区的票价和性价比还是很亲民的，景区还会推出各种优惠活动。

综合以上主题，可以分析得出景区的服务、地理位置、娱乐项目、卫生及性价比都是游客较关心的方面。因为分析的是正面评论，所以从用户的角度出发，工作人员服务态度好、地理位置方便、娱乐项目丰富、景区环境优美干净以及性价比很高，如果能做到以上几点，那么景区就是人们心目中的五星级景区。

2. 负面情感的 LDA 分析

接着对负面情感的评论进行 LDA 分析，如图 15 - 18 所示。

图 15 - 18 负面情感的 LDA 分析

处理方式和正面情感一样，运行几次提取收集其中有参考价值的主题高频特征词，并归纳为下面四类主题，如图 15 - 19 所示。

主题一	主题二	主题三	主题四
贵	服务态度	排队	表演
票价	工作人员	挤	杂戏
不值	售票	停车	食物
一般	糟糕	混乱	动物
卖	不耐烦	体验	兴趣

图 15 - 19 四类主题

主题一：主要嫌弃景区的票价高，游客的游玩体验要是再不好，很容易让游客发出负面评论。

主题二：主要体现出部分工作人员工作态度差。

主题三：主要表现出景区内人太多、人挤人的现象屡见不鲜，游玩一个项目要排好长时间的队，若再没有负责的工作人员，景区内会很混乱，游客太多也导致停车位不足。总的来说就是游客排队的时间占了大部分的游玩时间，导致游客的整体体验并不好。

主题四：主要体现出景区表演俗套、食物不好吃等方面的问题。

综合以上主题，可以得出景区存在票价较高、人员拥挤混乱、表演俗套及服务态度差等问题。

15.5 数据分析与挖掘

15.5.1 描述性统计

本案例前期爬取了 A01 景区及其周边景区的评论和评分,在这一部分我们将对评分进行描述性统计分析。

在进行数据分析之前,一般需要对数据进行描述性统计分析,发现其中的一些规律,最后进行深入的数据分析。描述性统计是指运用制表和分类、图形及计算概括性数据来描述数据特征的各项活动。描述性统计分析要对调查总体所有变量的有关数据进行统计性描述,主要包括数据的频数分析、集中趋势分析、离散程度分析、分布及一些基本的统计图形。

首先,本案例展示了评分数据的前五条,查看数据的字段和结构,如图 15-20、代码清单 15-5 所示。

	Name of scennic spot	Total	Service score	Position score	Facility score	Health score	Performance-to-price ratio score
0	A01	4.390	3.8	4.9	4.9	4.5	4.5
1	A02	4.210	3.8	4.9	4.2	4.5	4.0
2	A03	4.230	3.9	4.2	4.1	4.5	4.5
3	A04	4.165	3.8	4.0	4.0	4.5	4.5
4	A05	4.240	3.9	4.9	4.0	4.5	4.2

图 15-20 前五条评分数据

代码清单 15-5 展示前五条评分数据

```
#展示了数据集前5个观测样本
import pandas as pd
import numpy as np
classdata = pd.read_excel("景区评分.xlsx")
classdata.head()
print(classdata)
```

其次,用 Pandas 中的函数计算各变量的均值,其中地理位置的平均得分最高,可以看出这些景区的地理位置较好,而服务的平均得分最低,应该提高这些景区的服务水平,吸引更多的游客,如图 15-21、代码清单 15-6 所示。

	Total	Service score	Position score	Facility score	Health score	Performance-to-price ratio score
count	50.000000	50.000000	50.000000	50.000000	50.000000	50.000000
mean	4.435500	4.014000	4.764000	4.464000	4.686000	4.530000
std	0.170121	0.295552	0.307564	0.359569	0.292079	0.269732
min	4.090000	3.800000	4.000000	4.000000	4.000000	4.000000
25%	4.318750	3.900000	4.900000	4.025000	4.500000	4.400000
50%	4.415000	3.900000	4.900000	4.500000	4.900000	4.500000
75%	4.551250	4.000000	4.900000	4.900000	4.900000	4.800000
max	4.885000	4.900000	4.900000	4.900000	4.900000	4.900000

图 15-21 变量的均值

代码清单 15-6　计算变量的均值

```
# Pandas 中计算变量均值
classdata.describe()
```

最后，从相关系数矩阵和相关系数矩阵图中可以看出服务水平与总得分相关系数最高，因此，应该通过提升景区的服务水平来提高游客对景区的整体评价，如图 15-22、图 15-23，以及代码清单 15-7、代码清单 15-8 所示。

	Total	Service score	Position score	Facility score	Health score	Performance-to-price ratio score
Total	1.000000	0.690487	0.342222	0.581817	0.595688	0.365695
Service score	0.690487	1.000000	0.160569	0.231445	0.047235	0.178943
Position score	0.342222	0.160569	1.000000	0.209487	0.041983	-0.043296
Facility score	0.581817	0.231445	0.209487	1.000000	0.148617	0.124990
Health score	0.595688	0.047235	0.041983	0.148617	1.000000	0.005440
Performance-to-price ratio score	0.365695	0.178943	-0.043296	0.124990	0.005440	1.000000

图 15-22　相关系数矩阵

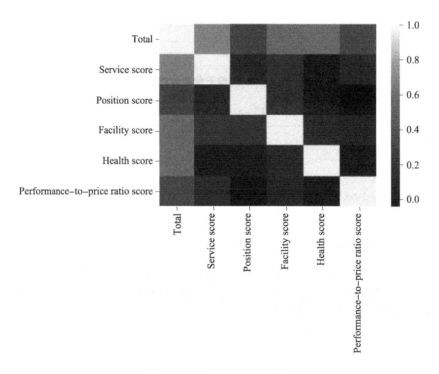

图 15-23　相关系数矩阵图

代码清单 15-7　相关系数矩阵

```
# 在 Pandas 中可以直接调用 corr 函数来计算变量之间的相关系数
classdata.corr()
```

代码清单15-8 相关系数矩阵图

```
# 除了计算相关系数矩阵之外,我们还可以绘制相关系数矩阵图,此处需调用 seaborn 库进行绘制
import seaborn as sns
% matplotlib inline
# calculate the correlation matrix
corr = classdata.corr()
# plot the heatmap
sns.heatmap(corr,xticklabels = corr.columns,yticklabels = corr.columns)
```

15.5.2 社会关系网络

在本案例中,已经用 LDA 主题模型等提取了每个评论文本的主题,现在要将这些主题进行分类,在已知的服务、地理位置、设施、卫生和性价比五个指标的基础之上,使用社会关系网络来判断文本的相似度。文本的相似度计量主要是通过将文本转化成距离、角度或弯曲度等来度量,从而实现较好的计量效果。

在进行社会关系网络分析之前,首先需要进行共词分析,才能生成网络图。共词分析是共现分析的一种,"共现"指文献的特征项描述的信息共同出现的现象,这里的特征项包括文献的外部和内部特征,如题名、作者、关键词和机构等。"共现分析"是对共现现象的定量研究,以揭示信息的内容关联和特征项所隐含的知识。共词分析就是最常见的共现分析,共词分析的基本原理是指通过统计文献集中词汇对或名词短语的共现情况,来反映关键词之间的关联强度,进而确定这些词所代表的学科或领域的研究热点、组成与范式,横向和纵向分析学科领域的发展过程和结构演化。该方法的前提假设是:词汇对在同一篇文献中出现的次数越多,则代表这两个主题的关系越紧密。统计一组文献的主题词两两之间在同一篇文献出现的频率,便可形成一个由这些词对关联所组成的共词网络,网络内节点之间的远近便可反映主题内容的亲疏关系。共词分析过程如图 15-24 所示。

对于共词分析,可以借用类似于 GooSeeker 分词、Ucient 和 NetDraw 进行共词分析,在进行共词匹配完成之后,就可以进行网络图的生成。通过节点-链接图直观、形象地反映词间联系的强弱,快速定位核心词和边缘词。以集搜客为例生成一个景区的评论文本的网络图,如图 15-25 所示。

在该网络中选择其中的一个节点,如"人员",通过这个节点,可以看到和"人员"关联的数据:建议、工作人员、客服等,这些词基本上都属于服务的范畴,所以当文本的主题是这些的时候,就可以将其归类到服务类;同样,对于其他的词和类别也可以采取这样的处理方式。"人员"网络图如图 15-26 所示。

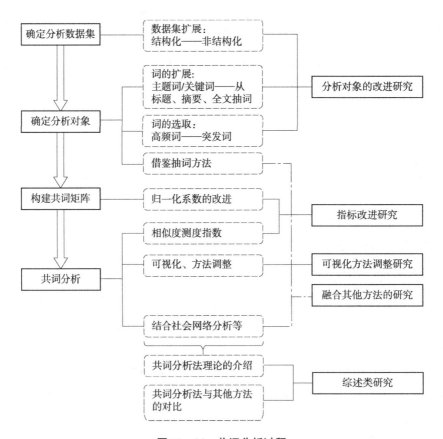

图 15-24 共词分析过程

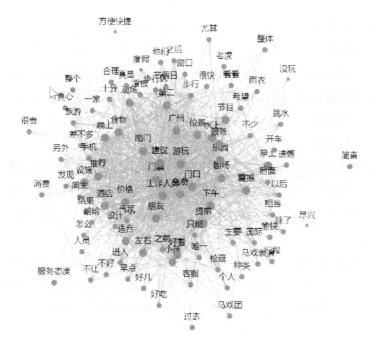

图 15-25 评论文本的网络图

图 15-26　"人员"网络图

15.5.3　SPSS 分析

用 SPSS 软件对模型进行多元回归分析，得到各个系数，如表 15-1 所示。

表 15-1　SPSS 分析

变量	系数	标准误	T 检验
回归常数	-77.54597	18.08160	-4.288668
位置（X_1）	0.655675	0.233326	2.810128
服务（X_2）	0.420693	0.148461	2.833697
设施（X_3）	0.463729	0.080021	5.795117
卫生（X_4）	0.759584	0.142065	5.346740

由此可知回归方程为：

$$Y = -77.54597 + 0.655675X_1 + 0.420693X_2 + 0.463729X_3 + 0.759584X_4 \quad (15-1)$$

接下来进行模型的检验。

(1) 拟合优度检验：$R^2 = 0.789131$，说明模型对样本的拟合效果较好，解释变量对被解释变量的 78.9% 的离差做出解释。

(2) 变量显著性检验：由于 $T_{0.025}(27) = 2.052 <$ 各系数的 T 统计量，而系数的 P 值均小于 0.01，所以 T 检验显著，位置、服务、设施及卫生对 Y 的影响都是显著的。

(3) 方程显著性检验：由于 $F_{0.05}(4,27) = 2.73 < 30.00271$，所以 F 检验是显著的，即方程的线性关系在总体上是显著的。

所以，可以得到服务对模型的影响是最显著的。

15.5.4　SWOT 分析

本案例根据前面的主题提取、情感分析和社交网络等步骤对 A01 景区的评论进行了评分，如表 15-2 所示。

表 15-2　评分

总得分	服务得分	位置得分	设施得分	卫生得分	性价比得分
4.5	4.6	4.6	4.5	4.6	4.5

本案例在得出一个景区的评分之后，就要根据这个景区的具体情况，来对景区进行分析：这个景区应该改进哪些方面才能在市场竞争中取得更多的优势。在这里应用管理学 SWOT 分析，帮助 A01 景区得出一个优势分析。

SWOT 分析，即基于内外部竞争环境和竞争条件下的态势分析，将与研究对象密切相关的各种主要内部优势、劣势和外部的机会、威胁等，通过调查列举出来，并依照矩阵形式排列，然后用系统分析的思想把各种因素相互匹配起来并加以分析，从中得出一系列相应的结论，而结论通常带有一定的决策性。

SWOT 分析可以对研究对象所处的情景进行全面、系统、准确的研究，从而根据研究结果制定相应的发展战略、计划及对策等。

S（Strengths）是优势、W（Weaknesses）是劣势、O（Opportunities）是机会、T（Threats）是威胁。按照企业竞争战略的完整概念，战略应是一个企业"能够做的"（即组织的强项和弱项）和"可能做的"（即环境的机会和威胁）之间的有机组合。

"SWOT"是 Strengths、Weaknesses、Opportunities、Threats 四个英文单词的缩写，SWOT 分析方法主要是通过分析企业内部和外部存在的优势和劣势、机会和挑战来概括企业内外部研究结果的一种方法。

S——优势：比较分析企业在外部市场环境、内部经营方面相对于其他竞争对手的优势；

W——劣势：比较分析企业在外部市场环境、内部经营方面相对于其他竞争对手的劣势；

O——机会：分析在目前的市场竞争态势下企业存在的发展机会；

T——挑战：分析在目前的市场竞争态势下企业存在的威胁和挑战。

因此，本案例对 A01 景区如何提高自己的景区竞争力应采用 WO 战略：利用机会、克服弱点，利用自己的服务和位置的优势抓住机会，克服自己设施老旧、性价比不高的弱点从而提升景区总体水平。

15.6　拓展思考

（1）在情感分析中，我们使用 SnowNLP 对文本进行情感分析，但是在使用过程中发现 SnowNLP 的分析有很多不准确的地方，如很多消极的词会将得分打得比较高，因此这个情感分析不是太准确。

（2）在分析网评文本中，我们发现了很多评论存在简单复制粘贴、与评论内容主题不相关和无有效内容等现象，妨碍了游客从网络评论中获得有价值的信息，也为各网络平台的运营工作带来了挑战。

（3）旅游业繁荣发展给游客带来了选择困难的问题，评分接近的景区很难根据评分进行取舍。这里需要建立更加合理和有效的模型和算法，从景区的网评文本中挖掘特色和亮点，以吸引游客提升竞争优势。

15.7　本章小结

A01 景区作为一个旅游景点，能够满足游客的多元化需求是其基本要求。由回归分析结果知，该模型是有效的。目前，A01 景区的服务水平和餐饮业对旅游收入的影响还不够显著，说明其还具有发展的潜力。接下来对 A01 景区提出以下四点建议。

（1）改善 A01 景区的服务。A01 景区的服务管理有待提高，从评论可以看出游客对景区的售后和景区内的指引均有所不满。

（2）改善 A01 景区的餐饮业。餐饮业需要重新规划，使其位置分布更加集中，有利于游客的选择和消费；另外，应该推出更加丰富的餐饮品种，以满足全国各地游客的需要。

（3）加强 A01 景区的交通管理。由于该景区位于市中心，从评论内容可以看出游客对停车场及景区大门交通管理的评价十分差。

（4）加强 A01 景区的卫生管理。在开发经营中，由于旅游地各主体利益的不协调，从事餐饮、旅馆经营的居民并没有对水污染采取积极的防范和治理措施，更不愿意承担水污染治理的费用。另外，随着游客数量的日益增多，景区自然生态环境质量不可避免地受到了影响，只有增加成本环境才能得以恢复。所以，景区要走可持续发展路线，在发展经济的同时也要保护自然环境。

本章参考文献

[1] 蔡汶兴，李兴东．基于 BERT 模型的景区评论情感分析［J］．贵州大学学报（自然科学版），2021，38（02）：57-60.

[2] 卢玲，何红．凤凰景区旅游收入影响因素的回归分析［J］．当代经济，2009（21）：112-113.

[3] 酒店评论数据分析和挖掘——展现数据分析全流程（一）报告展示篇．［EB/OL］．https：//blog.csdn.net/qq_42768234/article/details/104523111.

[4] 周欢，秦天琦．基于在线评论情感分析与 LDA 的物流服务质量影响因素研究［J］．重庆工商大学学报：社会科学版．2021.

[5] 宋咪，皮红英，张华果，徐月．近十年我国老年人跌倒研究热点共词聚类分析［J］．护士进修杂志，2021，36（10）：871-875.

[6] 李芝倩，樊士德．长三角城市群网络结构研究——基于社会网络分析方法［J］．华东经济管理，2021，35（06）：31-41.

[7] 丁翠翠，图登克珠．西藏红色旅游 SWOT 分析与发展对策研究［J］．西藏研究，2021（01）：56-63.

[8] 黄月琴，黄宪成．"转发"行为的扩散与新媒体赋权——基于微博自闭症议题的社会网络分析［J］．新闻记者，2021（05）：36-47.

[9] TSYTSARAU M，PALPANAS T. Survey on mining subjective data on the web［J］. Data Min Knowl Discov,2012,24:478-514.

[10] JAIN T I,DIPAK N. Recognizing Contextual Polarity in Phrase-Level Sentiment Analysis

[J]. International Journal of Computer Applications,2010,7(5).

[11] LIU B. Sentiment Analysis and Opinion Mining[M]. San Rafael:Morgan & Claypool,2011.

[12] YU L C,WU J L,CHANG P C,et al. Using a contextual entropy model to expand emotion words and their intensity for the sentiment classification of stock market news[J]. Knowledge -Based Systems,2013,41(Mar.):89-97.

[13] HAGENAU M,LIEBMANN M,NEUMANN D. Automated News Reading:Stock Price Prediction Based on Financial News Using Context – Specific Features[J]. Decision Support Systems,2012,55(3):685-697.

[14] XU T,PENG Q,CHENG Y. Identifying the semantic orientation of terms using S – HAL for sentiment analysis[J]. Knowledge – Based Systems,2012,35(15):279-289.

[15] MAKS I,VOSSEN P. A lexicon model for deep sentiment analysis and opinion mining applications[J]. Decis Support Syst,2012,53:680-8.

[16] MEDHAT W,HASSAN A,KORASHY H. Sentiment analysis algorithms and applications:A survey[J]. Ain Shams Engineering Journal,2014,5(4):1093-1113.

[17] BO P,LEE L. Opinion mining and sentiment analysis[J]. Found Trends Inform Retriev,2008,2:1-135.

[18] CAMBRIA E,SCHULLER B,XIA Y,et al. New Avenues in Opinion Mining and Sentiment Analysis[J]. IEEE Intelligent Systems,2013,28(2):15-21.

[19] FELDMAN R. Techniques and applications for sentiment analysis[J]. Commun ACM,2013,56:82-9.

[20] MONTOYO A,MARTINEZ – BARCO P,BALAHUR A. Subjectivity and sentiment analysis:An overview of the current state of the area and envisaged developments[J]. Decision Support Systems,2012,53(4):675-679.

第 4 篇

管理应用篇

第 16 章　网红经济背景下审丑现象的受众心理及原因分析——以马某某事件为例

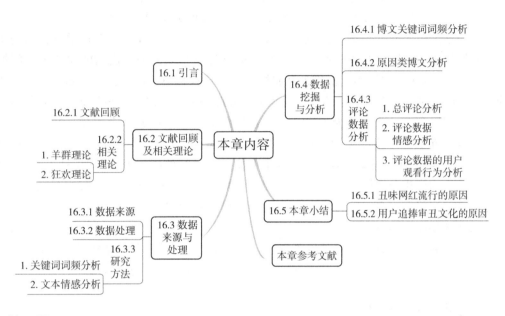

摘　要

通过对"网络审丑"事件的调查与分析，以期明晰在网红经济背景下审丑现象流行的原因及其受众心理。本案例以马某某事件为研究对象，利用 Python 爬取以马某某为主题的博文数据和博文评论数据，通过数据预处理后，首先进行博文关键词词频分析，得到该事件的热点内容，接着对原因类博文及评论进行数据分析，得到网络审丑背后的原因，最后进行评论数据的情感分析和用户观看行为分析。通过对该事件的博文关键词、原因类博文及用户评论数据进行分析，研究发现在网红经济背景下，网络审丑流行的根本原因是经济利益的驱使，而用户追捧"丑星"则是因为释放精神压力的需要和群体压力下的从众行为。

关键词：网红经济；网络审丑；数据分析；受众心理

16.1　引言

网红经济是指个人或团体打造一个特定的人物身份，依靠互联网和社交媒体进行宣传推广，用来吸引网络关注度从而形成一个庞大的粉丝团，最终通过流量变现的形式获得经济利益的一种新型经济模式。其本质就是打造一个网络红人，以一些独特的、吸引人的方式来获取用户的关注和流量，再以用户变现的方式产生经济效益（谭舒，李飞翔，2017）。然而，伴随着网红经济的膨胀，一些人为了获取更高的关注度和更多的经济效益，不惜使用各种手段蹭热点或由营销团队进行炒作，但由于人们习以为常的事件并不能为其带来很高的关注度，所以网红们便将焦点放在了那些哗众取宠并能刺激人们眼球的反常事件上，甚至不少网红为了"出名"不惜丑化自己来博取网友的关注，因此导致了网络审丑的发酵，这给当代大学生的思想政治教育带来了严重的不良影响，甚至扭曲了人们的价值观。

网络审丑现象是指用户对网络上那些哗众取宠、为了流量不惜丑化自己甚至扭曲人性等事件的追捧现象。在巨大的利益面前，网络中不少网红为了博取人们关注将某个人物或事件打造成某些颠覆传统价值观的形象，从而实现经济效益。这些事件由一些网红公司进行宣传推广，能够在短时间内刺激人们早已疲倦的视觉从而获取大量用户的关注，甚至有些价值观尚未成熟的学生为之追捧（华颖，2020）。近年来，网络审丑现象已出现低龄化、消费主体年轻化和低门槛等特征，这就导致一些出生"草根阶级"的人为了出名转向这个低门槛的"丑星"行列，而平台也因为其低投入高回报不断宣传这种丑味网红，用户则借着对这些丑星的嘲讽、谩骂来宣泄自己的情绪及释放压力，如此一来，用户在不知不觉的娱乐与嬉笑中追捧这些"丑"行为，自愿成为了网络"审丑"推波助澜的工具。（丁慧民，2016）

2020 年，最火的"丑味视频"莫过于马某某事件了。马某某在 2017 年首次出现在大众视野中。2017 年 6 月，马某某与 MMA 格斗士徐某某进行约战，但他在 20 秒内就被打倒。随后他战胜英国格斗士彼得·欧文的视频遭到当事人打脸。马某某再次约战徐某某，但很快被警方叫停。三年后一个偶然的机会，他再次走红网络。2020 年 7 月，B 站知名 UP 主伊丽莎白鼠以马某某在一场自由搏击中短短几分钟内被打倒三次，事后还扬言是自己忍让对手的事件，制作了名为《武林高手》的鬼畜视频，从 5 月至今，马某某在鬼畜区常年霸榜，成为视频里的常客，"耗子尾汁""不讲武德""我大意了"也成为他的代名词。

16.2 文献回顾及相关理论

16.2.1 文献回顾

网红是近几年人们最为熟知的事物，但它却并不是这两年的新兴事物，事实上网络红人在 20 世纪 90 年代就已经开始出现，到现在已经逐渐进入了网红 3.0 时代。20 世纪末期，一批网络写手以文字创作的形式在网上传播自己的作品并开始走红，最后通过网络阅读的方式实现盈利，其被称为"网红 1.0"；2005 年前后，网络上出现了一批以独特的事件和人物来进行炒作，并以文字和图片的形式通过网络社区传播，并开始演化成初期的网络审丑现象，亦被称为"网红 2.0"；由于互联网和多媒体的发展，从 2008 年至今，在尝到了网络经济的甜头后，各行各业的人开始以更加吸引人甚至违背常理的方式在网上炒作，并以"视频+图片+文字+直播"的形式大肆传播，逐渐演化成现在的"网红 3.0"（杨庆国、陈敬良，2012）。其中，网红 3.0 时代有着更加丰富的变现方式，并呈现出产业化和商业化的发展模式，这是其区别于前两代网红的典型特征（孙妤，2016）。

自网红 3.0 时代到来，网红市场逐渐开始产业化和商业化，网红经济便应运而生。网红经济是指依托互联网平台，以网红为核心，利用网红的网络影响力转化为盈利能力，实现经济效益的一种商业模式（刘帅，2020）。由于其强大的经济冲力和传播力，网红经济已经成为各资本关注的焦点，学术界从各个视角对其进行了一定的探索，根据已有研究其呈现以下特点。（1）从整体研究上看，相关学者对网红与网红经济的概念、内涵和发展有了相应的研究，如孙婧、王新新基于名人理论探究了网红经济的本质及网红的发展和网红出现的影响因素。他们认为网红是随着互联网发展出现的一种新型名人，随之而来的网红经济成为一种新的电子商务模式（孙婧、王新新，2019）。（2）从不同学科的视角对网红经济的研究，如王美娟、李梦薇从经济学的视角探究了网红经济的经济效益与机制研究，并结合当前"网红经济"的普遍情况分析"网红经济"是如何实现社会经济效益的，他们认为网红作为新兴职业，推动了"网红经济"这一新经济形态的出现（王美娟、李梦薇，2021）。李力、常青从网红文化的视角研究了在网红盛行下网络文化的发展形态（李力、常青 2020）。（3）从研究方法上看，现有研究主要采用结构方程模型（SEM）方法，也有学者采用扎根理论方法、相关系数分析方法和多元线性回归分析方法。

现有相关研究分别从研究综述、不同学科视角及不同研究方法对网红经济做了详细的研究，对网红经济的发展、作用机制及背后的原因的探究奠定了基础，但关于网红经济对人们的价值观的研究仍处于完善阶段。因此本案例从走红的网络人物所呈现出的人设形象的角度，探究网红经济背景下网络审丑现象背后的原因并分析其受众心理。

16.2.2　相关理论

1. 羊群理论

羊群理论被称为"群体效应"或"从众效应"，是指一些容易受环境影响的人盲目地跟随他人的想法或观点，没有自己的主见或遇到问题容易怀疑自己从而跟随大多数人的做法。具体表现为遇到问题不主动分析，没有自己的观点和习惯性盲目跟从。

羊群理论最初出现于股票投资中，原意是指新手投资者由于业务不熟悉从而盲目跟从其他投资者的现象。在经济学和管理学中也将"羊群理论"用来形容人们的盲目从众和跟风。现实中的羊群其实是一个行为散乱的组织，羊群中经常出现部分羊横冲直撞、扰乱群体组织的现象，所以在没有牧羊犬的情况下羊群很难积聚在一起，它们之间只要一只羊躁动起来，其他羊就会盲目地跟从那只"头羊"一哄而上。因此"羊群效应"就被引申为人们的一种盲目从众现象。

此次马某某事件中，绝大多数用户就充当了群羊的角色，一味地跟随网络大流，对一些哗众取宠的"丑星"不加判断地吹捧，导致网红经济恶性膨胀，进而扰乱了正常市场的运行，影响了青少年价值观的判断。

2. 狂欢理论

狂欢理论是苏联文艺学家米哈伊尔巴赫金的著名理论思想，他认为人们所生活的世界是由两个世界组成的，第一世界是一种严肃、刻板、充满规矩且等级森严的世界，在这里，人民生活枯燥、压抑、胆小谨慎，对权力、秩序充满畏惧。而第二世界则是完全相反的，它是一个充满和平、自由、欢乐的世界，这里的人民没有阶级、等级、门第之分，他们之间和睦交往，尽情狂欢，他们对一切规矩都持一种反抗亵渎的态度。狂欢理论的本质就是对世间不公平的反抗但又无法做出现实的行动，因此在第二世界里人们可以尽情狂欢放纵。狂欢是西方文化中特有的一种现象，狂欢放纵的生活历来就在民众生活中占有重要地位，从古罗马的农神节到后来的狂欢节、愚人节，都充满狂欢本质。（燕道

成,谈阔霖,2019)

我们的生活已经被互联网划分成现实世界和网络世界,而网络世界与狂欢理论中的第二世界有着惊人的相似。不少人通过在网上肆意的"狂欢"来释放现实生活中的压力,如网上的对骂互喷群、NBA总决赛期间骑士和勇士粉丝的互怼和互嘲。在互联网这个相对自由的世界中,粉丝之间的对骂互怼逐渐演变成了一场全民互喷的"狂欢",这样的"狂欢"在一定程度上有宣泄和调节现代人生活压力的作用。本案例将从狂欢理论出发,结合社会现实情况,对网红经济背景下人们追捧网络丑星的现状进行分析。

16.3 数据来源与处理

16.3.1 数据来源

本案例数据来自微博。用 Python 爬取了以"马某某"为主题的微博动态,一共 1224 条博文数据,主要包括其博文内容、转发数、评论数和点赞量,爬取结果如代码清单 16-1 所示。

同时使用 Python 爬取了博文的评论数据,主要爬取了用户名、性别、评论时间和评论内容,共爬取 6523 条评论数据。

代码清单 16-1 博文内容、转发数、评论数及点赞量爬取的代码

```
if __name__ == "__main__":
    import pandas as pd
    back = get_weibo()
    df = pd.DataFrame(back)
    df.to_excel(excel_writer = "微博2.xls", header = ["博文内容","转发数","评论数","点赞量"], index = False)
```

16.3.2 数据处理

首先对爬取的博文数据进行预处理,先去除文本中的 html 标签,提取微博中的话题名称#和人名@,然后通过 Jieba 对 1224 条博文数据进行分词和去除无效词,采用《哈工大停用词表》去除数据停用词,并对 emoji 表情进行处理。最后得到了约 1201 条博文数据。

为了了解观众对马某某事件的态度和追捧原因,本案例需要对用户评论进行情感分析、主要心理感受分析和用户观看行为分析。

16.3.3 研究方法

1. 关键词词频分析

关键词分析法是由日本创造工学研究学中山和教授创建发明的,它通过分析文章内容,提取文本中的关键词,来分析该文章的整体含义,并重新构思文本信息中的具体问题,从而把握事情的特征和本质,进而产生新的想法或提出解决方法。而词频分析(Word Frequency

Analysis）则是统计文本中重要的关键词出现的频率次数并进行分析的，它是文本挖掘的一个重要方法，同时也是文献计量学中最具代表性的方法。它的原理是分析文本中关键词的频数及变化，来判断事物的内容、热点及发展趋势。

本案例主要运用关键词词频分析法，通过爬取马某某事件的博文和评论数据，经过数据处理后提取关键词并进行词频分析，以研究网红经济背景下类似马某某事件的审丑现象流行的原因及其受众心理。

2. 文本情感分析

文本情感分析，又称文本情感挖掘、情绪分析等，是指对文本中带有感情性质的观点和文本信息进行情感词的分类、处理和分析，从而得出该文本的情感倾向。随着互联网和多媒体的发展与应用，网上产生了海量的各类信息，其中大部分都带有个人情感倾向，而正是这些带有情感倾向的信息具有极高的有用价值，如人们对某件商品的喜爱或厌恶、对某项政策的批评与认同等情感都能反映出它的信息价值，只是被隐藏在海量的文本信息中难以被发现。而文本情感分析就是将隐藏在海量信息中的、带有情感色彩的有用信息给挖掘出来从而发现它的价值。基于此，我们就可以通过对购物网站中商品的评价进行文本情感分析，从而得知消费者对这款商品的态度，同样也可以利用文本情感分析来获得人们对某个事件的评价，从而掌握人们对该事件的舆论看法。

本案例通过对马某某事件的评论数据进行情感分析，以获得人们对马某某及同类事件的情感态度。

16.4　数据挖掘与分析

16.4.1　博文关键词词频分析

使用 Python 的 Jieba 库对博文数据进行分词，并用 WordCloud 库生成词云图，如图 16 –1 所示，博文的主要内容是"不讲武德、耗子尾汁、没有闪、江湖骗子、丑陋、丢人现眼、炒作、哗众取宠、招摇撞骗"等。

图 16 –1　博文内容词云图

除去"不讲武德""耗子尾汁""没有闪"这类马某某事件的语录词汇,其他主要为"江湖骗子""丢人现眼"。从这些内容可以看出网友们并不认同马某某事件这种低级文化及其博人眼球的本质目的。

但在人们不认同的条件下,此类事件仍然拥有较高热度甚至有不少人争相模仿。为了探究其深层原因,本案例对博文及用户评论数据进行了进一步分析。

16.4.2 原因类博文分析

本案例利用爬取的全部博文数据,筛选出其中"原因"类的博文数据作为研究对象,使用 Python 的 Jieba 库对研究数据进行分词处理并统计词频。使用 WordCloud 库生成的词云图如图 16-2 所示。最主要的关键词包括:炒作、哗众取宠、骗钱、割韭菜、流量等。

图 16-2 原因类博文数据词云图

由此,不难看出马某某事件就是在网红经济背景下,经过网红包装后炒作出来的一个哗众取宠的事件,他背后的团队将其炒作成热点,以丑为美,博人眼球,以此获得大量的流量,然后再通过流量变现的方式获取巨大的利益。

16.4.3 评论数据分析

1. 总评论分析

使用 Python 的 Jieba 库对评论数据进行分词处理并除去"耗子尾汁、大意了没有闪、不讲武德"之类的无效词,再统计词频。使用 WordCloud 库生成的词云图如图 16-3 所示。关键词主要包括:哗众取宠、迎合、炒作、割韭菜、流量变现、卖把戏。可以看出大众对马某某事件的总体评论是负面的,大家都清楚其本质就是为了牟利。同时这种为了迎合大众的兴趣,故意制造一些哗众取宠的话题来取悦大众的行为也降低了大众的审美。

2. 评论数据情感分析

由于 SnowNLP 库使用的是基于评论语料,利用贝叶斯机器学习方法训练出来的模型,所以适用于本案例。使用 Python 的 Pandas 库和 SnowNLP 库对评论数据进行情感分析。其中 0~0.5 表示负面情感,0.5~1 表示正面情感,统计出负面情感评论有 4031 条,正面情感评论有 999 条,使用 Python 的 Matplotlib 库画出了情感分布饼图,如图 16-4 所示,从图中可以看出正面情感占 25.15%,负面情感占 74.85%,说明评论的情感大部分都是消极负面的。

 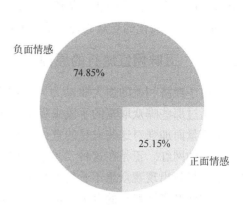

图 16-3　评论数据词云图　　　　　图 16-4　情感分布饼图

3. 评论数据的用户观看行为分析

通过分析含有特殊场合和心态词语的相关评论数据，尝试分析用户倾向在何种环境下观看此类视频，得到的词云图如图 16-5 所示，可以看出用户观看此类视频的时间主要是晚上，且处于学习或工作状态。从心态上来看，部分用户评论数据表示在感受到压力、心情不好及焦虑时会观看此类视频。说明在用户的某些人生阶段或特殊地点，产生负面情绪时会考虑观看此类"以丑为美"的内容来舒缓压力，这说明用户以一种娱乐心理去关注这类事件，并借此来宣泄自己内心的负面情绪。

图 16-5　评论中主要地点和心态词云图

同时，在商业利益之下，看似由受众点赞、评论选出的网络红人们也离不开背后资本的运作，土味文化、审丑趋势既是受众们社会心理的反映，也是网红经济背景下商业运作推动的效果。

16.5　本章小结

本案例以马某某事件为研究对象，利用 Python 爬取以马某某为主题的博文数据和博文评论数据，在数据预处理后再进行博文关键词词频分析和原因类博文分析、评论数据的情感分析和用户观看行为分析。最终得出在网红经济背景下，丑味网红流行的原因和用户对此类"以丑为美"文化的受众心理及追捧原因。

16.5.1 丑味网红流行的原因

由于经济利益的强大驱动力，在这个流量为王的时代，网红为了获取更高的流量和人气，通过那些哗众取宠的手段来吸引眼球并不惜将自己打扮成丑星，而网站和网红公司同样为了流量而加强对这些丑星的宣传，对观众进行地毯式的信息传递，并在短时间内打造出高知名度的网红。正是在这种"网红想红，公司捧红"的市场中，网络中涌现出各类的丑星网红，导致出现观众想不看但不得不看的局面。

在网红经济盛行的今天，谁抓住了消费者的眼球谁就会在竞争中取得优势。从营销角度来看，若想成功地销售出产品，就要以满足消费者需求为突破点。而"马某某"这一事件，正好满足了用户的猎奇心理和审丑需求，可以成功地提高点击率和关注度，因此成了各大网站的"宠儿"，被争相报道。

16.5.2 用户追捧审丑文化的原因

（1）释放精神压力的需要。用户对于这种低俗娱乐的追逐，一定程度上是为了释放压力，在嘲讽谩骂丑星的过程中，获得负面情绪的发泄，在贬低他人的同时获得一种自我满足的优越感。即关注丑味网红是出于娱乐，而非崇拜。"马某某"事件则起到娱乐大众的功能。

（2）群体压力下的从众行为。当各大网站轮番滚动着马某某的新闻，各大社区热切讨论着马某某时，会给参与网络活动的用户创造一种"马某某很红"的氛围，因而产生了一种无形的压力迫使其为了避免"落伍"而产生关注马某某的从众行为。

本章参考文献

[1] 谭舒，李飞翔."知识网红经济"视域下全民价值共创研究[J]. 科技进步与对策，2017，34（03）：123－127.

[2] 华颖. 反串、土味、审丑："抖音"网红形象建构研究[J]. 东南传播，2020（09）：104－106.

[3] 丁慧民. 网络"审丑"现象的消费行为反思[J]. 学校党建与思想教育，2016（09）：49－51.

[4] 杨庆国，陈敬良. 网络红人形象传播及其符号互动模式研究[J]. 中国青年研究，2012（07）：91－94＋90.

[5] 敖鹏. 网红为什么这样红？——基于网红现象的解读和思考[J]. 当代传播，2016（04）：40－44.

[6] 刘帅. 让"网红经济"红得更久[J]. 人民论坛，2020（09）：50－51.

[7] 孙婧，王新新. 网红与网红经济——基于名人理论的评析[J]. 外国经济与管理，2019，41（04）：18－30.

[8] 王美娟，李梦薇. "网红经济"的经济效益及机制研究[J]. 科技经济市场，2020

(12): 66-68.

[9] 李力, 常青. 网红文化影响下的青年价值困境及其超越 [J]. 中国青年研究, 2020 (06): 114-119.

[10] 燕道成, 谈阔霖. 狂欢理论视阈下网红经济与文化的作用机制 [J]. 现代传播, 2019, 41 (05): 134-139.

[11] 张公让, 鲍超, 王晓玉, 顾东晓, 杨雪洁, 李康. 基于评论数据的文本语义挖掘与情感分析 [J]. 情报科学, 2021, 39 (05): 53-61.

第 17 章 丁真走红背后的那些事
——基于微博数据分析

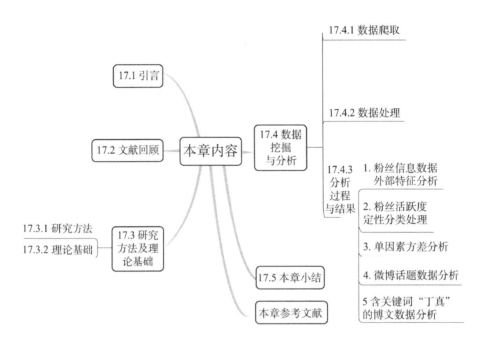

摘　要

微博是社会话题和舆论的传播中心，本案例以"丁真走红"事件为例，通过研究其微博粉丝数据，探索粉丝关注他的方式与粉丝的性别、地理位置和活跃程度是否相关。通过探究话题的热点词汇和公众态度，为地方文旅产业在新媒体营销过程中的形象塑造提供参考。以集搜客爬取的微博粉丝、话题和博文数据为调查样本，结合 K-means 算法利用 SPSS 对粉丝数据进行单因素方差分析，通过内容分析法对话题和博文进行研究并以可视化数据图表呈现。研究发现，粉丝性别和地理位置对粉丝选择关注丁真的方式具有显著影响，"四川"是与"丁真"相关度最高的词汇，此外，大部分公众对丁真走红采取中立态度。

关键词：数据分析；K-means 算法；丁真走红

17.1　引言

早期的"网红"主要指"网络红人"，即由草根生产，被传统媒体跟进关注后产生较大社会影响的大众偶像。如今随着社交平台和移动互联网时代的迅速崛起，网红的概念也在不断延伸，"网红城市""网红景点""网红店铺"及"网红食品"等词语也开始在生活中屡见不鲜。2020 年 11 月 11 日，藏族男孩丁真出镜的一条时长 7 秒的短视频出现在抖音 App 并被广泛传播。被多位网络影响力大的博主转载至微博平台后，该视频火速登上微博热搜榜且热度经久不衰,这场在短短 20 天时间内就完成的现象级走红完全是由新媒体主导的一场媒介文化的狂欢。本次走红事件的关键节点在于网络平台多样化,从媒体类型来看,传播渠道以微博平台为主,占比为 91.06%。因此本案例选取微博的丁真粉丝、丁真话题及含关键词"丁真"的博文作为数据源进行分析。

无论是最初发布 7 秒镜头的短视频平台,还是后续舆论持续发酵的微博平台,这场现象级走红事件背后的原因引人深思。因此本案例以粉丝的关注意愿为起点,从大数据角度探讨丁真受喜爱的原因,为地方文旅产业打造形象 IP 提供路径。

17.2　文献回顾

隋岩和曹飞论证了在网络推广和文化营销中,充分利用群体传播则可实现"四两拨千斤"的效果。大众不再迷信传媒机构的权威,而是注重自我感受,因此抓住易传播点如大众喜好等,有助于提高网络推广或文化营销的效率。孙美玲通过案例分析的方法,从政务短视频的营销策略角度分析了抖音平台"丁真事件"的传播机制和规律,为政务短视频的营销传播实践提供一些建议。时己卓从情感视角对丁真这一媒介符号的象征意义进行逻辑分析,深入探究丁真"个体"走向"现象"背后的情感机理、价值趋向和文化机制等因素。张婧远同样以该事件为例,以新媒介赋权理论角度分析此事件背后平民叙事话语体系崛起的原因及特点。李海敏以李子柒短视频为研究对象,试图从传播内容、传播方式和传播理念等方面入手,分析其走红海外的原因。通过梳理文献可以发现,当前对在网络平台走红事件的研究主要使用案例研究等方法,且聚焦于政府和媒体两个层面,为其适应当下网络传播环境提供一定的参考和建议。但很少从走红人物本身的特点与品质思考爆红原因、是否可以以此为例打造类似的形象 IP,以及如何帮助地方文旅产业进行营销传播。

因此,本案例通过集搜客爬取新浪微博的相关话题博文、评论和粉丝信息等数据并利用 SPSS 进行分析,探索粉丝的关注点及粉丝的性别、地理位置和活跃程度是否对选择关注丁真的方式产生影响,从而为地方文旅业塑造形象 IP 及营销内容的投放手段提供借鉴,利用网络带来的流量更好地推动当地文旅产业发展。

17.3　研究方法及理论基础

17.3.1　研究方法

K-means 聚类算法是常用的数据分析算法,该算法由 Steinhaus 于 1995 年、Llovd 于 1957 年、Ball & Hall 于 1965 年、McQueen 于 1967 年分别在各自的科学研究领域独立地提出,K-means 聚类算法自被提出后,在不同的学科领域被广泛研究和应用,并发展出大量不同的改进算法。虽然距离 K-means 聚类算法被提出已经超过 50 年了,但它仍然是目前应用最广泛的聚类算法之一。在本案例中,此方法将用于粉丝活跃度分类。除此以外,探究粉丝属性与选择关注方式是否相关这一问题采用单因素方差分析。单因素方差分析方法是指对单因素试验结果进行分析,检验因素对试验结果有无显著性影响的方法。在样本数量小的情况下可初步探索预测变量与响应变量的关系。针对丁真话题和含"丁真"关键词博文的爬取结果,首先采取分词并统计词频,然后绘制共词矩阵和词云使分析结果可视化。

17.3.2 理论基础

本案例基于泰勒提出的 IUE 理论，即倡导"以粉丝为中心"的信息管理学研究思想，该理论于 1986 年被提出，并在 1991 年进行了完善。泰勒指出，粉丝之所以会产生信息需求，是因为其预先有一个假设：环境中有一些信息能够用来解决或处理自身问题。而信息环境指"由影响信息从特定实体流入、流出、内化，以及实体信息利用的各种因素所构成的一套设施，且这套设施定义了信息价值的判断标准"。该理论试图将粉丝与信息资源之间的互动过程进行基于环境的系统化描述，体现出鲜明的社会观与认知观相结合的特色。按照 IUE 理论，信息只有在特定使用环境中才有价值，而信息环境是许多变量的集合，这些变量影响着信息流动，并决定着信息的价值标准。结合泰勒提出的四种基本要素，即人（Sets of People）、问题（Problems）、问题解决（Problem Resolution）及背景（Setting）。本案例从"人"这一维度选取微博粉丝的性别、地理位置和活跃程度这三个属性进行研究。

17.4 数据挖掘与分析

17.4.1 数据爬取

（1）微博粉丝数据

本案例选取 2020 年 12 月 2 日 0：00—3：00 丁真本人认证微博（微博名为"理塘丁真"）的粉丝中的 500 条数据。

（2）微博话题数据

微博话题是根据近期微博热点等多种渠道，经过编辑补充内容和制作与该话题有关的专题页面。粉丝可以进入该页面发表微博并进行讨论，同时微博话题页面也会自动收录与该话题相关的微博。本案例爬取"#丁真#"话题中的博文，爬取时间为 2020 年 11 月 30 日的 21：40，数量为 400 条。

（3）含关键词"丁真"的博文数据

爬取内容为包含"丁真"关键词的博文，爬取时间为 2020 年 11 月 30 日的 03：00—05：32 和 2020 年 12 月 1 日的 02：59—04：34，数量为 800 条。

17.4.2 数据处理

（1）微博粉丝数据处理

根据算法和分析内容的要求去除无用属性，只提取了粉丝的性别、粉丝数、关注数、微博数、地址及关注方式属性，由于本案例的数据分析基于国内微博粉丝，因此去除地址为未知、海外与其他的数据，剩余有效数据 460 条。

（2）微博话题数据处理

因为通过集搜客采集到的原始 Excel 数据不能用来进行统计分析，所以首先去除话题关键词"#丁真#"防止出现无效的高频词汇，其次考虑到数据中造成冗余的无用属性及对后期分析产生较大影响的一些无效的微博博文，因此还需要对原始数据进行删除处理。本案例对无效博文的界定要求如下。

无效博文有两个特点：一是同一词语在一条博文中重复出现三次以上，二是在故意蹭话题热度，在话题中发无关内容。本案例主要是利用 Excel 软件中的"查找""替换"和"筛选"等功能对无效的博文进行删除。经过处理后得到可用于后续分析的样本博文数据共 389 条。

(3) 含关键词"丁真"的博文数据处理

①利用 Excel 的"查找""替换"功能去除高频词汇"丁真"、转发符号"//""@"及无关和无效博文等，并去除转发数和评论数，原因是该数值无法判断出网友的情感色彩。

②去除该博文点赞数、转发博文点赞数，其原因是该博文仅代表博主自身一人的观点，由于博主身份、粉丝数等不同导致其网络影响力不同，因此点赞数不能作为情感词汇的权值参考。表格中无数据的默认为 0。

③仅保留原博文、转发博文，并将其合并为一列作为后期情感分析的文本，经预处理后含关键词"丁真"的有效博文为 689 条，共 47683 个字。

17.4.3 分析过程与结果

1. 粉丝信息数据外部特征分析

根据粉丝性别占比图（见图 17-1）可以看出丁真的粉丝中女性占大多数，而男性数量不到总人数的一半，说明丁真更加吸引女性的关注。

根据粉丝地理位置分布显示，关注丁真的粉丝中来自四川省的粉丝数量偏多，其次是来自江苏省和广东省的，可以看出丁真更加受我国中部和南方人民的喜爱。

2. 粉丝活跃度定性分类处理

粉丝活跃度与粉丝选择关注的方式是否相关对网络营销过程中广告的投放渠道起着指导作用。针对这一问题，根据粉丝聚类结

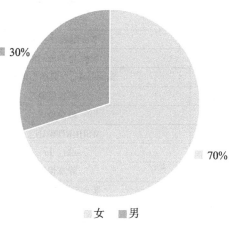

图 17-1　粉丝性别占比

果（见表 17-1）中全部粉丝的关注数、粉丝数和博文数这三个基本属性，采用 K-means 聚类算法对粉丝进行聚类分析，构建粉丝活跃度聚类模型，为上述问题的解决提供依据。

表 17-1　粉丝聚类结果

	最终聚集中心			每一个聚集中的观察值数目		
	聚集			聚集	1	4.000
	1	2	3		2	90.000
关注数	1260	1030	295		3	365.000
粉丝数	25884	476	170	有效		459.000
博文数	2433	1390	356	遗漏		.000

SPSS 中的 K-means 算法根据粉丝自身的关注数、粉丝数、博文数对粉丝活跃度进行分类。经过比较分析，聚类数量为 3 时分类效果最好，根据每个类的类中心位置将这三个类分别

定义为极度活跃粉丝（聚类数量为1）、中度活跃粉丝（聚类数量为2）、普通活跃粉丝（聚类数量为3）。由粉丝聚类结果可得极度活跃粉丝的平均数量约为25884人、平均关注数量约为1260人、平均发博文数量约为2433篇，此类粉丝在微博中极度活跃，不仅自身粉丝众多、积极贡献信息，而且关注的信息广泛，约占整体的1%；中度活跃粉丝的平均数量、平均关注数量及平均发博文数量则分别约为476人、1030人、1390篇，此类粉丝在整体中占比为20%；在整体中占比最多的是普通活跃粉丝，此类粉丝的平均粉丝数、关注数、发博文数量都很少，潜在原因可能是他们更加习惯随意浏览信息，没有太多特别关注的领域或博主，在整个社区分享信息和资源的贡献较少，此类粉丝占总体的79%。根据聚类分析数据集中的QCL_1，在表17－2中对应增加"粉丝活跃度"属性。

表17－2 聚类分析数据集

	昵称	关注数	粉丝数	博文数	QCL_1	变量
25	生命因你而美丽201314	2039	291	13642	2	
26	暗号005	138	353	2566	3	
27	莫不静好91001	105	2	212	3	
28	崔佳巧克力	246	60	193	3	
29	Wui嗨嗨小可爱	89	53	9	3	
30	妮妮儿Friday182	144	2	4	3	
31	Superlucky一只小小柚子	6	4	60	3	
32	一剑长生梦	496	17	105	3	
33	噩桧兽	122	12	0	3	
34	WSHUKITWAN_	616	739	281	3	
35	suki_ Ju	422	1236	39	3	
36	静享悦	1180	412	2245	3	
37	装文艺的2B青年	824	455	1004	3	
38	板栗囧	488	69	537	3	
39	bobooo_ cheung	870	65	5	3	3
40	林擒汐酱	84	27	27	3	
41	心动梅子了嘛	950	22564	2219	1	
42	一米阳光－G	370	37	7	3	
43	雪清然的微博	313	61	0	3	
44	小茶不爱喝茶呼呼	1888	213	5585	3	
45	snowmoon2005	345	3	58	3	

3. 单因素方差分析

去除表中地址和关注方式为空的记录，保留有效数据446条作为最终数据源。设置关注方式为因变量，已知丁真的主页链接可通过个人主页、他人转发、热门微博、微博正文、微博推荐及微博视频的方式出现在用户主页上，然后用户再选择是否关注他，因此将该变量定义为"被动关注"；微博搜索则是用户在自身主页发起ID搜索，具有较强的目的性，因此将该变量定义为"主动关注"。

把影响关注方式的因素分为三类——性别、地址是否为四川和粉丝活跃度。其中，性别选项包括女和男，地址是否为四川的选项包括是和否，粉丝活跃度选项包括极度活跃粉丝、中度活跃粉丝和普通活跃粉丝。由于这些影响因子属性在线性回归分析过程中无法具体量化，因此将上述解释变量都归结成定性变量，利用 SPSS 采用单因素方差分析来判断这些因素对关注方式是否有显著影响（见表 17-3）。

表 17-3 变量符号、变量名称和赋值

变量符号	变量名称	赋值
Y	关注方式	主动关注 = 1；被动关注 = 0
X_1	性别	女 = 1；男 = 0
X_2	地址是否为四川	是 = 1；否 = 0
X_3	粉丝活跃度	极度活跃 = 1；中度活跃 = 2；普通活跃 = 3

首先进行前提条件验证，对各个样本的抽取是否是随机的及样本之间的独立性，无须采用专门的统计方法进行验证。随机性指为保证样本具有较高的代表性，在抽取过程中以非零的概率从总体中抽取样本作为研究对象，且每个样本都是已知的；而独立性指在不同的总体中抽取不同的样本，样本之间互不影响。对于这两个条件，本案例是能够在抽取过程中保证的。利用 K-S 检验和方差同质性检验对各个样本进行总体验证，可得样本均服从正态分布并且方差是齐性的。

单因素方差分析的初步结果如下：

基于单因素方差分析，以性别为例，通过检验结果，分析粉丝的性别与关注方式是否存在显著性差异。其原假设为不同性别样本对关注方式不存在显著性差异，在渐进显著性水平小于显著性水平 0.05 时，拒绝原假设，否则接受原假设。单因素方差分析结果如表 17-4 所示。由表 17-4 可知，性别的显著性水平小于 0.05，故拒绝原假设即认为在不同性别样本会对关注方式表现出显著性差异。同理可得，地址是否为四川也会对关注方式产生显著性差异。而活跃程度渐进显著性水平明显高于显著性水平 0.05，因此不同活跃程度对关注方式不会表现出显著性差异。

表 17-4 单因素方差分析结果

来源	第三类平方和	df	平均值平方	F	显著性
修正的模型	87.659[a]	4	21.915	458.549	.000
截距	7.358	1	7.358	153.952	.000
地址	5.522	1	5.522	115.537	.000
活跃程度	.084	2	.042	.882	.415
性别	19.979	1	19.979	418.052	.000
错误	20.598	431	.048		
总计	236.000	436			
校正后总数	108.257	435			

a. R^2 = .810（调整的 R^2 = .808）

4. 微博话题数据分析

利用集搜客自带的分词软件进行分词打标,得出的微博话题数据分词结如表17-5所示。

表17-5 微博话题数据分词结

标签词	词频	词性	标签词	词频	词性
四川	82	名词	家乡	58	名词
甘孜	54	名词	旅游	43	动词
走红	43	动词	藏族	39	名词
西藏	33	名词	流量	27	名词
理塘县	25	名词	喜欢	22	动词
少年	21	名词	国企	20	其他
珍珠	19	名词	云南	19	名词
拒绝	18	动词	藏语	18	其他
宣传	18	动词	纯真	17	形容词
欢迎	16	动词	中国	15	名词
美丽	14	形容词	北京	14	名词

为了使数据呈现的效果更加清晰和直观,根据标签词的词频绘制词云图(见图17-2),词频越高图中词汇越大。

图17-2 微博话题数据分词词云图

从图17-2中看出分词结果主要分成以下三类:一是地区,与丁真关联话题中出现最频繁的关键词是四川,说明他为当地文化旅游业话题带来不少热度,其家乡理塘借助这一流量,在互联网营销加持下打通了旅游的破位之路。除此以外,西藏、云南、北京等地区皆出现在话题中,与丁真的联系能够带动当地旅游业发展。二是对丁真的外貌描述,大部分用词集中在纯真、纯净这类形容词。说明他干净清澈的长相深入人心,颇具特色,是微博用户争相讨论的热点话题。三是微博用户为丁真贴上的身份标签,如男朋友、哥哥等亲昵称呼,充分表达了网友对其的喜爱之情。分词网络关系图如图17-3所示。从图17-4中可以看出词汇之间关系复杂且紧密，与"四川"关联的词汇呈多样化，大部分相关内容是其他省市地区，说明在微博话题中丁真成为一些地方文旅部门、网红公司"抢夺"的对象，针对他的过度"消费"也悄然而至。

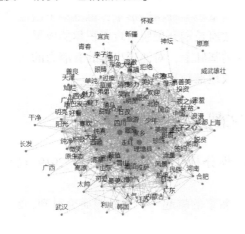

图17-3 分词网络关系图

图17-4 与"四川"有关的词汇

5. 含关键词"丁真"的博文数据分析

通过分析含关键词"丁真"的博文数据，可以得出正面情感926条，负面情感354条，中性情感1704条，占比如图17-5所示。可见微博用户对丁真的大部分评价属于中性，即粉丝保持不捧也不踩的态度。其次，正面评价数量是负面评价数量的两倍多。总体上微博用户并非都是狂热追捧，大多数人对丁真的爆红还是采取中立态度。

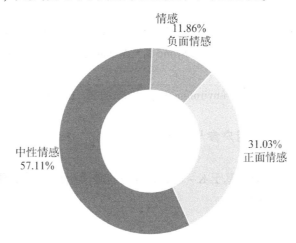

图17-5 含关键词"丁真"的博文数据情感占比图

17.5 本章小结

网络技术的发展让个人成为"网红"不再是难事，自媒体的迅速强大让每个人都能成为发言人，都有机会成为"主角"。同时大众媒体在网络营销时，若能主动满足群体的审美和偏好，或许会引起大众尤其是年轻人的广泛关注和普遍参与。

另外，利用流量资源可借机盘活当地的旅游资源。随着自媒体带来的流量收益、推广带货等营销经济的涌入，理塘这个位于四川西部甘孜州的县城通过《丁真的世界》备受关注，各省文旅官博纷纷下场发起了"抢人大战"，借助网络话题推介本地旅游资源。各级政府也充分运用短视频弘扬民族特色文化和自然风光，不但重塑了理塘的形象，也重塑了当地政府的形象。丁真走红是意外，但理塘的走红却是当地政府长期开展脱贫攻坚积累的成果。我们应时刻注意网络对地区发展的重要性，在积极引导的基础上，对涌现出来的有潜力的宣传热点，要及时跟进且时刻保持敏锐的嗅觉，从而更高效地推动当地的发展。

本章参考文献

[1] 王美丽. 我国网红经济的发展现状和趋势分析［J］. 时代金融，2019（35）：107-108.

[2] 张婧远. 从"丁真走红"看新媒介赋权下平民叙事的崛起［J］. 新闻研究导刊，2021，12（08）：35-37.

[3] 隋岩，曹飞. 论群体传播时代的莅临［J］. 北京大学学报（哲学社会科学版），2012，49（05）：139-147.

[4] 孙美玲，王倩颖. 政府、媒体与公众的多重互动：政务短视频的营销传播策略分析——基于丁真走红事件的个案考察［J］. 北京航空航天大学学报（社会科学版），2021，34（02）：46-52.

[5] 时已卓. 反抗、呼唤、批判与投射——丁真走红的情感逻辑分析［J］. 青年记者，2021（06）：107-108.

[6] 李海敏. 李子柒短视频走红海外的思考［J］. 电视研究，2021（01）：52-54.

[7] JAIN A K. Data clustering:50 years beyond K - Means[J]. Pattern Recognition Letters,2010, 31(8):651-666.

[8] TAYLOR R S. Information use environments[J]. Progress in communication sciences 10,1991, 55:217-255.

[9] 殷猛，李琪. 微博话题用户参与动机与态度研究［J］. 情报杂志，2016，35（7）：101-106.

[10] 高迎，闫绍山，侯小培. 基于K-means聚类的微博用户活跃度研究［J］. 管理观察，2018，38（10）：88-89.

第18章 "准社会交往"原则下网红受欢迎的原因分析——基于丁真微博数据

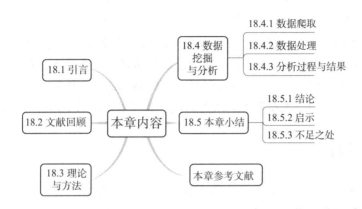

摘 要

如今网红经济的发展十分迅猛，研究网红走红的原因具有极强的现实意义。本案例基于"准社会交往"原则，用八爪鱼爬取了网红"理塘丁真"的微博数据，并用Jieba对爬取的评论进行词频和情感分析，再结合不同评论的点赞数目，分析得到丁真深受网友青睐的原因。研究发现，网友大都被网红丁真的颜值吸引，其次是其异于其他网红淳朴天真的特质。首先，这一研究有助于人们更好地理解网红这一特殊职业，对网红经济有更深入的认识；其次，本案例以丁真为例，挖掘了网红流量的特点，为网红的营销提供决策支持，为网红如何更好地吸引流量提供建议；最后，基于本案例的研究，对当代青少年盲目崇拜网红、甚至辍学当网红的乱象提出解决措施。

关键词：准社会交往；网红走红；网红经济

18.1 引言

2018年中国网红经济发展洞察报告显示，粉丝规模在10万人以上的网络红人数量持续增长，较去年增长了51%，其中粉丝规模超过100万人的头部网红增长率达到了23%。网红经济的持续发展在社会各方面都有着相当的冲击力，而随着互联网的高速发展及信息交流和传播速度的提升，普通人也可以摇身一变成为网红。网红是互联网时代下的产物，与过去的传统媒体相比，线上媒体传播有快速、便捷、定向等优点。社交媒体、短视频软件及各大直播平台的涌现为网红经济的崛起提供了各具优势的媒介，热搜、评论数目、点赞数目及转发数目等流量指标都对网红们的走红起着重要作用。由于某位网红的爆火在一定程度上代表着社会大众在审美与品味上的趋同，探究其受大众关注的原因，对个人、企业、政府来说都具有极强的现实意义。

为此，本案例通过爬取近期具有代表性的网红"理塘丁真"的微博评论来分析其受大众欢迎的原因，丁真在 2020 年因为几张照片在互联网爆火，微博粉丝数蹿升至 180 万人，是典型的研究个案。本研究首先使用 Jieba 处理爬取的评论，再对其进行词频和情感分析，最后结合其对应的点赞数目得出结论。研究丁真为何在互联网上深受青睐不仅可以更好地从中剖析网友的心理特点，也对网红群体有现实的借鉴意义。

在已有的研究文献中，大多将网红的发展阶段划分为三个：（1）网红 1.0 时代。即最早的安妮宝贝、韩寒、郭敬明等 BBS 各大论坛的网红写手，他们的写作和语言风格与传统文学迥然不同，但与当时自由开放的网络环境相适应，受到网友的推崇和欢迎。（2）网红 2.0 时代。互联网进入了以图文为主的流量红利"黄金发展期"，以芙蓉姐姐为代表的一部分人凭借其与众不同、吸人眼球的形象博得大众的关注和喜爱。（3）网红 3.0 时代。视频与直播的天下，在 4G 和无线网络、智能移动设备终端兴起的背景下，在线直播和视频开始成为一种更易生产和输出内容的社交娱乐载体，以 Papi 酱为代表的视频博主及各大直播平台的博主在互联网上获得了大批粉丝，成为人们在泛娱乐化背景下消磨碎片时间的新模式。

18.2　文献回顾

沈宵和杨国华等认为国内对网络红人的现有研究主要分为三类：一是网红的传播学分析，二是网红的商业化分析，三是网红的问题分析。这三类研究大都从网红自身出发，分析新时代背景下网红出现的原因，结合互联网背景下新媒介平台的兴起，与一些具体个案的分析，对如何提高网红个人的素养进行相关建议。较少研究结合大数据对网红数据进行分析，并深入探讨网红的哪些特质具有吸引巨大流量的潜力。因此，本案例在研究方法上具有一定的创新性。

在研究网红经济及网红文化的现有文献中，沈宵、王国华等较好地总结了我国网红的发展历程和特征，通过内容分析方法对网红这个特殊身份进行了解读，但其视角偏向于在时代背景下分析网红的整体发展，并未进一步挖掘网友的社会心理，导致对受众网友的心理特征缺乏进一步了解。敖鹏的研究梳理了网红文化兴盛的原因，并且指出了这种互联网文化背后的社会心理，但缺少对个案的研究和剖析，无法使大众理解网红文化产生强大吸引力的作用机理。因此，从网红典型个例出发，利用大数据分析得出的网红个人特质，对反映碎片化时代下受众的心理需求显得十分重要。

18.3　理论与方法

本案例采用准社会交往准则作为理论支持。准社会交往，又被译作类社会交往、拟社会交往等。1956 年，心理学家霍顿和沃尔在《精神病学》中的一篇论文中提出，准社会交往原则用以描述媒介使用者与媒介人物的关系，意指某些受众特别是电视观众往往会对其喜爱的电视人物或角色产生某种依恋，并发展出一种想象的人际交往关系。这种关系有别于现实生活中的社会交往行为，又与之相类似，是一种想象的、单向的关系。鲁宾等认为准社会交往指"个体为了满足自己的人际沟通的需要而通过媒体与媒体中的角色、内容等发生的有明确目标导向的行为"，个体与媒体角色之间最终会形成很强的关系纽带。本案例基于准社会交往原则对网红与粉丝之间的依恋关系进行分析，而不是仅仅关注于网红个体的发展历程或粉丝单向对网红输出内容的消化，研究角度较新颖。

18.4 数据挖掘与分析

18.4.1 数据爬取

本案例使用八爪鱼采集器爬取网红"理塘丁真"的微博评论共1444条，以及对应的粉丝名称、点赞数目和回复数目，爬取的评论文本用以分析粉丝对丁真的情感倾向及依恋关系，对应的点赞数目和回复数目用以判断粉丝最认同的情感倾向和依恋关系。在微博评论机制中，评论下的点赞数目和回复数目在一定程度上可代表粉丝最认可和最关注的观点。

18.4.2 数据处理

本案例用 Excel 对从八爪鱼导出的数据进行数据预处理，去除表情符号、微博表情及重复字符。去除无效数据103条后（无效数据主要包括微博表情和符号等），共保存了1341条有效评论。使用 Python 的 Jieba 库对预处理后的数据进行分词。在分词过程中，由于评论中存在一些饭圈用语和缩写如"爬墙""yyds""yysy"等，人为添加了部分词来提高分词的准确度，采用哈工大的停用词表去除停用词后，仍存在年份、英文字符等，在停用词表中添加了部分停用词。

18.4.3 分析过程与结果

本案例使用词频分析，去除"我""你""的""是""了"和"不"等不具备感情色彩及分析意义的字。并用 WordCloud 库生成了剔除后的微词云图，如图 18-1 所示。此处反映了准社会交往原则中受众对自己所喜爱的对象产生依恋并发展出一种想象的人际交往关系的现象，在丁真的

图 18-1 剔除后的微词云图

微博评论里，大部分粉丝产生了这种想象中的人际关系；其中，"老公"一词共出现了231次，这种现象与当下互联网的饭圈狂潮有关，在粉丝与爱豆的互动里，粉丝称爱豆为"老公""男朋友"，甚至粉丝自称是其爱豆的妈妈粉也已是常态。在描述外貌的词汇中"帅"共出现了192次，"帅气"共出现了108次，"眼里有光""眼神好清澈"等共出现了54次。与此同时，本案例找出了前十条与"帅""帅气"相关的微博评论，总点赞数目为182153次；与"眼里有光""眼神好清澈"等描述相关的微博评论总点赞数目为12120次，相比丁真其他方面评论的点赞数目遥遥领先。

18.5 本章小结

18.5.1 结论

从以上数据，我们得出如下结论：当下网友主要还是被丁真的颜值吸引，目前网红最具杀伤力的武器仍是颜值。但与以往不同的是，丁真的外貌特征和气质与其他网红不同。在当下的互联网环境下，一方面，丁真的爆火不仅给他自身带来了流量，还拉动了他的家乡理塘的旅游业发展。自丁真爆火以来，理塘的百度搜索指数明显随着丁真的流量变化而变化，如图18-2所示。另一方面，由于丁真不同于一般网红的生活环境，他在网友心中具有未经世事、单纯天真的少年形象，这激发了网友的共情和保护欲。事实上，丁真的走红与运气及资本运作也有一定的关系，但不作为本案例的讨论内容。

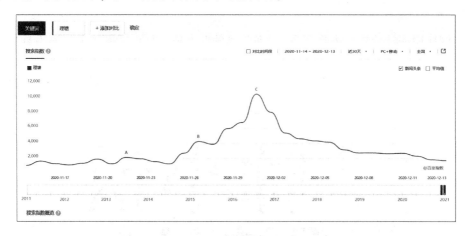

图18-2 理塘的百度搜索指数

18.5.2 启示

本案例带来的启示有以下三点。

（1）帮助网友更加理性全面地看待网红经济：目前，各网红饭店、网红景点及网红酒店成为热点，网红直播带货也如火如荼；但丁真作为一个正能量的网红，拉动了地区旅游业和经济的发展，这说明网红除了自营品牌和直播带货等途径外还可以有更高维度的贡献。但与此同时，网红经济显示出的是消费社会逻辑下的丰盛和繁荣，对网红疯狂追捧并被指导式购买的受众应该警醒，应该做出更加理智的判断。而网红仍需创新内容、持续输出符合时代发展的理念。

(2) 对各 MCN（Multi-Channel Network，即一种多频道网络的产品形态）有可借鉴之处：丁真的走红对于各 MCN 来说是一个不错的案例，丁真在一定程度上反映了网友的审美取向，从一开始的"网红脸""白幼瘦"到如今接受度较高的审美水平，说明网友的包容度在增加。另外就是一定要打造鲜明的个人风格，并要重视个人风格的鲜明性，丁真纯净天真的特质容易给网友耳目一新的清新感。打造鲜明的个人风格容易让消费者产生猎奇的心理，更容易吸引粉丝及流量。

(3) 对青少年的教育：从丁真身上我们可以看出，大多数网友对丁真的青睐始于颜值，这与如今饭圈粉丝的疯狂追星行为十分类似。青少年心智尚不成熟，容易被引导而花费大量时间、精力甚至金钱在追星上，借此寻求精神的慰藉，大量网红走红容易给青少年造成消极影响，如部分青少年辍学当网红等。因此，应更注重青少年的素质教育，引导青少年多读历史、文学等经典作品，帮助他们完善健康的价值观，找到真正能够支撑他们的内在精神支柱。

18.5.3　不足之处

(1) 本研究爬取的数据不足，只有 1444 条，并且只爬取了微博这一平台的数据，说服力不够，日后的研究应扩大数据量，拓宽数据来源，使结论更科学。

(2) 本案例在某些地方还不够严谨，例如，在分析丁真受青睐的原因时简单地将原因分为颜值和与众不同的淳朴天真的特点，没有考虑其他原因，如网友盲从、资本及舆论的引导等；同时，将微博评论的点赞数目作为网友关注丁真的重点衡量指标不够严谨，日后的研究应做更多更深入的调查来了解网友的真实想法。

本章参考文献

[1] 孟陆，刘凤军，陈斯允等. 我可以唤起你吗——不同类型直播网红信息源特性对消费者购买意愿的影响机制研究 [J]. 南开管理评论，2020，23（1）：131-143.

[2] 敖鹏. 网红为什么这样红——基于网红现象的解读和思考 [J]. 当代传播，2016，(4)：40-44.

[3] 中国网红经济发展洞察报告 [R]. 北京：艾瑞咨询系列研究报告，2018.

[4] 沈霄，王国华，杨腾飞等. 我国网红现象的发展历程、特征分析与治理对策 [J]. 情报杂志，2016，35，(11)：93-98，65.

[5] 2020 年微博第三季度财报 [R]. 北京：新浪微博，2020.

[6] HORTON D, WOHL R R. Mass communication and para-social interaction: Observations on intimacy at a distance[J]. Psychiatry,1956,19(3):215-229.

[7] RUBIN A M, PERSE E M, POWELL R A. Loneliness, Parasocial Interaction, and Local Television News Viewing[J]. Human Communication Research, 2010, 12(2):155-180.

[8] GILES D C. Parasocial Interaction: A Review of the Literature and a Model for Future Research [J]. Media psychology,2002,4(2):279-305.

第 19 章 基于粉丝经济理论对消费者购买行为影响因素的分析

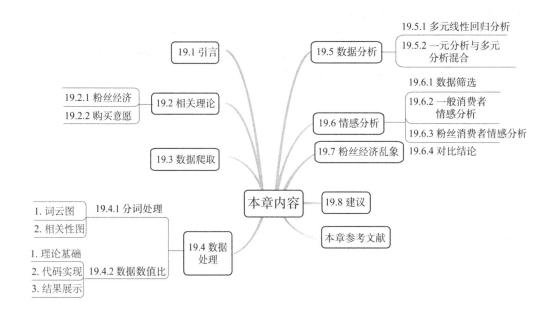

摘　要

本案例以淘宝网"纯甄"酸牛奶商品评价为调查样本,利用 Python 爬取淘宝用户评论内容,并将评论内容数值化,进而对影响消费者购买行为的因素(如代言人、价格等)进行分析研究。通过对消费者购买行为影响因素的分析,以期明晰在粉丝经济时代背景下影响消费者购买行为的原因及粉丝消费模式。研究发现,在众多影响因素中,代言人对消费者购买行为影响最大,由粉丝群体驱动的消费占比较高,且大多数粉丝因代言人对产品给出了极高的评价。

关键词：粉丝经济；购买行为；粉丝消费

19.1　引言

随着文化娱乐产业的不断发展,大量艺人出现在大众眼前,获得关注并吸引流量,进一步发展便产生了粉丝经济。

如果能合理利用粉丝经济理论,就可以带来积极的影响：对商家来说,利用粉丝经济可以帮助商家销售商品；对于明星来说,粉丝经济可以提高其商业价值,使其有更多被大众注意到的机会；对粉丝来说,参与到明星的发展过程中,见证偶像的成长会给粉丝带来满足感。

但如果未能合理利用粉丝经济，那么就会带来消极的影响：某选秀节目的粉丝为了支持自己喜欢的明星成团出道，大量购买包装上印有为明星选手投票的二维码的牛奶，甚至不惜倒奶投票。"倒奶事件"反映了粉丝经济的乱象，粉丝经济所带来的负面影响也引起了广泛思考。

那么粉丝经济可以在多大程度上影响消费者的购买行为呢？本案例基于粉丝经济理论研究了消费者购买行为的影响因素，通过爬取有明星代言的商品评论中的 2355 条评论来研究不同因素对消费者购买次数的影响，并通过回归分析研究消费者的购买行为是否与明星代言人有关、是否会受其他因素影响及不同因素对消费者购买行为的影响程度等相关问题。并通过情感分析对比了粉丝与非粉丝对同一商品的评价，总结出粉丝经济给商家带来的启示与机会。

19.2 相关理论

19.2.1 粉丝经济

随着新媒体和互联网的发展，催生了粉丝经济这一新型经济模式，以粉丝为主体的粉丝经济迅速发展。粉丝经济是指架构在粉丝和被关注者关系之上的经营性创收行为，是一种通过提升用户黏性并以口碑营销形式获取经济利益与社会效益的商业运作模式。粉丝经济对于粉丝、明星、商家都有重要意义。

以前，人们对艺人的容貌、演技、品德等方面都有着较高的要求。但如今，青少年粉丝群体注重在艺人成长过程的参与性、伴生性，而对艺人的演技、品德等方面的要求有所降低。

在粉丝经济理论的影响下，海量粉丝参与到艺人公共形象的运营活动中，艺人和粉丝正日益结成一荣俱荣、一损俱损的利益和情感联合体，前者需要流量的支撑形成影响力，后者则使尽浑身解数为前者提供足够的消费保障。粉丝群体在一定程度上已成为左右艺人前途命运的重要力量。

19.2.2 购买意愿

购买意愿是指消费者愿意采取特定购买行为的概率高低。Mullet 认为消费者对某一产品或品牌的态度，加上外在因素的作用，构成消费者的购买意愿，购买意愿可视为消费者选择特定产品的主观倾向，并被证实可作为预测消费行为的重要指标。

购买意愿是消费心理活动的内容，是一种购买行为发生的概率。购买意愿与购买行为的关系也被大多数学者所肯定，普遍认为购买意愿能够用来预测消费者的购买行为。

消费者的购买意愿是其购买行为的基础，研究消费者购买意愿的影响因素，从而得出对购买行为影响较大的因素，商家可以利用研究结论来增加商品的销量，并可以用来预测消费者的购买行为。

19.3 数据爬取

用 Python 爬取淘宝用户评论，处理过程如代码清单 19-1、代码清单 19-2、代码清单

19-3、代码清单19-4和代码清单19-5所示。

代码清单19-1　导入

```
import requests
import re
import time
import xlwt
```

代码清单19-2　设置爬取网站请求头

```
#设置请求头
#存放评论的实际url
url = 
'https://rate.tmall.com/list_detail_rate.htm?itemId=643592322198&order=3&currentPage=1&append=0&content=1&tagId=&posi=&picture=&groupId=&' \
'ua=098%23E1hvJQvWvRhvUvCkvvvvvjiWPFMOlj38n2My6j3mPmPZ6jEjRFd90jibRLd90jn839hvCvvhvvvRvpvhvv2MMq9Cvm9YopMF5p9CvhQUscpvCATQD7zhdBvpvEvvkL9' \
    '5X0vj2p9vhv2Hiwevv2zHi475aQzs9Cvvpvvvvv&needFold=0&_ksTS=122365291' \
    '709_417&callback=jsonp418'
headers = {
    'referer': 'https://detail.tmall.com/item.htm?spm=a1z10.3-b-s.w4011-23417646968.77.310d4ebeq9WceY&abbucket=3&skuId=4806098831898',
    'user-agent': '#将自己浏览器的User-Agent填入',
    #将自己浏览器的cookie填入
    'cookie': ''

'existShop=true&cookie15=VT5L2FSpMGV7TQ%3D%3D&cookie21=VT5L2FSpdet1EftGlDX54Q%3D%3D&cookie14=Uoe2zs8JBIe4EQ%3D%3D; '

' 40FY4Paw%2BzW%2FuWoe%2BFekWAkWZsmnpPvA%3D%3D; cookie1=WvWdsasjnfe%3dfegerreveethyjmiui09ZrU%2FrUGxtoNs%2BhdQ%3D%3D; '
            'sg=77b; csg=122d4901; '
enc=AXoJQULhTZIYAAAAHckVYIBZv1zCf0XUiL9c38ING4%2B%2FUc3cZMVWJJUIC..; '

'l=eBEPLkEqOcAn51yXBOfwourza77t-IRf_uPzaNbMiOCP961M5v4hW6OrR08HCnGVHs9eR37vCcaaBuY6YyIVokb4d_BkdlonndC..; '

'isg=BJaWOquE6qenQOG_0DhNCbbI50yYN9px4RIIjAD_ynkWwzddaMUygfT1W18v7NKJ',
}
```

代码清单19-3 正则表达式筛选

```python
#对于爬取的数据利用正则表达式筛选
data = requests.get(url, headers=headers).text
pat = re.compile('"rateContent":"(.*?)","fromMall"')
texts = []
```

代码清单19-4 爬取多页数据

```python
#爬取多页数据
for n in range(1,30):
    url = 'https://rate.tmall.com/list_detail_rate.htm?itemId=643592322198&order=3&currentPage=' + str(n) + \
    '&append=0&content=1&tagId=&posi=&picture=&groupId=&ua=098%23E1hvJQvWvRhvUvCkvvvvvjiWPFMOlj38n2My6j' \
    '3mPmPZ6jEjRFd90jibRLd90jn839hvCvvhvvvRvpvhvv2MMq9Cvm9YopMF5p9CvhQUscpvCATQD7zhdBvpvEvvkL95X0vj2p9vhv2' \
    'Hiwevv2zHi475aOzs9Cvvpvvvvv&needFold=0&_ksTS=122365291'
    time.sleep(3)
    data = requests.get(url, headers=headers).text
    texts.extend(pat.findall(data))
```

代码清单19-5 存为Excel文件

```python
#存为excel文件
a = int(len(texts))
book = xlwt.Workbook(encoding='utf-8', style_compression=0)
sheet = book.add_sheet('评论', cell_overwrite_ok=True)
sheet.write(0, 0, '评论')
for i in range(0, a):
    sheet.write(i + 1, 0, texts[i])
savePath = 'E:/pythonProject/paChong/总评论.xls'
book.save(savePath)
```

爬虫部分结果展示如图 19-1 所示。

2	粉丝永远支持艺人a! 第一次买纯甄,没想到口感特别好,真真实实的果粒而不是类似果冻的合成品,甜度刚刚好也不过分粘稠,特别喜欢!
3	此用户没有填写评论!
4	粉丝支持艺人a! 已多次回购了,很喜欢这个口味,好喝不腻! 朋友要给我买酸奶,我也要纯甄的,因为附近超市没有藜麦的,所以买了轻酪乳的
5	cpcp粉丝支持艺人a! 好喝! 第N次回购! 宝贝超级喜欢! 只要艺人a代言会一直支持下去!
6	果粒饱足,味道不太甜,酸奶味很好喝,日期是5月的,我和孩子都喜欢喝。换购的也不错,日期是4月20,五星好评! 粉丝支持艺人a
7	包装品质: 包装很好 没有损坏 外观品相: 打开看到艺人a 真好 代言人艺人a真的太帅了 送了艺人a的海报 艺人a粉丝 cp粉 支持艺人a
8	尊贵的cp粉大人前来支持纯甄支持艺人a啦! 不得不说,黄桃藜麦实在太好喝了,根本停不下来,我一天能喝四瓶😂😂纯甄爸爸还给我送了海报
9	cp粉丝cp粉来啦, 黄桃好好喝! 买了很多次了,喜欢代言人艺人a,上次买也是这个边缘,喜欢~外箱印了艺人a照片,不舍得扔啊
10	平常不爱喝酸奶的,但是这个很喜欢! 味道很好! 喝完再来! cp粉丝cp粉支持艺人a
11	哈哈哈,儿子帮我拆快递,然后大叫:“妈妈 你的艺人a代言的!”这个好喝,我俩很喜欢!我是谁?我是可爱迷人的cp粉姐姐~
12	cp粉丝支持艺人a艺人a! 今年的酸奶和纯牛奶被蒙牛承包了,谁让品牌眼光好,请了大小宝当代言人嘛!
13	cp粉丝cp粉支持艺人a, 本来想拍一个弄好的纯燕麦片(加一点酸奶粒燕麦片调和味道)再加酸奶的,结果吃完了才想起来😂 也许是纯甄太好吃了
14	粉丝支持艺人a给自己的儿童节礼物非常完美 一直很喜欢喝纯甄的黄桃口味嘻嘻 艺人a代言了锦上添花
15	果果支持艺人a, 不会很甜非常好喝,还特别用心在另外寄了海报过来非常感谢,开心,喝完再来!
16	cp, cp粉支持艺人a! 减糖后更喜欢啦,清爽不腻,没有负担感,很适合我现在减肥喝嘟嘟,祝纯甄大卖!
17	艺人a的粉丝cp为代言人而来,无限回购,家里就认准这款酸奶了。
18	cp粉支持艺人a, 不是很甜很好喝,一直在等周边复购,买之前问了客服小姐姐很多次了都没有活动,实在等不下去,谁知道下单后马上有618活动 支持蒙牛!!!
19	宝贝很喜欢,口味很纯正,支持哥哥。
20	酸奶味道真心不错,孩子也喜欢喝,还送了海报。cpcp粉支持艺人a!
21	艺人a粉丝cp粉前来支持代言人! 这款酸奶也是我家的常备了,泡欧扎克麦片真的超级美味
2150	日期新鲜,口味符合自己的要求,挺好喝的,也不知道算不算最便宜,反正自己喜欢就行啦
2151	爱了爱了 支持!
2152	品质很不错✋,性价比比较高的的商品🎁,喜欢的亲可以直接下手不要犹豫哦♥
2153	已是多次回购,酸奶真的很好喝,最开心的还是有艺人a的海报! 粉丝永远支持艺人a!
2154	618比平时划算多了,但味道还是那么好,配gg的麦片特别美味
2155	帅呆了
2156	买了多次了,这个味道真的好,很喜欢里面的黄桃和藜麦! 粉丝支持艺人a
2157	cp粉姐姐为艺人a而来,感谢品牌,代言人超帅,酸奶特别好喝,一直回购,一直支持!
2158	最爱艺人a代言的产品,品质都很好~酸奶真的好好喝,已经第二次回购了~
2159	cpcp粉支持代言人艺人a!! 减糖的酸奶喝起来甜度刚刚好
2160	好喝,黄桃,藜麦,酸奶的美妙组合! 粉丝支持艺人a
2161	支持艺人a 还是买来泡欧扎克麦片的,我就是觉得这两样搭配的非常好!
2162	cp cp粉为艺人a而来 酸奶很好喝 每天一瓶 一家三口 分钟就快干完了 下次继续回购
2163	酸奶很好喝,真的甜度适中,尊贵的cp**大人下凡支持艺人a
2164	口感味道: 真的很好喝 冰一下比常温更好喝 能吃到藜麦 cp粉支持艺人a 祝纯甄大卖
2165	特别稀,水一样的不像酸奶, 酸奶该有一定的醇厚感,另外甜的有点腻。
2166	耶耶耶!!! 俺们尊贵的cp粉大人来支持啵啵的代言!!!! 超级超级好喝的味道!!!!! 俺爱了俺爱了俺爱了!!!
2167	酸奶好喝甜度适中,尊贵的cp**大人下凡支持艺人a
2168	好喝是真的好喝,原价也是真的不便宜,艺人a粉丝再次支持他!
2169	cp粉支持艺人a代言! 无限次回购啦! 最喜欢这个口味的,代言人海报超帅!
2170	cp粉为艺人a而来~支持纯甄! 又来囤货啦~这次送的海报大卡好帅!
2171	纯甄黄桃藜麦酸奶真的好喝,已经买了第五箱了,cpcp粉支持艺人a

图 19-1 爬虫部分结果展示

19.4 数据处理

19.4.1 分词处理

1. 词云图

根据 19.3 节爬取的淘宝用户评论数据,本案例利用集搜客工具,进行分词处理并绘制出词云图,如图 19-2 所示。

通过词云图可以很清楚地发现,最明显的词为"艺人 a""好喝",其次为"CP 粉""味道""不错""喜欢"等,由此引发思考:"代言人""产品口感"因素是否会影响消费者的购买意愿和购买次数;同时,词云图中还出现了"实惠""物流""外观好看""客服很好"等词,可以探究消费者的购买次数是否会受到"价格""物流""外观""客服"等

图 19-2　词云图

因素的影响。

2. 相关性图

依据上述词云图分析,我们假设:消费者购买次数的影响因素为"代言人""产品口感""外观""价格""物流"及"客服"。

本案例使用集搜客工具制作了有关词语的相关性图,相关性图——全部结果如图 19-3 所示。

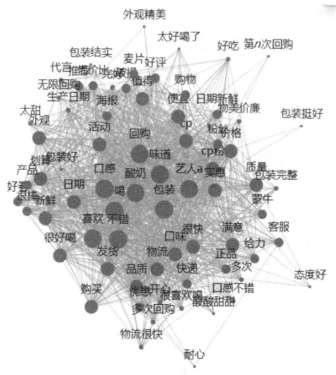

图 19-3　相关性图——全部结果

从图 19-3 中可以看出词语之间的连线较复杂，说明词语之间具备一定相关性，各影响因素之间可能并不独立、会相互影响。

例如，图 19-4 为词语"艺人 a"（代言人）的相关性分析图，可知与该词相关的词语有 66 个，如"味道""外观""物流""优惠"等，这些词语对应除"代言人"外的其他五个因素，即"代言人"因素与"产品口感""外观""价格""物流"及"客服"因素之间是具备相关性的，因此应将"代言人"因素单独与消费者购买次数进行分析。

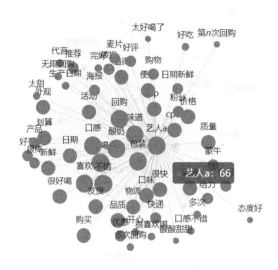

图 19-4 词语"艺人 a"（代言人）的相关性分析图

19.4.2 数据数值化

1. 理论基础

依据上述分析与问题假设，在分析数据并得出结论前，需要对爬取的原始数据进行处理；而因为原始数据是淘宝用户评论，所以不能直接进行分析，需要将其数值化。

结合上述假设：消费者购买次数的影响因素为"代言人""产品口感""外观""价格""物流"及"客服"，为了便于后续的数据分析，需将影响因素进行量化处理。

量化指标采取如下步骤。

（1）对原始数据进行分词操作——自定义词典

使用 Python 对原始数据进行读取并分词，因为机器的分词效果过于零散，甚至有的本应为一个词语的数据也被分成了两个汉字，而且考虑到之后数值化的需要，所以采用自定义词典的方法，对每一条评论进行分词，自定义词典如图 19-5 所示。

（2）将文字转为数字的规则

①一个用户的评论相当于一条数据。

②依据分词结果和影响因素对词语进行分类，共分为六类。

- 代言人：艺人 a、粉丝、CP 粉、CP
- 产品口感：好喝、很好喝、日期新鲜、口感不错、酸酸甜甜
- 外观：外观好看、外观精美
- 价格：便宜、实惠、优惠、物美价廉

图 19-5 自定义词典

- 物流：物流很快、包装结实、破破烂烂
- 客服：客服很好、服务周到

③将每一条评论转化为数值。

针对上述分类，给予每个分类1~5之间的数字，作为用户对产品的评价指标，即将用户的评论内容转化为相应的评分。

针对每一条评论分词后的结果分析：是否出现了上述六个分类中的词语，并按照如下规则设置单元格值。

- 设置单元格的默认值分别为：代言人为3、产品口感为3、外观为3、价格为3、物流为3、客服为3、购买次数为1（即若用户评论中没有提到上述六个分类中的词语时的默认数字）；
- 用户评论提到代言类词语"艺人a""粉丝"则将单元格设置为数值1，提到"CP粉""CP"则设置为2；
- 用户评论提到口感类词语"很好喝""太好喝了"则将单元格设置为数值1，提到"好喝""日期新鲜"等则设置为2，提到"太甜"则设置为5；
- 用户评论提到外观类词语"外观精美""外观好看"则设置为1；
- 用户评论提到价格类词语"便宜"则将单元格设置为数值1，提到"优惠""实惠"等则设置为2，提到"有点贵"等则设置为5；
- 用户评论提到物流类词语"物流很快"则将单元格设置为数值1，提到"包装结实""包装完整"等则设置为2，提到"破""破烂"等则设置为4，提到"破破烂烂"则设置为5；

- 用户评论提到客服类词语"耐心""服务周到""客服很好"等则设置为1;
- 购买次数列,用户评论中若出现"满意""购买""推荐"等词,则设置为2,提到"回购"则设置为3,提到"多次回购""无限回购""第 n 次回购"则设置为4。

2. 代码实现

代码实现详情如代码清单19-6、代码清单19-7、代码清单19-8、代码清单19-9和代码清单19-10所示。

代码清单19-6　导入

```
importjieba
import xlrd
import xlwt
import xlwings as xw
```

代码清单19-7　自定义分词函数

```
def trans_CN(text):
    jieba.load_userdict(r"E:\大学\大三\大三下\商务智能\自定义词典.txt")
    word_list = jieba.cut(text)
    result = " ".join(word_list)
    result = result.split(" ")
    return result
```

代码清单19-8　设置结果文件的表头

```
#设置表头
myWorkbook = xlwt.Workbook()
mySheet = myWorkbook.add_sheet('Sheet1', cell_overwrite_ok=True)
list = ["序号","代言人","产品口感","外观","价格","物流","客服","购买次数"]
k = 0
for i in list:
    mySheet.write(0, k, i)
    k += 1
```

代码清单19-9　读取数据并分词

```
#读取Excel表格中数据,并分词处理
app = xw.App(visible=False, add_book=False)
wb = app.books.open(r"E:\大学\大三\大三下\商务智能\评论.xlsx")
sheet = wb.sheets[0]
start_row = 1
end_row = 2354
for row in range(start_row, end_row):
    row_str = str(row)
    print(row)
    #循环中引用Excel的sheet和range的对象,读取A列的每一行的值
```

```
content_text = sheet.range('A' + row_str).value
if not content_text:
    continue
if not isinstance(content_text, str):
    continue
word_list = trans_CN(content_text)
print("分词后", word_list)
```

代码清单 19-10　设置结果文件数据

```
#设置结果文件的数据
xl = xlrd.open_workbook(r"F:\全部数据\分词分类.xlsx")
table = xl.sheets()[0]
data = table.row_values(0)
result_list = [3, 3, 3, 3, 3, 3, 3, 1]
for chr in word_list:
    result_list[0] = row    #表格中第1列的序号
    #表格第2列-代言人
    if chr in table.row_values(0):   # 艺人a
        result_list[1] = 1
    elif chr in table.row_values(1):   # cp粉
        result_list[1] = 2
    #表格第3列-产品口感
    if chr in table.row_values(2):   # 好喝
        result_list[2] = 2
    elif chr in table.row_values(3):   # 很好喝
        result_list[2] = 1
    elif chr in table.row_values(4):   # 太甜
        result_list[2] = 5
    #表格第4列-外观
    if chr in table.row_values(5):   # 外观精美
        result_list[3] = 1
    #表格第5列-价格
    if chr in table.row_values(6):   # 便宜
        result_list[4] = 1
    elif chr in table.row_values(7):   # 实惠
        result_list[4] = 2
    elif chr in table.row_values(8):   # 有点贵
        result_list[4] = 5
    #表格第6列-物流
    if chr in table.row_values(9):   # 物流很快
```

```
                result_list[5] = 1
            elif chr in table.row_values(10):   #包装结实
                result_list[5] = 2
            elif chr in table.row_values(11):   #破破烂烂
                result_list[5] = 5
            elif chr in table.row_values(12):   #破烂
                result_list[5] = 4
        #表格第 7 列 - 客服
            if chr in table.row_values(13):    #服务周到
                result_list[6] = 1
        #表格第 8 列 - 购买次数
            if chr in table.row_values(14):    #购买
                result_list[7] = 2
            elif chr in table.row_values(15):   #回购
                result_list[7] = 3
            elif chr in table.row_values(16):   #多次回购
                result_list[7] = 4
    print(result_list)
    col = 0
    for i in result_list:
        mySheet.write(row, col, i)
        col += 1
myWorkbook.save('data.xls')
wb.save()
wb.close()
```

得到的分词分类 . xlsx 文件如图 19 - 6 所示。

1	艺人a	粉丝				
2	cp	cp粉				
3	好喝	新鲜	口感不错	酸酸甜甜	日期新鲜	
4	很好喝	太好喝了	很喜欢喝			
5	太甜					
6	外观精美	外观好看				
7	便宜					
8	划算	实惠	优惠	物美价廉	价廉物美	性价比
9	可能贵	有点贵	不便宜			
10	物流很快					
11	包装挺好	包装好	包装完整	包装结实		
12	破破烂烂					
13	塑料	破	破烂			
14	耐心	态度好	服务周到	客服很好		
15	购买	推荐	满意	不错	喜欢	
16	回购					
17	多次回购	无限回购	第n次回购			

图 19 - 6　分词分类 . xlsx 文件（代码中使用的表格）

3. 结果展示

运行程序，得到 Excel 文件，运行结果如图 19-7 所示。

1	序号	代言人	产品口感	外观	价格	物流	客服	购买次数
2	1	1	3	3	3	3	3	2
3	2	3	3	3	3	3	3	1
4	3	1	2	3	3	3	3	2
5	4	1	2	3	3	3	3	2
6	5	1	1	3	3	3	3	2
7	6	1	2	1	1	1	1	2
8	7	1	2	3	3	3	3	1
9	8	1	2	3	3	3	3	2
10	9	1	3	3	3	3	3	2
11	10	2	2	1	1	1	1	2
12	11	1	3	3	3	3	3	1
13	12	1	1	1	1	1	1	2
14	13	1	2	1	1	1	1	2
15	14	1	2	3	3	3	3	1
16	15	1	2	1	1	1	1	2
17	16	2	3	3	3	3	3	4
18	17	1	1	3	3	3	3	1
19	18	3	3	3	3	3	3	2
20	19	1	3	3	3	3	3	2
21	20	2	3	3	3	3	3	1
22	21	1	2	3	3	3	3	1
23	22	1	2	3	3	3	3	3
24	23	1	2	3	3	3	3	1
25	24	1	3	3	3	3	3	2

图 19-7 运行结果

19.5 数据分析

19.5.1 多元线性回归分析

首先尝试将六个因素进行多元线性回归分析，多元回归分析结果如表 19-1 所示。

表 19-1 多元回归分析结果

系数[a,b]

模型		非标准化系数		标准系数	t	Sig.
		B	标准误差	试用版		
1	代言	-.032	.020	-.044	-1.598	.110
	口感	.484	.022	.742	22.443	.000
	外观	-.172	.149	-.287	-1.155	.248
	价格	.139	.034	.219	4.089	.000
	物流	.093	.086	.155	1.081	.280
	客服	.060	.120	.100	.503	.615

a. 因变量：购买次数。
b. 通过原点的线性回归。

通过多元回归分析结果可以看出，多个自变量的 Sig 值大于 0.05，故此模型不符合变量间的相关关系，不能使用该模型进行分析。

19.5.2 一元分析与多元分析混合

通过关系图中的结果及对各因素进行组合分析发现,"代言人""价格"与其他因素之间具有相关性,故将这二者与"购买次数"分别进行单独分析,建立线性回归模型:$Y = A_i \times X + B_i$(其中 B_i 为常数,可能为零也可能不为零)。

除此之外,"产品口感"和"外观"之间相互独立,"物流"和"客服"之间相互独立,故将这两类进行多元分析,通过建立多元回归模型分析这几个因素与"购买次数"的关系。

(1)代言人分析,分析结果如表 19 – 2 所示。

表 19 – 2　代言人分析结果

模型汇总

模型	R	R^{2b}	调整 R^2	标准估计的误差
1	.794[a]	.630	.630	1.006

a. 预测变量:代言人。

b. 对于通过原点的回归(无截距模型),R^2 测量(由回归解释的)原点附近的因变量中的可变性比例。对于包含截距的模型,不能将此与 R^2 相比较。

系数[a,b]

模型		非标准化系数		标准系数	t	Sig.
		B	标准误差	试用版		
1	代言人	.577	.009	.794	63.311	.000

a. 因变量:购买次数。

b. 通过原点的线性回归。

通过回归模型分析结果可以看出,在无常量的情况下,"代言人"与"购买次数"具有相关关系,且系数为 0.577,说明代言人对购买次数会产生影响,并且是正面影响,即因为代言人来购买产品的可能性很大,且该代言人的粉丝越多,购买量相对会增加。

(2)价格分析,分析结果如表 19 – 3 所示。

表 19 – 3　价格分析结果

模型汇总

模型	R	R^{2b}	调整 R^2	标准估计的误差
1	.842[a]	.709	.708	.893

a. 预测变量:价格。

b. 对于通过原点的回归(无截距模型),R^2 可测量(由回归解释的)原点附近的因变量中的可变性比例。对于包含截距的模型,不能将此与 R^2 相比较。

系数[a,b]

模型		非标准化系数		标准系数	t	Sig.
		B	标准误差	试用版		
1	价格	.534	.007	.842	75.620	.000

a. 因变量:购买次数。

b. 通过原点的线性回归。

通过回归模型分析结果可以看出,在无常量的情况下,"价格"与购买次数具有相关关系,且相关系数为 0.534,说明价格对购买次数是有影响的,在设置数值时对价格具有积极情感的数值是偏低的,即在得到的回归结果中,随着价格的降低,购买力会增加,即价格越便宜购买的人会越多,这也符合消费者在日常生活中的购买习惯。

(3) 产品口感与外观分析,分析结果如表 19-4 所示。

表 19-4　口感与外观分析结果

模型汇总

模型	R	R^{2b}	调整 R^2	标准估计的误差
1	.878[a]	.770	.770	.793

a. 预测变量:产品口感、外观。
b. 对于通过原点的回归(无截距模型),R^2 可测量(由回归解释的)原点附近的因变量中的可变性比例。对于包含截距的模型,不能将此与 R^2 相比较。

系数[a,b]

模型		非标准化系数		标准系数	t	Sig.
		B	标准误差	试用版		
1	产品口感	.475	.021	.729	22.689	.000
	外观	.093	.019	.155	4.832	.000

a. 因变量:购买次数。
b. 通过原点的线性回归。

通过回归模型分析结果可以看到,"产品口感""外观"与"购买次数"具有相关性,两者的相关系数分别为 0.475 和 0.093,可以看出,这两者虽然与购买次数有关联,但相关性要略低于代言人和价格。

(4) 物流与客服分析,分析结果如表 19-5 所示。

表 19-5　物流与客服分析结果

模型汇总

模型	R	R^{2b}	调整 R^2	标准估计的误差
1	.848[a]	.720	.719	.876

a. 预测变量:物流、客服。
b. 对于通过原点的回归(无截距模型),R^2 可测量(由回归解释的)原点附近的因变量中的可变性比例。对于包含截距的模型,不能将此与 R^2 相比较。

系数[a,b]

模型		非标准化系数		标准系数	t	Sig.
		B	标准误差	试用版		
1	物流	.276	.080	.460	3.461	.001
	客服	.234	.080	.389	2.933	.003

a. 因变量:购买次数。
b. 通过原点的线性回归。

通过回归模型分析结果可以看到,"物流"和"客服"与"购买次数"具有相关性,两者的相关系数分别为 0.276 和 0.234,这两者与购买次数的相关性也是相对较低的。

（5）分析综述

从上述分析中可以看出，在消费者购买行为的影响因素中，代言人的影响是最大的，这与最初得到的词云图及社会关系网络图描述一致。消费者购买行为的影响因素中，粉丝对产品的销量影响最大，当粉丝发生购买行为时，他们通常会大量购买产品，并将产品分享给身边的人，向其他人展现自己的偶像，从而带动整个产品的销售。

有代言人的产品往往会产生更大的销量，尤其在代言人流量较大、具有较多粉丝的时候，这就能更进一步促进商品的销售，下文将对粉丝消费者与一般消费者进行进一步分析，从而深入地了解粉丝的购买力与购买意愿上的差别。

19.6 情感分析

从建立的回归模型中可以看出，在分析的六个影响因素中，代言人的影响是最大的，且正面影响效果更大，因此之前做出的假设是正确的，由粉丝引起的消费行为是非常普遍的。根据此结果进一步对粉丝效益进行分析，将包含有粉丝关键词（如“艺人 a”“CP”“CP 粉”“粉丝”等）的数据筛选出来与其他因素进行情感分析的对比。

19.6.1 数据筛选

将包含有“艺人 a”、“CP”、“CP 粉”、“粉丝”的数据筛选出来，显示共有 883 条评价包含这些内容，剩下的 1328 条评价中不包含粉丝有关信息，并分别对这两组数据进行情感分析，如图 19－8、图 19－9 所示。

粉丝永远支持艺人a！第一次买纯甄，没想到口感特别好，真真实实的果粒而不是类似果冻的合成品，甜度刚刚好也不过分粘稠，特别喜欢！
粉丝支持艺人a！已多次回购了，很喜欢这个口味，好喝不腻！朋友要给我买酸奶，我也要纯甄的，因为附近超市没有藜麦的，所以买了轻酪乳的，谁让艺人a是纯甄代言人呢！
cpcp粉支持艺人a！好喝！第N次回购！宝贝超级喜欢！只要艺人a代言会一直支持下去！
包装很好，果粒很足，味道不太甜，酸奶味很好喝，日期是5月的，我和孩子都喜欢喝。换购的也不错，日期是4月20，五星好评！粉丝支持艺人a！
包装品质：包装很好 没有损坏 外观品相：打开看到艺人a 真好 代言人艺人a真的太帅了 送了艺人a的海报 艺人a粉丝 cp粉 支持艺人a
尊贵的cp粉大人前来支持纯甄支持艺人a啦！不得不说，黄桃藜麦实在太好喝了，根本停不下来，我一天能喝四瓶纯甄爸爸还给我送了海报，实在太棒了
cp粉丝cp粉来啦，黄桃味好喝！买了很多次了，喜欢代言人艺人a，上次买也是这个周边，喜欢～外箱印了艺人a照片，不舍得扔啊
平常不爱喝酸奶的，但是这个很喜欢！味道很好！喝完再来！cp粉丝cp粉支持艺人a
哈哈哈，儿子帮我拆快递，然后大叫：“妈妈 你的艺人a代言的!”这个好喝，我俩很喜欢!我是谁?我是可爱迷人的cp粉姐姐～
cp粉支持代言人艺人a艺人b！今年的酸奶和纯牛奶被蒙牛承包了，谁让品牌眼光好，请了大小宝当代言人呢！
cp粉丝cp粉支持艺人a，本来想拍一个弄好的纯燕麦片（加一点酸奶粒燕麦片调和味道）再加酸奶的，结果吃完了才想起来 也许是纯甄太好吃了吧
粉丝支持艺人a 给自己的儿童节礼物非常完美 一直很喜欢喝纯甄的黄桃口味嘻嘻 艺人a代言了锦上添花!
果果支持艺人a，不会很甜非常好喝，还特别用心在另外寄了海报过来非常感谢，开心，喝完再来!
cp，cp粉支持艺人a! 减糖后更喜欢啦，清爽不腻，没有负担感，很适合我现在减肥喝嘞，祝纯甄大卖!
艺人a的粉丝cp粉为代言人而来，无限回购，家里就认准这款酸奶了。
cp粉支持艺人a，不是很甜很好喝，一直在等周边复购，买之前问了客服小姐姐很多次了都没有活动，实在等不下去，谁知道下单后马上有618活动，心碎的感觉，很意外今天收级开心的，会继续支持啵啵，支持纯甄，支持蒙牛！！！
酸奶味道真心不错，孩子也喜欢喝，还送了海报。cpcp粉支持艺人a!
艺人a粉丝cp粉前来支持代言人！这款酸奶也是我家的常备了，泡欧扎克麦片真的超级美味
发货真快啊，6，1买6，2就到了！粉丝，支持艺人a！海报真好看！好喝家里各种饮料实在太多，先买一箱会经常支持的
果子支持艺人a的，但是真的好喝，已经反复回购，海报虽小，但还是巨帅!
cp粉支持艺人a！纯甄超好喝呀！就是海报有折痕好心疼
最爱的搭配，最喜欢的酸奶。cp粉支持艺人a代言!
有海报好高兴！就是外面的箱子有点被撞了，不影响里面的奶，粉丝为了艺人a来的。

图 19－8 筛选有粉丝因素的评价

19.6.2 一般消费者情感分析

使用 ROSTCM6 对一般消费者评价进行情感分析，分析结果如图 19－10 所示，并根据分析结果绘制出分布饼图，如图 19－11 所示。

第19章 基于粉丝经济理论对消费者购买行为影响因素的分析

```
此用户没有填写评论！
宝贝很喜欢，口味很纯正，支持哥哥。
包装品质：包装完整！ 外观品相：外观！ 口感味道：口感纯厚
很好喝，果子支持弟弟！
海报也太可爱了吧！这款酸奶真的好喝 泡麦片一绝！！！
口感味道：很好喝。值得回购。但是淘宝的快递一如既往的值得吐槽，不打电话直接放驿站。
很喜欢的一个口味，好喝又有营养，还会回购的
很不错捏 还送了海报 开心心 黄桃味很好喝~
果子来啦！回购回购再回购，跟牛奶一样已经是我每天必喝饮料之一了(๑•̀ㅂ•́)و✧
好喝，果粒和燕麦很多。
来来去去已经买了很多次。减糖款，口感合适，不怕发胖，非常喜欢，已成为家里必备的酸奶。618又补了5箱。
超级喜欢，爱了♡♡♡♡♡
物流很快，物品完好无损，味道很好，很喜欢♡
看看别家的周边，再看看你家的。三箱奶就送这么一张小海报。最后一次购物，再见
还送了海报，爱了♥~
5月份生产的，保质期6个月，打开包装就喝了一瓶，价格实惠，很便宜，给力 包装品质：包装很好，没有漏的 口感味道：味道很棒啊
终于收到我需要的宝贝了，东西很好，价美物廉，谢谢掌柜的！说实在，这是我淘宝购物来让我最满意的一次购物。无论是掌柜的态度还是对物品，我都非常满意的。
掌柜态度很专业热情，有问必答，回复也很快，我问了不少问题，他都不觉得烦，都会认真回答我，这点我向掌柜表示由衷的敬意，这样的好掌柜可不多。
包装品质：一般般，来的时候外面的箱子都有点坏了 口感味道：和之前买的天猫超市的纯甄差不多吧 日期也比较新鲜
物流很快，昨天买的第二天就到了，日期也很新鲜，价格也实惠
好喝一如既往 推荐推荐 最近活动贼划算 快去抢购吧
外观品相：包装结实，没有破损 口感味道：和实体店一样，网店价格更实惠
```

图 19-9 筛选无粉丝因素的评价

```
积极情绪：        1011条    76.13%
中性情绪：        226条     17.02%
消极情绪：        91条      6.85%

其中，积极情绪分段统计结果如下。
一般（0~10）：    477条     35.92%
中度（10~20）：   301条     22.67%
高度（20以上）：  233条     17.55%

其中，消极情绪分段统计结果如下。
一般（-10~0）：   66条      4.97%
中度（-20~-10）： 18条      1.36%
高度（-20以下）： 2条       0.15%
```

图 19-10 一般消费者情感分析结果

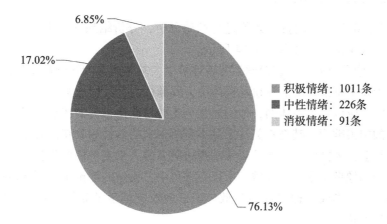

图 19-11 一般消费者情感分析结果分布饼图

从图 19-11 中可以看出，在一般消费者中，有七成的人群对产品持积极态度，两成人群持中性态度，一成人群持消极态度。通过上面的相关性分析也可以看出，在不带粉丝滤镜的消费者中，大多数人群关注的是产品的口感、价格等一般影响消费者购买产品的因素，所以在这类人群中大多数会给出中肯的评价，呈现出的情感来自对产品本身的态度，而每个人对产品的感知各不相同，所以不会出现一味的偏高或偏低的结果，从图中可以看出整个消费群体的情感分布是较为均匀的。

基于上述结果再对一般消费者中持积极态度的人群进行分析，结果如图 19-12 所示。

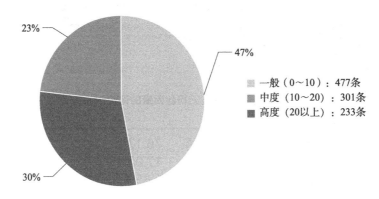

图 19-12　一般消费者积极情绪分类结果

从图 19-12 中可以看出，在持积极态度的人群中，高度积极的人群（20 以上，即针对用户评价中基于情感分析词典将文本情感数字化，数字越大表示积极程度越高）占有两成，中度积极（10～20）的人群占有三成，一般积极（0～10）的人群占有五成。可以看出，在一般消费者人群中，对产品的好评更多集中在一般好评上，一般消费者中少部分人群会对产品给出非常高的评价。

在购买产品时，一般消费者更多关注的是与产品有关的因素，而不会盲目选择某些产品并给予其很高的评价来刺激销量，所以针对一般消费者的销售，需要在产品本身、价格等方面改进，从而促进一般消费者的购买，并得到一般消费者更好的评价。

19.6.3　粉丝消费者情感分析

使用 ROSTCM6 对粉丝消费者评价进行情感分析，分析结果如图 19-13 所示，并根据分析结果绘制出分布饼图，如图 19-14 所示。

从图 19-14 中可以看出，在粉丝消费者评价中，基本所有的评价都是积极情绪的评价，中性及消极评价几乎是没有的。在粉丝群体中，偶像行为会被粉丝神化，即认为偶像所做的一切都是正确的、应该受到追捧的，他们通常会支持与偶像相关的产品，只因为偶像代言产品就产生很大的购买欲望，甚至不关注产品本身所带来的效益和收获，几乎完全为了支持偶像而付出，并且会极力推荐这个产品以带动身边更多的人来支持偶像代言的产品，以增加偶像的曝光度，给偶像带来更大的收益。所以在评价中，粉丝的评论带有明显的感情色彩，充分支持偶像的产品，形成一种"饭圈"效应，这种效应刺激了商品的销售，但在某种程度上也造成了畸形消费。

基于上述结果再对粉丝消费者中持积极态度的人群进行分析，结果如图 19-15 所示。

```
积极情绪：     864条    97.85%
中性情绪：     2条      0.23%
消极情绪：     17条     1.93%

其中，积极情绪分段统计结果如下：
一般（0～10）：          104条    11.78%
中度（10～20）： 219条   24.80%
高度（20以上）： 541条   61.27%

其中，消极情绪分段统计结果如下：
一般（-10～0）：   10条    1.13%
中度（-20～-10）： 5条     0.57%
高度（-20以下）：  0条     0.00%
```

图 19 – 13　粉丝消费者情感分析结果

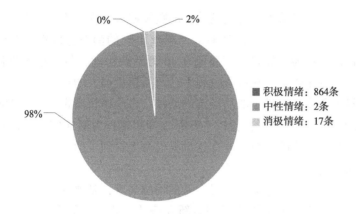

图 19 – 14　粉丝消费者情感分析结果分布饼图

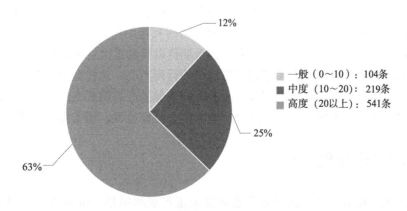

图 19 – 15　粉丝消费者积极情绪分类结果

从图 19 – 15 中可以看出，在粉丝消费者评价中有高于六成的人群都是带有高度积极的情绪购买产品的，而一般积极情绪的人群只占一成。粉丝积极评价不仅几乎占据全部评价数据，而且半数以上都是高度评价的，这与假设结果是相似的，粉丝在进行消费时不仅要支持偶像的产品，还要向周围的人及广大网民"安利"他们的偶像，让自己的偶像被更多人熟知，所以在购买产品后给出高评价以让消费者能更多地购买产品。

调查显示，有1.45%的粉丝在受访时表示，自己每月的追星消费超过自己每月的到手收入，即使透支也要为偶像消费。其中，月入3000元以内的人群中，有4.35%的粉丝每月都会透支为偶像买单（中国粉丝经济市场发展规模现状及未来前景分析报告）。而且追星群体的年龄正在趋于年轻化，年龄越小，追星人群占比越高。90后群体中追星族占比不到三成（26.78%），95后中这一比例上升至50.82%，而近七成的00后都认为自己属于追星一族，没有收入的学生党成为追星族的主力军，因为年龄较小，在考虑问题时缺乏理性，所以在追星过程中投入了更多的精力和财力。他们对事物的感知更多的是基于自己的主观想法而很少考虑现实因素，只一味想着要为偶像付出、让偶像能有更多的曝光机会，很多粉丝对偶像代言的产品照单全收，并通过多次购买来为偶像买单，也就导致评价中有很多都是积极的评价。

19.6.4　对比结论

通过上述情感分析可以看出，粉丝消费者的购买积极性远大于一般消费者，会在商品上投入更多的资金。而粉丝的消费往往是整个"粉丝团"的消费，即在整个组织安排下购买产品，共同支持偶像的行为，如果一个偶像有40万活跃粉丝，每个粉丝为偶像花费10元，那么产生的总价值就有400万，在这个过程中，产品销量大大增加，给商家带来了巨大的利益。粉丝经济在极大程度上促进了商品经济的增加，也给销售商带来了巨大收益，尤其在近年选秀节目大热的情况下，"粉丝打投""集资"等团体行为更让整个产品的销售有了质的飞跃，给商家更多增加销售的契机，并在这批粉丝身上得到了前所未有的收益效果，更让产品有了更多的回头客。

在新兴的互联网行业，粉丝为了满足个人的情感需求，甘愿在所青睐的偶象上花费大量的时间和精力，他们的无偿劳动构成了网络新经济的主要价值源泉。在"粉丝"对偶像的狂热投入中，往往伴随着一系列同样狂热的消费行为，这种行为甚至会扩展到各个经济领域，形成一个新兴的巨大产业——"粉丝产业"。"粉丝"不仅对有关偶像的话题有浓厚的兴趣，而且对其有较为深入的了解，并愿意为自己的兴趣而付诸各种各样的支持性的行动，以期待放大自己的兴趣所产生的协同效应，甚至期待以行动扩大这种热点的不断扩散，吸收更多的粉丝加入，吸引更多的人参与到支持偶像的行列当中。这种经济模式在上述分析中得到了充分体现，而充分利用粉丝经济所产生的影响来促进产品购买力的增加，给商家带来了启示和机会，合理把握粉丝经济的良性面，刺激整个销售过程，切实提高经济收入。

19.7　粉丝经济乱象

粉丝经济如果利用得当，就可以为商家带来很可观的销量，也可以增加明星的商业价值。但一旦粉丝经济利用不当，就会造成令人痛心的后果。

例如，前文所提到的"倒奶事件"，该事件发生后，2021年5月4日，该综艺第三季后续节目录制被紧急叫停，5月5日凌晨，该综艺官方微博发文回应称：诚恳接受，坚决服从。

其实，倒牛奶现象并非偶然。在当今社会的粉丝群体中，还有一些其他有关粉丝经济的乱象，比如"偶像出一个专辑，一次性买几百张的才算粉丝"等一些诱导粉丝花钱去支持明星的话语，在粉丝群体中十分常见；此前某选秀节目播出时，曾有 13 岁的未成年粉丝用父母账户参与集资共计 8000 多元；一位粉丝"家里只有 2 万元存款，选秀打投花了三四千元"也引发热议；甚至，选秀超话中还有粉丝发文称为了集资去裸贷。

明星以流量论英雄，粉丝以金钱衡量热爱。在"粉丝经济"大饼的鼓舞下，利用粉丝赚钱的情况已经屡见不鲜了。选秀节目高喊"人气高的爱豆就能出道"，可以花钱买的微博热搜榜、可以用来打榜的牛奶等，无一不是在教化粉丝多花钱，方便粉丝多花钱，粉丝越花钱明星越有前途，资本也赚得越多。文艺行业只有商品和商人，社会价值以金钱衡量，不禁让人思考，这样的导向是正确的吗？

其实，无论是明星、商家、节目赞助方还是节目制作方，营销都是要讲究底线的，不能只被金钱蒙蔽住了双眼。如果说法律是准绳，在任何时候都必须要遵循，那么道德就是基石，在任何时候都不可以忽视。

19.8 建议

在传统明星文化、明星制度下，对艺人的经营活动有着明确的要求和约束，然而，如今的偶像文娱产业，却没有能够起到有效监督和规范作用的法律法规。在粉丝应援集资中，显然明星、文娱经纪公司和平台方等合谋了一场场针对粉丝群体定向收割的"套路"，并豢养着这一产业链条上的各个利益相关方。一个选秀节目通常至少有 5 ~ 7 名受关注的艺人，每个艺人背后的粉丝应援集资规模大多以千万元计。这样一来，一个选秀节目就会涉及上亿元规模的密集市场交易行为，却大多没有受到税务、工商等部门的有效监管。因此应该充分发挥法律法规的监督、规范作用，从乱象所涉及的全产业利益链条的各个环节入手，实现市场经营秩序的监督和规范。

粉丝群体的价值观问题，也是社会关注的问题。粉丝应端正追星心态，真正追求精神的成长独立，避免被资本力量所裹挟的粉丝文化、粉丝经济所绑架；家庭、学校、社会应为青少年粉丝群体提供积极健康的成长环境，切实发挥引导作用；明星也可提醒自己的粉丝理性消费，正确地引导自己的粉丝；而商家要时刻注意自己的营销底线，不要被金钱蒙蔽双眼。

其实，粉丝经济本没错，错的是畸形的市场引导。我们可以接受文化生态的多样性，但开放宽容并不是无底线。正如新华社微博评论：别把青年人带沟里！

本章参考文献

[1] 孙佳山. 粉丝文化的现状、问题与对策 [N]. 中国文化报，2021 - 06 - 08 (003).
[2] 冯建英，穆维松，傅泽田. 消费者的购买意愿研究综述 [J]. 现代管理科学，2006 (11)：9 - 11.
[3] 张凌霄. "倒奶打投"浪费食物营销要有底线 [N]. 人民政协报，2021 - 05 - 11 (012).
[4] 夏木. 追星倒奶，丢了价值内核 [N]. 中国新闻出版广电报，2021 - 05 - 07 (001).
[5] 刘志杰. 别让饭圈"圈"住年轻人 [N]. 四川日报，2021 - 05 - 17 (012).
[6] 佚名. 粉丝经济的中国式发展 [J]. 现代企业文化，2017 (19)：37 - 39.